环境保护概论

于育新 蔡银萍 主编

清华大学出版社

北京

内 容 简 介

本书以环境生态学基本知识为基础,以实用性和适度性为原则,系统论述了各环境要素在人类活动影响下产生的主要污染问题和污染物对人类健康的影响、危害以及防治措施,涵盖了环境问题的相关知识及大气、水、土壤、固体废弃物及噪声、放射性污染等其他物理性污染的现状、发生机制及控制措施,环境监测与评价,环境管理、法规及环境标准和可持续发展战略的相关知识。本书可作为职业教育本科和专科院校相关专业学生的教材,也可作为相关企业的培训教材。

图书在版编目(CIP)数据

环境保护概论/于育新,蔡银萍主编. —北京:清华大学出版社,2022.5(2024.2 重印)
ISBN 978-7-302-59963-0

Ⅰ.①环⋯ Ⅱ.①于⋯ ②蔡⋯ Ⅲ.①环境保护—高等职业教育—教材 Ⅳ.①X

中国版本图书馆 CIP 数据核字(2022)第 019845 号

责任编辑:聂军来
封面设计:刘 键
责任校对:袁 芳
责任印制:杨 艳

出版发行:清华大学出版社
　　　　网　　　址:https://www.tup.com.cn,https://www.wqxuetang.com
　　　　地　　　址:北京清华大学学研大厦 A 座　　　　邮　　编:100084
　　　　社 总 机:010-83470000　　　　　　　　　　　邮　　购:010-62786544
　　　　投稿与读者服务:010-62776969,c-service@tup.tsinghua.edu.cn
　　　　质量反馈:010-62772015,zhiliang@tup.tsinghua.edu.cn
　　　　课件下载:https://www.tup.com.cn,010-83470410
印 装 者:三河市龙大印装有限公司
经　　销:全国新华书店
开　　本:185mm×260mm　　　印　张:14　　　字　数:317 千字
版　　次:2022 年 6 月第 1 版　　　　　　　印　次:2024 年 2 月第 2 次印刷
定　　价:49.00 元

产品编号:094474-01

本书编审人员

主　　编：于育新　蔡银萍

副主编：潘　慧　李腾飞　张建民　田洪君

参　　编：何林钰　王润泽　张海艳　王　婷　李　媛　袁　雪

主　　审：胡洪涛

前言

从人类推进现代化的过程看,西方国家从 18 世纪 60 年代开始,历经四次工业革命,至今已有 260 多年历史。而我国仅仅用了几十年时间就走完了西方国家几百年走过的工业化道路。随着我国经济持续快速发展,发达国家上百年分阶段形成的环境问题在我国短时期内集中出现。2012 年以来,我们国家坚决向污染"宣战",制订并实施了大气、水、土壤污染防治行动计划,在全社会树立和践行"绿水青山就是金山银山"的理念,正确处理经济发展和生态环境保护的关系,开辟了经济高质量发展和绿色发展协同推进的新路径,生态环境有了极大的改善。但是,环境污染问题目前依然是人类面临的最大威胁之一,而且我国生态环境保护结构性、根源性、趋势性压力总体上尚未根本缓解,所以我们仍要继续开展污染防治行动,深入打好"蓝天、碧水、净土"保卫战,生态环境保护依旧任重道远。

当前,人民群众日益增长的优美生态环境需要已成为我国社会主要矛盾的重要内容之一,广大人民群众热切期盼良好的生产生活环境。党的十九届五中全会通过的《中共中央关于制定国民经济和社会发展第十四个五年规划和二〇三五年远景目标的建议》提出,到 2035 年,广泛形成绿色生产生活方式,碳排放达峰后稳中有降,生态环境根本好转,美丽中国建设目标基本实现。

良好的生态环境关系每个地区、每个行业、每个家庭,每个人都是生态环境的保护者、建设者、受益者。对公众进行生态环境保护宣传教育,大力弘扬生态文化,已成为一项重要任务。当代大学生应该了解环境现状,增强社会责任感和使命感,提高环境素养和环保参与能力,做环保理念的践行者和传播者,带动更多的人参与环保行动,为建设美丽中国贡献力量。

本书是为高等院校(含本科、专科及职业院校)学生编写的教材,也可以作为关心环境问题读者的科普读物。本书以环境生态学基本知识为基础,以实用性和适度性为原则,系统论述了各环境要素在人类活动影响下产生的主要污染问题和污染物对人类健康的影响、危害以及防治措施,涵盖了环境问题、环境保护、生态平衡与保护的相关知识及资源与能源的基本知识,大气、水、土壤、固体废弃物及噪声、放射性污染等其他物理性污染的现状、发生机制及控制措施,环境监测与评价,环境管理、法规及环境标准和可持续发展战略的相关知识,并详细介绍了生物多样性保护、湿地保护以及碳达峰与碳中和的意义与挑战、实现路径。

本书介绍了全新的环境污染现状及环境保护发展前沿知识，以实用性和适度性为原则，力求体现科普性、趣味性、系统性。每章节设置了"导读"与"知识拓展"，通过实际案例加深读者对环保的认识与理解。

结合当前高校开展课程思政对教材的要求，本书融入了习近平新时代生态文明建设思想、人类命运共同体理念，并附有大量的拓展阅读材料。

本书由滨州职业学院、滨化集团股份有限公司、鲁中中等专业学校及滨州市生态环境局相关人员进行编写。各章节编写分工如下：第一章、第二章由潘慧（滨州职业学院）负责编写；第三章由张建民（滨州职业学院）负责编写；第四章、第五章由于育新（滨州职业学院）负责编写；第六章、第七章由李腾飞（滨州职业学院）负责编写；第八章由何林钰（滨化集团股份有限公司）负责编写；第九章由王润泽（滨州市生态环境局）负责编写；第十章、第十一章由蔡银萍（滨州职业学院）负责编写。于育新、蔡银萍负责全书的修改和统稿，胡洪涛负责全书的审核校正。滨州职业学院教师张海艳、王婷、袁雪，鲁中中等专业学校教师李媛等参与了教材编写。本书也得到滨化集团股份有限公司高级工程师田洪君的大力支持。

本书在编写过程中参考了大量的相关资料，在此对这些资料的作者表示感谢，由于编者水平有限，书中不当之处在所难免，敬请读者批评、指正。

编　者

2022 年 1 月

目 录

CONTENTS

第一章 绪论 ……………………………………………………… 1

第一节 环境 …………………………………………………… 1

第二节 环境问题 ……………………………………………… 4

第三节 环境污染与人体健康 ………………………………… 11

第四节 环境保护 ……………………………………………… 14

本章小结 ……………………………………………………… 17

思考题 ………………………………………………………… 17

第二章 生态平衡与保护 ………………………………………… 18

第一节 生态系统 ……………………………………………… 18

第二节 生态平衡 ……………………………………………… 23

第三节 生物多样性及保护 …………………………………… 27

第四节 湿地及其保护 ………………………………………… 29

第五节 生态文明 ……………………………………………… 34

本章小结 ……………………………………………………… 38

思考题 ………………………………………………………… 38

第三章 资源与能源 ……………………………………………… 39

第一节 自然资源 ……………………………………………… 39

第二节 土地资源 ……………………………………………… 42

第三节 矿产资源 ……………………………………………… 46

第四节 其他资源 ……………………………………………… 49

第五节 能源 …………………………………………………… 54

本章小结 ……………………………………………………… 61

思考题 ………………………………………………………… 62

第四章 大气污染及防治 ………………………………………… 63

第一节 大气的概述 …………………………………………… 63

第二节 大气污染源及主要污染发生机制 …………………… 67

第三节 大气污染的危害 ·· 70

第四节 大气污染的防治措施 ···································· 74

本章小结 ·· 79

思考题 ·· 80

第五章 水污染及其防治 ··· 81

第一节 水资源 ·· 81

第二节 水体的污染 ·· 85

第三节 水体的自净 ·· 89

第四节 水污染防治技术 ·· 92

本章小结 ·· 100

思考题 ·· 100

第六章 土壤污染及防治 ··· 101

第一节 土壤的组成和性质 ······································ 101

第二节 土壤污染 ·· 104

第三节 我国土壤污染现状及发展趋势 ···························· 108

第四节 土壤污染的预防 ·· 112

第五节 污染土壤的治理与修复 ·································· 116

本章小结 ·· 124

思考题 ·· 124

第七章 固体废弃物的处置与利用 ································· 125

第一节 固体废弃物的分类及危害 ································ 125

第二节 固体废弃物污染的综合处理和处置 ························ 127

第三节 常见固体废弃物的处置方法 ····························· 129

第四节 危险废弃物 ·· 133

本章小结 ·· 140

思考题 ·· 140

第八章 其他环境污染及防治 ····································· 141

第一节 噪声污染及防治 ·· 141

第二节 放射性污染及防治 ······································ 146

第三节 电磁污染 ·· 151

第四节 其他污染类型及其防治 ·································· 154

本章小结 ·· 162

思考题 ·· 162

第九章　环境监测与评价 ·· **163**

　　第一节　环境监测 ·· 163

　　第二节　环境质量评价 ··· 167

　　第三节　环境影响评价 ··· 172

　　本章小结 ··· 176

　　思考题 ··· 176

第十章　环境管理、法规及环境标准 ······························ **177**

　　第一节　环境管理 ··· 177

　　第二节　环境保护法规 ··· 181

　　第三节　环境标准 ··· 186

　　本章小结 ··· 190

　　思考题 ··· 190

第十一章　可持续发展战略 ·· **191**

　　第一节　可持续发展理论的产生与发展 ·························· 191

　　第二节　可持续发展理论的内涵与基本原则 ······················ 194

　　第三节　可持续发展理论的指标体系 ···························· 196

　　第四节　可持续发展的实施途径 ································ 199

　　第五节　碳达峰与碳中和 ······································ 206

　　本章小结 ··· 210

　　思考题 ··· 210

参考文献 ··· **211**

第一章

绪　论

建设生态文明是中华民族永续发展的千年大计。必须树立和践行绿水青山就是金山银山的理念，坚持节约资源和保护环境的基本国策，像对待生命一样对待生态环境，统筹山水林田湖草系统治理，实行最严格的生态环境保护制度，形成绿色发展方式和生活方式，坚定走生产发展、生活富裕、生态良好的文明发展道路，建设美丽中国，为人民创造良好生产生活环境，为全球生态安全做出贡献。

当前，随着我国已全面建成小康社会，人民对美好生活需要日益广泛，对生态环境的要求也必然不断增长，而生态文明建设发展不平衡不充分的问题，以及全球气候变化对人类的影响加剧，使得生态环境保护任重道远。

第一节　环　境

> **导　读**
>
> 随着科学技术的迅猛发展，地球发生了前所未有的变化。人类创造了空前丰富的物质财富。与此同时，随着生产的发展，自然资源的过度开发和消耗，污染物的大量排放，导致了全球性的资源短缺、环境问题和生态破坏。
>
> 环境问题既是人类社会发展的进程中产生的，也必将在同一进程中得到解决。随着社会和经济的发展，老的环境问题解决了，新的环境问题又会出现。人类与环境的矛盾，始终处于不断运动和变化之中，永无止境。所以，保护环境就是保护人类自身，环境是人类的第一保护对象。
>
> 想一想：什么是环境？我们该如何保护环境？

一、环境的概念

环境的概念在不同的学科分类中有着不同的解释，它是一个内涵非常丰富、构成极其复杂、应用又相当广泛的名词术语。通常意义上的环境是相对于中心事物而言的，是指与某一中心事物发生关系的周围一切因素的总和。从生物学的角度讲，环境是指生物生活周围的气候、生态系统、周围群体和其他种群。

《中华人民共和国环境保护法》从法学的角度对环境的概念进行了阐述:"本法所称环境,是指影响人类生存和发展的各种天然的和经过人工改造的自然因素的总体,包括大气、水、海洋、土地、矿藏、森林、草原、湿地、野生生物、自然遗迹、人文遗迹、自然保护区、风景名胜区、城市和乡村等。"换言之,人类的环境是由自然环境和社会环境构成。其中自然环境,是指未经过人的加工改造而天然存在的环境,是客观存在的各种自然因素的总和。人类生活的自然环境,按环境要素又可分为大气环境、水环境、土壤环境、地质环境和生物环境等,主要就是指地球的五大圈——大气圈、水圈、土圈、岩石圈和生物圈。社会环境是指人类在自然环境的基础上,为了不断提高物质和精神生活水平,通过长期有计划、有目的地发展,逐步创造和建立起来的人文环境。社会环境反映了一个民族的历史积淀,也反映了社会的历史与文化,对人的素质提高起着培育熏陶的作用。自然环境和社会环境是人类生存、繁衍和发展的摇篮。根据科学发展的要求,保护和改善环境,建设环境友好型社会,是人类维护自身生存与发展的需要。

二、环境的分类

环境是一个非常复杂的体系,目前尚未对其形成统一的分类方法。但通常会按照环境的主体、范围和要素进行分类。

按照环境的主体来分,可以有两种体系:一种是以人或人类作为主体,其他的生命和非生命物质都被视为环境要素,即环境是指人类生存的氛围。在环境科学中采用的是这种分类方法。另一种是以生物体(界)作为环境的主体,而把生物以外的物质看成环境要素。在生态学中,往往采用的是这种分类方法。

按照环境的范围来分类比较简单。例如可以把环境分为特定的空间环境(如服务于航空、航天的密封环境等)、车间环境(劳动环境)、生活区环境(如居室环境、院落环境)、城市环境、区域环境(如流域环境、行政区域环境)、全球环境和星际环境等。

按照环境的要素来分类,可以分为大气环境、水环境、地质环境、土壤环境及生物环境。

(1) 大气环境是指生物赖以生存的空气的物理、化学和生物学特性。包围地球的空气统称为大气。像鱼类生活在水中一样,我们人类生活在地球大气的底部,并且也离不开大气。大气为地球生命的繁衍和人类的发展提供了理想的环境。

(2) 水环境是指自然界中水的形成、分布和转化所处空间的环境,有时也指相对稳定的、以陆地为边界的天然水域所处空间的环境。水环境是构成环境的基本要素之一,是人类社会赖以生存和发展的重要场所。

(3) 地质环境主要是指自地表以下的坚硬壳层,即岩石圈。地质环境是地球演化的产物。岩石在太阳能作用下的风化过程,使固结的物质解放出来,参加到地理环境中,参加到地质循环以至星际物质大循环中。

(4) 土壤是母质、气候、生物、地形和时间等因素共同作用下形成的自然体。土壤环境是指连续覆盖于地球陆地地表的土壤圈层。

(5) 生物环境是指环境因素中其他的活着的生物是相对于由物理化学的环境因素所构成的非生物环境而言。限定生物环境是指活着的生物,非生物环境是指所有无生命的东西。

三、城市环境

（一）城市环境的概念

城市的出现，是人类走向成熟和文明的标志，也是人类群居生活的高级形式。城市环境是指影响城市人类活动的各种自然的或人工的外部条件的总和。城市环境和城市是一个整体，密不可分。

（二）城市环境的特征

由于人类活动对城市环境的各种影响，使城市环境表现出明显的特征。

1. 城市环境具有最强烈的人为干预特征

由于城市是人口最集中，社会、经济活动最频繁的地方，也是人类对自然环境干预最强烈、自然环境变化最大的地方。除了大气环流、地貌类型、主要河流水文特征基本保持自然状态外，其他自然要素都发生不同程度的变化，而且这种变化通常是不可逆的。城市建筑景观、城市道路、城市各项生产、生活活动设施等，使城市的降水、径流、蒸发、渗漏等都产生了再分配，也使城市水量与水质及地下水运动都发生了较大变化。

2. 城市的环境质量与城市社会经济的发展紧密相关

城市是由社会—经济—环境组成的复杂人工生态系统，经济、社会的发展与环境发展相互依存，相互作用。社会为发展经济、满足人民生活需要而开发环境，又为了更好地利用，还必须保护环境。环境作为一种资源，是人类社会经济发展的自然基础，所以环境问题实质是经济问题。若为了发展经济，以污染环境作为代价，这种发展是脆弱的，最终将限制生产，制约经济发展。城市作为一定地域范围内的政治、经济、文化中心，其居民从事的社会活动与经济活动是城市的主要行为，这些人类行为对环境的影响是巨大的、不可忽视的。因此，一个城市的规模和性质往往可以影响城市环境质量的好坏，而有目的地调整城市产业结构，是改善城市环境的主要手段。

3. 城市环境污染大多属于复合性多源污染

城市的特点是人口密集，工业高度集中。它每时每刻都进行大量的物质流动和转化加工，包括各类原料、产成品、日用品和废弃物，同时消耗大量的能源，如煤炭、石油、电力等。城市内部的分工越来越细，各系统功能日益复杂，一旦有某一环节失效或比例失调，就会造成污染物的流失。在工业、交通职能日益增加的情况下，城市环境的污染性质已由过去单一的生活性污染变成工业、交通多源性污染，污染物繁杂，而且由于各种污染物的联合作用，加重了城市环境问题的复杂性。城市人口密集，污染物对人体心理和生理的危害最为严重，导致了"现代城市病"，甚至侵害到人类的生物基因的变化。

4. 城市环境问题可以通过调整人类行为得到改善

人类是智慧的、理智的生物。既然城市环境问题是由于人类自己的过失行为引起的，必然可以通过合理的管理和调整人类的需求欲望与行为准则，把病态的城市环境医治成优美、宁静、宜于人类长久生存的生态环境。

> **知识拓展**
>
> 1972 年 6 月 5 日,联合国在瑞典首都斯德哥尔摩召开了联合国人类环境会议,会议通过了《联合国人类环境会议的宣言》,并提出将每年的 6 月 5 日定为"世界环境日"。同年 10 月,第 27 届联合国大会通过决议接受了该建议。世界环境日(World Environment Day)是联合国促进全球环境意识、提高政府对环境问题的注意并采取行动的主要媒介之一。联合国系统和各国政府每年都在 6 月 5 日这一天开展各项活动宣传与强调保护和改善人类环境的重要性。

第二节　环境问题

> **导　读**
>
> 缙云山国家级自然保护区总面积 7600 公顷,有着植物物种基因库的美誉。由于无序开发,保护区内生态遭到局部破坏。沙坪坝区动真碰硬抓落实,打出"组合拳"守护好一脉青山,辖区内的缙云山保护区自然生态休养生息。
>
> 为恢复缙云山国家级自然保护区内部分被破坏的生态环境,沙坪坝区大力实施拆后土地覆土复绿,累计覆土复绿近 7 万平方米。在植物选择上,根据区域生物特性进行选择,主要有水杉、黄葛树等,避免了外来物种对生态系统的破坏。随着生态修复工作的持续开展,保护区生态环境明显改善,森林覆盖率逐年提升,生物多样性得到有效保护,为重庆主城"绿肺"增强了生命力。
>
> ——中华人民共和国生态环境部:《督察整改看成效(22)|打出"组合拳"守护好一脉青山——重庆市沙坪坝区缙云山国家级自然保护区生态环境问题整改典型案例》
>
> 想一想:缙云山国家级自然保护区出现了哪些环境问题?

一、环境问题概述

(一)环境问题的概念

环境问题一般是指由于自然界或人类活动作用于人们周围的环境引起环境质量下降或生态失调以及这种变化反过来对人类的生产和生活产生不利影响的现象。人类在改造自然环境和创建社会环境的过程中,自然环境仍以其固有的自然规律变化着。社会环境一方面受自然环境的制约,另一方面也以其固有的规律运动着。人类与环境不断地相互影响和作用,产生环境问题。

环境问题可分为两大类:一类是自然因素的破坏和污染等原因所引起的。如火山活动、地震、风暴、海啸等产生的自然灾害,由于环境中元素自然分布不均匀而引起的地方病以及自然界中放射物质产生的放射病等。另一类是人为因素造成的环境污染和自然资源与生态环境的破坏。在人类生产和生活活动中产生的各种污染物(或污染因素)进入环境,超过了环境容量的容许极限,使环境受到污染和破坏;人类在开发利用自然资源时,超越了环境自身的承载能力,使生态环境质量恶化,有时候会出现自然资源枯竭的现象,这些都可以归结为人为造成的环境问题。我们通常所说的环境问题,多指人为因素所作用的结果。

(二)环境问题产生的原因

环境问题的产生,从根本上讲是经济、社会发展的伴生产物。具体说可概括为以下几个方面:由于人口增加对环境造成的巨大压力;伴随人类的生产和生活活动产生的环境污染;人类在开发建设活动中造成生态破坏的不良变化;由于人类的社会活动,如军事活动、旅游活动等,造成的人文遗迹、风景名胜区、自然保护区的破坏,珍稀物种的灭绝及海洋等自然和社会环境的破坏与污染。

(三)主要的环境问题

目前为止,已经威胁人类生存并已被人类认识到的环境问题主要有以下几种。

1. 全球变暖

全球变暖是指全球气温升高。导致全球变暖的主要原因是人类大量使用矿物燃料(如煤、石油等),排放出大量的二氧化碳(CO_2)等温室气体。全球变暖会导致全球降水量重新分配,冰川和冻土消融,海平面上升等,既危害自然生态系统的平衡,更威胁人类的食物供应和居住环境。

2. 臭氧层破坏

臭氧(O_3)具有吸收紫外线的强大功能。然而人类生产和生活所排放出的一些污染物,如冰箱和空调等设备制冷剂的氟氯烃类化合物等,在受到紫外线的照射后可被激化,形成活性很强的原子,它们与臭氧层的臭氧作用,使其变成氧分子,这种连锁效应会使臭氧层遭到破坏。

3. 酸雨

酸雨是由空气中二氧化硫(SO_2)和氮氧化物(NO_x)等酸性污染物引起的 pH 值小于 5.6 的酸性降水。受酸雨危害的地区,会出现土壤和湖泊酸化,植被和生态系统遭受破坏,建筑材料、金属结构和文物被腐蚀等一系列严重的问题。

4. 淡水资源危机

虽然地球表面 2/3 被水覆盖,但是 97% 为无法直接饮用的海水,只有不到 3% 是淡水。在这样一个缺水的世界里,水资源却被大量滥用、浪费和污染。加之水资源区域分布不均匀,导致世界上缺水现象十分普遍,全球淡水危机日趋严重。

5.资源、能源短缺

资源、能源短缺的出现,主要是人类无计划、不合理地大规模开采所致。从石油、煤、水利和核能发展的情况来看,要满足资源、能源的需求量是十分困难的。因此,在新能源开发利用尚未取得较大突破之前,世界能源供应将日趋紧张。

6.森林锐减

森林是人类赖以生存的生态系统中的一个重要组成部分。由于世界人口的增长,对耕地、牧场、木材的需求量日益增加,导致对森林的过度采伐和开垦,使森林受到前所未有的破坏。

7.土地荒漠化

简单地说,土地荒漠化就是指土地退化。1992年联合国环境与发展大会对荒漠化的概念作了定义:"荒漠化是由于气候变化和人类不合理的经济活动等因素,使干旱、半干旱和具有干旱灾害的半湿润地区的土地发生了退化。"荒漠化意味着人类将失去最基本的生存基础——有生产能力的土地的消失。

8.物种加速灭绝

物种就是指生物种类。现今地球上生存着500万~1000万种生物。一般来说,物种灭绝速度与物种生成速度应该是平衡的。但是,由于人类活动破坏了这种平衡,使得物种灭绝速度加快。物种灭绝将对整个地球的食物供给带来威胁,对人类社会发展带来的损失和影响是难以预料和挽回的。

9.垃圾成灾

全球每年产生垃圾近100亿吨,但处理垃圾的能力远远赶不上垃圾增加的速度。我国的垃圾排放量已相当惊人,在许多城市周围,排满了一座座垃圾山,除了占用大量土地外,还污染环境。

10.有毒化学品污染

对人体健康和生态环境有危害的化学品约有3.5万种。其中致癌、致畸、致突变作用的有500余种。由于化学品的广泛使用,全球的大气、水体、土壤乃至生物都受到了不同程度的污染、毒害,如果不采取有效的防治措施,将对人类和动植物造成严重危害。

二、我国的环境形势

长期以来,我国经济增长伴随着资源高消耗、环境重污染的现象。实际上追求高速经济增长是以巨大的生态环境污染为代价的。根据中华人民共和国生态环境部公布的《2020年中国环境状况公报》显示目前我国的环境形势表现在以下几个方面。

(一)大气

1.空气

2020年,全国337个地级及以上城市(以下简称337个城市)中,202个城市环境空气质量达标,占全部城市数的 59.9%,135 个城市环境空气质量超标,占 40.1%。337 个城市平均优良天数比例为 87.0%,其中 17 个城市优良天数比例为 100%、243 个城市优良天数比例在 80%～100%、74 个城市优良天数比例在 50%～80%、3 个城市优良天数比例低于 50%;平均超标天数比例为 13.0%,以 PM2.5、O_3、PM10、NO_2 和 SO_2 为首要污染物的超标天数分别占总超标天数的 51.0%、37.1%、11.7%、0.5% 和不足 0.1%,未出现以 CO 为首要污染物的超标天。2020 年 337 个城市环境空气质量各级别天数比例如图 1-1 所示。

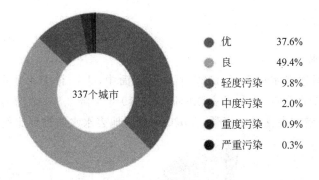

图 1-1　2020 年 337 个城市环境空气质量各级别天数比例
(《2020 年中国环境状况公报》)

337 个城市累计发生严重污染 345 天,比 2019 年减少 107 天;重度污染 1152 天,比 2019 年减少 514 天。六项污染物(PM2.5、O_3、PM10、NO_2、SO_2 和 CO)浓度与 2019 年相比,均有所下降。2020 年 337 个城市六项污染物浓度年际比较如图 1-2 所示。

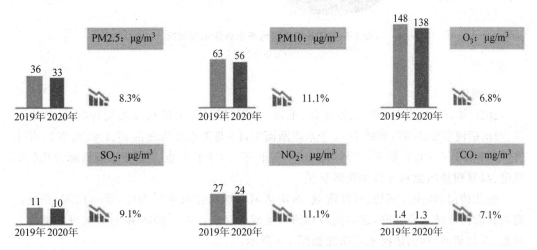

图 1-2　2020 年 337 个城市六项污染物浓度年际比较
(《2020 年中国环境状况公报》)

2. 酸雨

2020 年,酸雨区面积约 46.6 万平方千米,占国土面积的 4.8%,比 2019 年下降 0.2 个百分点,其中较重酸雨区面积占国土面积的 0.4%。酸雨主要分布在长江以南—云贵高原以东地区,主要包括浙江、上海的大部分地区、福建北部、江西中部、湖南中东部、广东中部、广西南部和重庆南部。

3. 秸秆焚烧

2020 年,卫星遥感共监测到全国秸秆焚烧火点 7635 个(不包括云覆盖下的火点信息),主要分布在吉林、内蒙古、黑龙江、辽宁、山西、河北、山东、新疆、广西、甘肃、河南等省(自治区)。

(二)淡水

1. 全国地表水

2020 年,全国地表水监测的 1937 个水质断面中,Ⅰ～Ⅲ类水质断面占 83.5%,比2019 年上升 8.5 个百分点;劣Ⅴ类占 0.6%,比 2019 年下降 2.8 个百分点。主要污染指标为化学需氧量、总磷和高锰酸盐指数。2020 年全国地表水水质类别比例如图 1-3 所示。

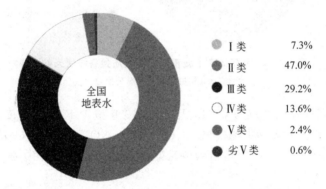

●	Ⅰ类	7.3%
●	Ⅱ类	47.0%
●	Ⅲ类	29.2%
○	Ⅳ类	13.6%
●	Ⅴ类	2.4%
●	劣Ⅴ类	0.6%

图 1-3　2020 年全国地表水总体水质状况

(《2020 年中国环境状况公报》)

2. 河流

2020 年,长江、黄河、珠江、松花江、淮河、海河、辽河七大流域和浙闽片河流、西北诸河、西南诸河主要江河监测的 1614 个水质断面中,Ⅰ～Ⅲ类水质断面占 87.4%,比 2019 年上升 8.3 个百分点;劣Ⅴ类占 0.2%,比 2019 年下降 2.8 个百分点。主要污染指标为化学需氧量、高锰酸盐指数和五日生化需氧量。

西北诸河、浙闽片河流、长江流域、西南诸河和珠江流域水质为优,黄河流域、松花江流域和淮河流域水质良好,辽河流域和海河流域为轻度污染。2020 年七大流域和浙闽片河流、西北诸河、西南诸河水质状况如图 1-4 所示。

3. 湖泊(水库)

2020 年,开展水质监测的 112 个重要湖泊(水库)中,Ⅰ～Ⅲ类湖泊(水库)占 76.8%,比 2019 年上升 7.7 个百分点;劣Ⅴ类占 5.4%,比 2019 年下降 1.9 个百分点。主要污染指标为总磷、化学需氧量和高锰酸盐指数。开展营养状态监测的 110 个重要湖泊(水库)中,贫营养状态湖泊(水库)占 9.1%,中营养状态占 61.8%,轻度富营养状态占 23.6%,中度富

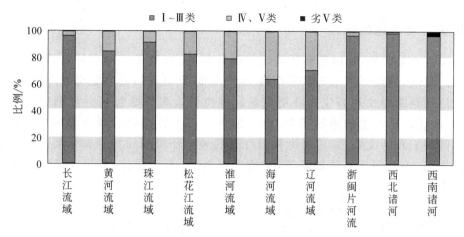

图 1-4　2020 年七大流域和浙闽片河流、西北诸河、西南诸河水质状况

（《2020 年中国环境状况公报》）

营养状态占 4.5%，重度富营养状态占 0.9%。

4. 地下水

2020 年，自然资源部门 10171 个地下水水质监测点中，Ⅰ～Ⅲ类水质监测点占 13.6%，Ⅳ类占 68.8%，Ⅴ类占 17.6%，主要超标指标为锰、总硬度和溶解性总固体。

（三）土壤

土壤污染状况详查结果显示，全国农用地土壤环境状况总体稳定，影响农用土壤环境质量的主要污染物是重金属，其中镉为首要污染物。截至 2019 年年底，全国耕地质量平均等级为 4.76 等。全国荒漠化和沙化状况连续三个监测期"双缩减"，呈现整体遏制、持续缩减、功能增强、效果明显的良好态势，但防治形势依然严峻。

（四）其他污染

随着城市建设的发展，各种建筑外墙使用镜面、瓷砖等高反射系数材料日益增多，使城市在日光照射下熠熠生辉、炫目多彩；而夜晚的城市灯火通明、霓虹闪烁，已成为名副其实的"不夜城"。再加上近距离读写使用的书本纸张越来越光滑，使人们几乎随时随地把自己置身于"强光弱色"的"人造环境"中。

电台、电视台的各种发射塔、雷达、卫生通信系统、变电站，还有各种电子设备如办公室的计算机、电话、复印机、传真机，家庭的电视机、电冰箱、微波炉以及随身携带的手机等，使我们随时可能处于电磁辐射的不良环境中。

2020 年，生态环境质量总体改善。生产和生活方式绿色、低碳水平上升，主要污染物排放总量大幅减少，环境风险得到有效控制，生物多样性下降趋势得到基本控制，生态系统稳定性明显增强，生态安全屏障基本形成，生态环境领域国家治理体系和治理能力现代化取得重大进展，生态文明建设水平与全面建成小康社会目标相适应。

三、解决环境问题的途径

党的十八大以来,我国生态环境质量持续好转,出现了稳中向好趋势,但成效并不稳固。目前,我国环境形势依然严峻,大气、水、土壤等污染问题仍较突出,广大人民群众热切期盼加快提高生态环境质量。解决好人民群众反映强烈的突出环境问题,既是改善环境民生的迫切需要,也是加强生态文明建设的当务之急。中央纪委监察部网站发布的文章《如何解决我们身边的突出环境问题?》中提出要紧盯环境保护重点领域、关键环节和薄弱环节,坚持全民共治、源头防治,解决大气、水、土壤等各种污染问题。

第一,持续实施大气污染防治行动,打赢蓝天保卫战。

大气污染,表现在天上,根子在地上。要推进供给侧结构性改革,严格执行环保等标准,加快不达标产能依法关停退出;实施煤改气(电)工程,减少重点区域煤炭消费;加强机动车尾气治理。

第二,加快水污染防治,实施流域环境和近岸海域综合治理。

要加速推进污水和垃圾处理等环境基础设施建设,深入实施水污染防治行动计划,坚持系统治水,全面推行"河长制",实行从水源到水龙头全过程监督。

第三,强化土壤污染管控和修复,加强农业面源污染防治,开展农村人居环境整治行动。

要实施土壤污染分类分级防治,加强检测控制、做好风险防控;综合整治农业面源污染,推进农业清洁生产,深入开展化肥、农药减量化,加大畜禽养殖废弃物和农作物秸秆综合利用力度;开展农村环境综合整治,因地制宜推进农村生活垃圾、污水处理,推进农村住户改水、改厕,不断改善农村人居环境。

第四,加强固体废弃物和垃圾处置。

全面推动城市典型废弃物集中处理和资源化利用;在国家生态文明试验区、国际性大都市、新城新区等率先建立垃圾强制分类制度,并普遍推行。

第五,加强环境治理制度保障。

提高污染排放标准,强化排污者责任,健全环保信用评价、信息强制性披露、严惩重罚等制度;构建政府为主导、企业为主体、社会组织和公众共同参与的环境治理体系。

第六,积极参与全球环境治理,落实减排承诺。

积极参与应对全球气候变化谈判,推动《联合国2030年可持续发展议程》和《巴黎协定》的落实,引导应对气候变化国际合作,成为全球生态文明建设的重要参与者、贡献者、引领者。

知识拓展

垃圾分类,一般是指按一定规定或标准将垃圾分类储存、分类投放和分类搬运,从而转变成公共资源的一系列活动的总称。垃圾分类的目的是提高垃圾的资源价值和经济价值,力争物尽其用。

垃圾分类的顺口溜是:干湿要分开,能卖拿去卖,有害单独放。绿厨厨,黄其其,红危危,蓝宝宝。可回收,丢蓝色,有害垃圾丢红色。厨余垃圾是绿色,其他垃圾用灰色。垃圾多,危害大,分类摆放人人夸。餐厨垃圾单独放,有害垃圾,别乱抛。乱丢垃圾危害大,干干净净利大家。

第三节 环境污染与人体健康

导 读

1952 年 12 月 5 日,伦敦气象台测出了一个非常奇怪的量度——风速表读数为零。由于当时工业生产及居民取暖大多使用煤炭,整个伦敦沉浸在烟尘煤气之中。此后数日情况继续恶化。至 1952 年 12 月 9 日,数以千计的居民感到了胸闷窒息,并伴有咳嗽、喉痛、心慌、呕吐等症状。根据相关报道,此次大雾有 4000～6000 人死亡,在大雾过去之后的两个月内又有 84 人相继死亡。幸存者的生活也在这次灾变中变了样,成千上万的人患上了支气管炎、冠心病、肺结核、心脏病、肺炎、肺癌、流感等各种疾病。

想一想:伦敦大雾事件中涉及什么污染?环境污染对人体健康有什么影响?

一、人与环境

人与环境的关系是一个不断演化的过程,正如恩格斯指出的:"人本身是自然界的产物,是在自己所处的环境中并且和这个环境一起发展起来的。"人是环境的一部分,人作为生物进化的最高阶段,是环境演化的产物,人的生命活动归根结底是由环境条件决定的。人类一度敬畏环境,神化环境,崇拜环境,以一种"仰天""颂天"的观念看待环境,人类屈服于环境,其生活为强有力的和不妥协的环境所支配。随着人类智慧的增进,对环境了解的深入,再也不愿受环境的支配,人类凌驾于环境之上,支配、利用和改造环境。由于人类不合理地开发和利用自然资源,导致环境污染和生态破坏。

人类是众多生物种类中的一种,人类只是环境的一部分,不是万物的尺度。由于主客观条件的限制,人类的认识具有很大的局限性,人类的认识正确与否、能否得到完善和发展,一点也离不开认识环境和改造环境的活动(即实践),尤其是对自然规律的认识和把握,更是离不开人与环境的联系。人类不仅要征服环境、利用环境,从环境中获取有利于人类发展的使用价值;同时要善待环境、保护环境、尊重环境。要树立人与环境和谐共处的理念,肯定人是自然界的相对主体,人类的社会经济必须继续向前发展;同时,要清醒地认识自然界的客观规律和自然资源的有限,认识到必须利用现代科学技术和现代生产力的发展,努力做到在与环境和谐共处中,实现自身的可持续发展。

二、环境污染对人体健康的影响

环境与健康是人类永恒的主题。在正常的环境中,环境中的物质与人体健康保持动态平衡,使人类得以正常生长、发育。但是如果污染物质一旦破坏了这一平衡,不仅会对人体健康造成急、慢性危害,而且还会致癌、致畸、致突变等长期危害。

1. 影响范围大

环境具有共享性,污染事故一旦发生,其所影响的往往是共享该环境区域内的人群,少则几个人,多则上万人。

2. 作用时间长

有时环境污染出现后,短期内影响暂时不显著,但在一定时间内危害着人类健康。接触者长时间暴露在被污染的环境中,有的可达几十年甚至更多,如切尔诺贝利核事故导致的环境污染,其不容易被人的感官所发觉,是看不见的杀手。

3. 污染情况复杂

污染物进入环境后,经过大气、水体等的稀释,一般浓度较低。但由于环境中存在的污染物种类繁多,它们不但可通过生物或理化作用发生转化、代谢、降解和富集,改变其原有的形状和浓度,产生不同的危害,而且多种污染物可同时作用于人体,产生复杂的联合作用。

三、环境污染对人体健康的危害

环境污染的种类很多,按照污染对象主要划分为大气污染、水体污染、土壤污染及噪声污染。这些污染对人体的健康造成了不良的影响,甚至危及生命安全。

(一)大气污染对人体健康的危害

大气污染是指大气中一些物质的含量达到有害的程度,破坏人和生态系统的正常生存和发展,对人体、生态造成危害的现象。大气污染可以通过呼吸系统进入人体,也可以通过接触皮肤、眼睛等部位危害人体。大气污染物复杂多样,有害物质的特性也有很大差异。大气污染的危害性包括急性中毒、慢性呼吸系统疾病、重要功能障碍及其他系统疾病。

(二)水体污染对人体健康的危害

水是人类赖以生存的物质基础,人一时一刻也离不开水。水体是以相对稳定的陆地为边界的天然水域,包括沟渠、江河、水库、湖泊等。当污染物进入河流、湖泊、海洋或地下水等水体后,其含量超过了水体的自净能力,使水体的水质和水体底质的物理、化学性质或生物群落组成发生变化,从而降低了水体的使用价值和使用功能的现象,称为水体污染。水体病原体污染可以导致传染病的暴发。引发传染病的病原体主要来自城市污水、医院污水及屠宰、制革、洗毛、生物制品等工业废水和牲畜污水。据统计,目前全世界每年被污染的水量占河流稳定流量的 40% 以上,水体的严重污染直接或间接危害人体的健康。

(三)土壤污染对人体健康的危害

土壤是一切植物生长的载体,是人类赖以生存发展的基础,污染一个安全的土壤环境,就等于毁灭人类自己。土壤是各种污染物的最终"宿营地",世界上 90% 的污染物最终都滞留在土壤内。而土壤污染会通过生物的食物链直接影响农作物的生长和产品质量,并通过食物链发生进一步的传播,间接危及人体健康。

(四)噪声污染对人体健康的危害

长期在噪声较强的环境中生活与工作,一方面是听觉器官会受到损伤,造成听力损伤。另一方面是对全身各系统,特别是神经、心血管和内分泌系统的影响,表现为头晕、失眠、易疲劳、记忆力衰退、注意力不集中并伴有耳鸣和听力衰退。对心血管的影响主要是可导致心动过速、心律失常、冠心病与动脉硬化等。噪声污染对环境的污染与工业"三废"一样,已成为当代世界危害人类环境的一大公害。近年来也有人指出,噪声是刺激癌症发病的原因之一,噪声还会对胎儿造成危害,对儿童的智力发育也有很大的影响。

大量的事实和研究表明,环境因素变化引起的连锁反应,不但使人类处于一种越来越不安全的境地中,而且环境污染可以加剧病毒的传播与疫情的扩散,环境恶化可能会使一些病毒发生变异,使一般病毒变成致命的病毒。一些专家指出,环境因素对病毒的产生、变异、传播以至于最终酿成疫情所起到的作用应该得到充分重视。

知识拓展

切尔诺贝利核事故或简称"切尔诺贝利事件",是一件发生在苏联时期,乌克兰境内切尔诺贝利核电站的核子反应堆事故。该事故被认为是历史上最严重的核电事故,也是首例被国际核事件分级表评为第七级事件的特大事故。普里皮亚季城也因此被废弃。

1986 年 4 月 26 日凌晨 1 点 23 分,乌克兰普里皮亚季邻近的切尔诺贝利核电厂的第四号反应堆发生了爆炸。连续的爆炸引发了大火并散发出大量高能辐射物质到大气层中,这些辐射尘涵盖了大面积区域。这次灾难所释放出的辐射线剂量是"二战"时期爆炸于广岛的原子弹的 400 倍以上。这场灾难总共损失大概两千亿美元,是近代历史中代价仅次于福岛核事故的最"昂贵"的灾难事件之一。

第四节　环境保护

导　读

生态文明是人民群众共同参与、共同建设、共同享有的事业,美丽中国建设同每个人息息相关,离不开每一个人的努力。2018 年,生态环境部联合中央文明办等五部门共同印发了《公民生态环境行为规范(试行)》,并正式启动了"美丽中国,我是行动者"主题实践活动,涌现了一大批典型案例、先进人物和代表作品,有力推动了公众践行绿色生活方式、传播绿色理念。公众参与环境保护的意识不断增强,渠道不断拓展,全社会绿色意识、低碳意识、环保意识都得到了进一步增强。

——中华人民共和国生态环境部:《全文实录|生态环境部部长黄润秋国新办新闻发布会答记者问》

想一想:我们该如何参与和推动环境保护工作?

一、环境保护的概念

环境保护就是通过采取行政、法律、经济、科学技术等多方面的措施,保护人类生存的环境不受污染和破坏;还要依据人类的意愿,保护和改善环境,使它更好地适合于人类劳动和生活及自然界中生物的生存,消除破坏环境并危及人类生活和生存的不利因素。当然,环境保护还要与经济的增长和社会的发展相协调。只有互相之间协调发展,才是新时代的环境保护。

二、我国环境保护的发展历程

我国推进环境保护的鲜明做法,就是统筹国际国内两个大局,既参与国际环境与发展领域的合作与治理,又根据国内新形势、新任务及时出台加强环境保护的战略举措。

我国环境保护大致可以分为五个阶段。

(一)第一阶段(20 世纪 70 年代初到 1978 年)

1972 年 2 月,联合国召开人类环境会议时,在周总理的指示下,我国派出代表团参加了会议。会议后不久,1973 年 8 月,国务院召开第一次全国环境保护会议,提出了 32 字环保工作方针。

(二)第二阶段(1978 年到 1992 年)

这一时期,我国环境保护逐渐步入正轨。1983 年第二次全国环境保护会议,把保护环境确立为基本国策。1984 年 5 月,国务院做出《关于环境保护工作的决定》,环境保护开始纳入国民经济和社会发展计划。1988年设立国家环境保护局,成为国务院直属机构。地方政府也陆续成立环境保护机构。1989年国务院召开第三次全国环境保护会议,提出要积极推行环境保护目标责任制等8项环境管理制度。同时,以1979年颁布试行、1989年正式实施的《环境保护法》为代表的环境法规体系初步建立,为开展环境治理奠定了法治基础。

(三)第三阶段(1992年到2002年)

1992年,里约热内卢召开的联合国环境与发展大会两个月之后,党中央、国务院发布《中国关于环境与发展问题的十大对策》,把实施可持续发展战略确立为国家战略。1994年3月,我国政府率先制定实施《中国21世纪议程》。1996年,国务院召开第四次全国环境保护会议,发布《关于环境保护若干问题的决定》,启动了退耕还林、退耕还草、保护天然林等一系列生态保护重大工程。

(四)第四阶段(2002年到2012年)

2002年以来,党中央、国务院提出树立和落实科学发展观,构建社会主义和谐社会,建设资源节约型、环境友好型社会,让江河湖泊休养生息,推进环境保护历史性转变、环境保护是重大民生问题、探索环境保护新路等新思想新举措。

(五)第五阶段(2012年以来)

2012年,生态文明建设被纳入中国特色社会主义事业总体布局,把生态文明建设放在突出地位,要求融入经济建设、政治建设、文化建设、社会建设各方面和全过程,努力建设美丽中国,实现中华民族永续发展,走向社会主义生态文明新时代。这是具有里程碑意义的科学论断和战略抉择,标志着我们党对中国特色社会主义规律认识的进一步深化,昭示着要从建设生态文明的战略高度来认识和解决我国环境问题。环境保护是生态文明建设的主阵地和根本措施。建设生态文明的主要目的是解决环境问题,最大制约因素是环境问题,薄弱环节和突破口是环境保护,成效最先体现也是环境保护。环境保护取得的任何成效、任何突破,都是对生态文明建设的积极贡献,直接决定着生态文明建设的进程。

三、环境伦理问题

(一)环境伦理的概念

自20世纪中期以来,随着科学技术的突飞猛进,人类以前所未有的速度创造着社会财富与物质文明,但同时也严重破坏着地球的生态环境和自然资源,例如由于人类无节制地乱砍滥伐,致使森林锐减,加剧了土地沙漠化,生物多样性减少,全球变暖等一系列全球性的生态危机。这些严重的环境问题给人类敲响了警钟。目前世界各国认识到生态恶化将严重影响人类的生存,不仅纷纷出台各种法律法规以保护生态环境和自然资源,而且开始思考如何谋求人类和自然的和谐统一,由此便产生了环境伦理观的发展。

环境伦理问题是指我们满足环境本身的存在要求或存在价值的问题。环境问题的实质不是环境对于我们传统的需要而言的价值，而是对后现代文明而言的价值。简单地说，就是环境在满足了人的生存需要之后，人类如何去满足环境的存在要求或存在价值，而同时满足人类自身的较高层次的文明需要。

（二）环境伦理原则

从环境伦理的角度看，我们要想保护好环境，实现人与自然的和谐，就必须同时处理好三对伦理关系，即当代人之间的关系、当代人与后代人之间的关系以及人与自然之间的关系。环境伦理为我们处理和调整这三对伦理关系提供了三条基本的伦理原则，即环境正义原则、代际平等原则和尊重自然原则。

1. 环境正义原则

环境正义原则有两种形式，即分配的环境正义原则和参与的环境正义原则。分配的环境正义原则关注的是与环境有关的收益与成本的分配。我们应当公平地分配由公共环境提供的好处，共同承担发展经济所带来的环境风险；同时，那些污染环境的人或团体应当为污染的治理提供必要的资金，而那些因他人的污染行为而受到伤害的人，应当从污染者那里获得必要的补偿。参与的环境正义原则是指每个人都有权利直接或间接地参与那些与环境有关的法律和政策的制定。我们应当制定一套有效的听证制度，使得有关各方都有机会表达他们的观点，使各方的利益诉求都能得到合理的关照。

2. 代际平等原则

从代际伦理的角度讲，代际平等原则是人人平等这一伦理原则的延伸。权利平等是平等原则的核心要求，当代人享有生存、自由、平等、追求幸福等基本权利；同样，后代人也享有这些基本权利。当代人在追求和实现自己的这些基本权利时，不应当减少和损害后代人追求和实现他们的这些基本权利的机会。

3. 尊重自然原则

尊重自然是科学理性的升华。现代系统科学和环境科学已经告诉我们，人是自然生态系统的一个重要组成部分。自然系统的各个部分是相互联系在一起的，人类的命运与生态系统中其他生命的命运是紧密相连、休戚相关的。所以，人类对自然的伤害实际上就是对自己的伤害，对自然的不尊重实际上就是对人类自己的不尊重。

健康而稳定的生态环境是构建和谐社会的物质基础，人与自然的和谐是实现人与人的和谐的重要保证。在建设社会主义和谐社会的过程中，我们不仅要采取各种经济和法律措施，把环境保护落到实处，还应加强环境文化和环境道德建设，创造一种爱护环境、保护环境、对环境友好的文化氛围，为实现人与自然的和谐提供源源不断的精神动力和价值支持。

知识拓展

世界地球日（The World Earth Day）即每年的 4 月 22 日，是一个专为世界环境保护而设立的节日，旨在提高民众对于现有环境问题的意识，并动员民众参与到环保行动中，通过绿色低碳生活，改善地球的整体环境。地球日由盖洛德·尼尔森和丹尼斯·海斯于 1970 年发起。现今,地球日的庆祝活动已发展至全球 192 个国家,每年有超过 10 亿人参与其中,使其成为世界上最大的民间环保节日。中国从 20 世纪 90 年代起,每年都会在 4 月 22 日举办世界地球日活动。

本 章 小 结

本章介绍了环境的概念和分类以及城市环境,阐述了世界和我国面临的主要环境问题,介绍了当前严峻的环境形势以及寻求合适的解决问题的途径,介绍了人与环境的关系以及环境污染对人体健康的影响和危害,解释了环境保护的概念,概述了我国环境保护的发展历程和环境伦理问题。

思 考 题

(1) 什么是环境?环境如何分类?

(2) 什么是环境问题?我国面临的环境问题有哪些?

(3) 针对当前严峻的环境形势,解决的途径是什么?

(4) 简述环境污染对人体健康的危害。

(5) 对学校环境实地考察,提出学校存在哪些环境问题?

(6) 请结合学校的实际情况提出环境保护的合理化建议。

拓展阅读

第二章

生态平衡与保护

在美丽的地球上,不仅有数以亿计的人类,还有人类已知的大量动物、植物、微生物等其他生物成分,还包括热、光、空气、水分及由土壤构成的各种无机元素,这些成分相互间的协调,构成了大自然生态平衡的美。

纵观人类文明发展史,生态兴则文明兴,生态衰则文明衰。工业化进程创造了前所未有的物质财富,也产生了难以弥补的生态创伤。杀鸡取卵、竭泽而渔的发展方式走到了尽头,顺应自然、保护生态的绿色发展昭示着未来。

第一节　生态系统

导 读

2021年4月,中央第八生态环境保护督察组下沉督察发现,昆明相关区贯彻落实习近平总书记重要指示精神不到位,围绕滇池"环湖开发""贴线开发"现象突出,长腰山区域被房地产开发项目蚕食,部分项目直接侵占滇池保护区,挤占了滇池生态空间。

长腰山位于滇池南岸,是滇池山水林田湖草生态系统的重要组成部分,是滇池重要的自然景观,曾经是昆明市城市重要生态隔离带,对涵养滇池良好生态具有十分重要作用。2015年1月以来,昆明诺仕达企业(集团)有限公司在长腰山区域,陆续开工建设滇池国际养生养老度假区项目。据调查,目前规划项目已全部实施,长腰山生态功能基本丧失,影响了滇池山水生态的原真性和完整性。

——中国生态环境部:《云南昆明晋宁长腰山过度开发严重影响滇池生态系统完整性》

想一想:什么是生态系统?为什么长腰山生态功能会丧失?

一、生态系统的概念

地球上的森林、草原、荒漠、海洋和湖泊等,它们虽然外貌不同,生物组成也各有特点,但它们各自的生物成分与非生物环境都通过相互作用,形成不可分割的统一体,称为生态系统。生态系统可大可小,小至一个池塘,大到一片森林、一个草原,甚至整个生物圈就是一个生态系统(图 2-1)。

森林生态系统　　　　草原生态系统　　　　农田生态系统　　　　湿地生态系统

图 2-1　各种各样的生态系统

生态系统是生物群落与其生存环境组成的综合体。对自然生态系统而言,生命系统就是生物群落;对社会生态系统、城市生态系统、工业生态系统而言,生命系统就是人类。例如城市居民与城市环境在特定空间的组合就是城市生态系统,工业生产者及管理人员与工业环境在特定空间的组合就是工业生态系统。

二、生态系统的组成

生态系统的组成可分为两大类:一类是非生物成分;另一类是生物成分。其中,生物成分可分为生产者、消费者和分解者。

(一)非生物成分

非生物成分包括太阳能和其他能源、水分、空气、气候和其他物理因子;参与物质循环的无机元素(如碳、氢、氧、氮、磷、钾等)与化合物;有机物(如蛋白质、脂肪、碳水化合物和腐殖质等)。非生物成分在生态系统中的作用,一方面是为各种生物提供必要的生存环境;另一方面是为各种生物提供必要的营养元素。

(二)生物成分

1. 生产者

生产者是指能利用太阳能,将简单的无机物合成为复杂的有机物的自养生物。生产者主要指包括水生藻类在内的绿色植物,另外还有光合细菌和化能合成细菌。

2. 消费者

消费者是指直接或间接依赖并消耗生产者而获取生存能量的异养生物,主要是各类动物。

3. 分解者

分解者又称还原者,都属于异养生物,主要指微生物如细菌、真菌、放射菌、土壤原生动物和一些小型无脊椎动物等。

非生物成分、生产者、消费者和分解者构成了一个有机的统一整体。在这个有机体中,能量与物质在不断地流动,并在一定的条件下保持着相对平衡。

三、生态系统的功能

生态系统由各种生物成分及非生物成分组成,其基本功能是能量流动和物质循环,而这种能量流动和物质循环在很大程度上受信息传递的调控。换言之,在各种信息的调控下,通过能量流动和物质循环,生态系统中的生物和非生物成分组成了复杂的统一体。事实上,能量流动、物质循环和信息传递维持着生命的存在和繁衍,维护着生态系统的稳定与平衡。

(一)能量流动

生态系统中,环境与生物之间、生物与生物之间的能量传递和转化过程,称为生态系统的能量流动。生产者通过光合作用储藏起来的化学能,一方面可以满足植物自身生理活动的需要,另一方面也可以供给其他异养生物生活需要(例如:当牧草被食草动物采食后,能量便流入食草动物;当食草动物被食肉动物捕食后,能量又流入食肉动物)。于是,太阳光能通过绿色植物的光合作用进入生态系统,并转化为高效的化学能,通过各级食物链流动起来(图2-2)。

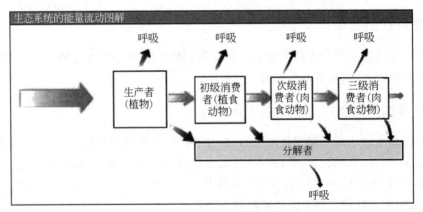

图 2-2　能量流动示意图

事实上,在生态系统中,当能量从一种形式转化为另一种形式的时候,转化效率远远低于百分之百。在自然条件下,绿色植物的光能利用率约为1%。由于一部分被绿色植物本身的呼吸作用和维持正常代谢所消耗,一部分被植物的根系、茎秆和果壳中的坚硬部分及枯枝落叶所截留,一部分变成粪便排出动物体外,所以被食草动物利用的能量,一般仅仅等于绿色植物所含总能量的1/10左右。同理,食肉动物所利用的能量,一般仅仅等于食草动物所含总能量的1/10左右。

(二)物质循环

在生态系统中,物质循环指营养物质被生物从环境中摄取,并可被其他生物依次利用,然后复归于环境被重复利用。和能量的单向流动不同,物质运动在生态系统中处于一种周而复始的循环之中。生态系统中的物质循环,是各种化学元素在地球非生物环境与生物之间的循环运转,故又称生物地球化学循环。通常,人们比较关注碳、氮、硫、水等的循环。

1. 碳循环

生物所需要的碳主要来源于大气或溶解在水中的CO_2。碳的循环就是在这些贮库和交换库之间进行的(图 2-3)。

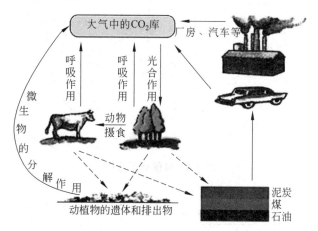

图 2-3　碳循环示意图

绿色植物在碳循环中起着重要作用。大气中CO_2被生物利用的唯一途径是绿色植物的光合作用。被绿色植物固定的碳以有机物的形式供消费者利用。生产者和消费者通过呼吸作用又把CO_2释放到大气中。

由于人为活动向大气中输入了大量的CO_2，而全球森林面积又不断缩小，大气中被植物吸收的CO_2量越来越少，使大气中CO_2的浓度有了显著增加。CO_2是重要的温室气体之一，其浓度增加可能会引起"温室效应"，导致全球气候变暖。

2. 氮循环

氮是生物的必需元素，是各种氨基酸、蛋白质和核酸的重要成分。氮也是大气的主要组成成分，氮气(N_2)约占大气体积的79%，总量约3.8×10^{14}吨。氮循环主要是在大气、生物、土壤和海洋之间进行。大气中的氮进入生物有机体主要有四种途径：一是生物固氮，豆科植物和其他少数高等植物能通过根瘤的固氮菌固定大气中的氮；二是工业固氮，是人类通过工业手段，将大气中的氮合成氨或铵盐，即合成氮肥，供植物利用；三是岩浆固氮，火山爆发时喷出的岩浆，可以固定一部分氮；四是大气固氮，雷雨天气发生的闪电现象而产生的电离作用，可以使大气中的氮氧化成硝酸盐，经雨水淋洗带入土壤(图 2-4)。

3. 硫循环

硫是构成氨基酸和蛋白质的基本成分，它以硫键的形式把蛋白质分子连接起来，对蛋白质的构型起着重要作用。大气中的SO_2主要来自含硫矿物的冶炼、化石燃料的燃烧以及动植物废弃物及其残体的燃烧，进入大气的H_2S也可以很快转化为SO_2。大气中的SO_2及H_2S经雨水的淋洗，进入土壤，形成硫酸盐；动、植物残体经微生物分解，也形成硫酸盐。土壤中的硫酸盐一部分供植物直接吸收利用，另一部分则沉积海底，形成岩石(图 2-5)。

4. 水循环

生命有机体大部分是由水组成的。水又是生态系统中能量流动与物质循环的介质，

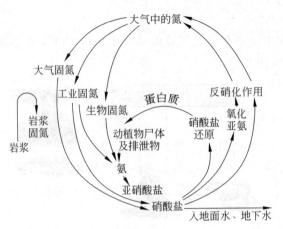

图 2-4　氮循环示意图

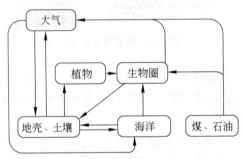

图 2-5　硫循环示意图

对调节气候和净化环境起着重要作用。在自然状态下,水有液态、固态、气态三种状态,因此它是运动性最强的物质。当受到太阳辐射后,水就蒸发变成水蒸气,水蒸气在空气中遇冷凝结,形成雨、雪等形式的降水。陆地上,除蒸发外,降水的一部分成为地面径流,另一部分则渗入地下成为地下径流。然后,地表径流、来自地下水的泉水、渗漏水一起汇入江河湖泊,最终流入海洋。在生命系统中,植物从土壤吸收水分,将 97%～99% 蒸腾到大气中,从而促进了环境系统中水的循环(图 2-6)。

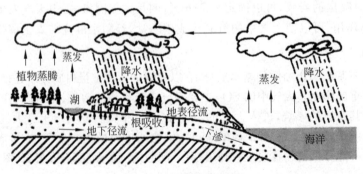

图 2-6　水循环示意图

除了组成与支撑生物体、参与生物合成与水解外,水还可以溶解绝大多数物质而使它们得以完成循环。因此,有人说,水循环是地球上由太阳能推动的各种循环的中心循环。

综上所述,维持生命所需要的基本元素,先是以无机形式(如 CO_2、H_2O、NO_3^-、SO_4^{2-} 等)被植物从空气、水和土壤中吸收,然后以有机分子的形式,从一个营养级传递到下一个营养级。当动、植物有机体被分解者分解时,它们又以无机形式归还到空气、水和土壤中,以备植物再一次吸收利用。无机矿物养分在生态系统内一次又一次地循环,推动着生态系统持续正常地运转。

(三)信息传递

生态系统的环境与生物之间、生物与生物之间,存在着丰富的信息联系,这些信息对调节生态系统各种生物组分的功能有重要作用。对生物而言,生态系统的信息有物理信息、化学信息、行为信息和营养信息等。

知识拓展

在营养结构中,营养总是从较低层次向较高层次转化,转化效率相当低,大约只有10%的能量能够从较低层次向相邻的较高层次转化,这就是"百分之十递减率"。因这一规律是美国生态学家林德曼发现的,故又称"林德曼定律"。

这一规律告诉我们两点启示。

(1)由于转化过程中,有效转化率太低,因而食物链不能太长,营养层次不能太多。

(2)生态系统中各生命有机体应该保持较为严格的数量关系,特别是居于食物终端的生命体不能太多。

第二节 生态平衡

导读

凤眼莲也叫水葫芦,原产于南美洲,我国是以猪饲料名义引进的。但没想到的是,由于水葫芦枝叶繁盛,导致水面以下的水生植物无法光合作用而死亡,而水生植物是当地生态链的基础,水生植物的死亡也导致了食物链被破坏,以至于水生动物也大量死亡,给地方渔业带来大量损失。更为重要的是,水葫芦交错纵横,导致原本的航运路线被阻挡,给当地的船运带来了不小的破坏。另外,水葫芦虽然能够富集水中的锌、铅、汞、镍、镉等重金属和去除水体悬浮物的功能,可以净化水质,但要知道的是它们只会富集重金属而不会消化它们。当水葫芦死亡后，重金属又会从它们的身体里被释放出来，导致水体再度被污染。

想一想：什么是生态平衡？生态失衡的危害有哪些？

一、生态平衡的概念

如果某生态系统的各种成分在较长时间内能保持相对协调，物质和能量的输入输出接近相等，结构与功能长期处于稳定状态，在外来干扰下，能通过自我调节恢复到最初的稳定状态，则这种状态可称为生态平衡（图 2-7）。生态平衡应包括三个方面，即结构上的平衡、功能上的平衡及输入和输出物质数量上的平衡。

图 2-7　日照七彩凤凰生态观光园

生态平衡是相对平衡。任何生态系统都不是孤立的，都会与外界发生直接的联系，会经常受到外界的冲击。生态系统的某一个部分或某一个环节，经常在允许限度内有所变化，只是由于生物对环境的适应性以及整个系统的自我调节机制，才使系统保持相对稳定的状态。所以，生态系统的平衡是相对的，不平衡是绝对的。生态系统的各组成成分会不断地按照一定的规律运动或变化，能量会不断地流动，物质会不断地循环，整个系统都处于动态之中。

二、生态平衡的特点

生态平衡的特征大致可以归结为"动""定""变"三个字。

（一）动

处在平衡状态的生态系统，仍然时时刻刻与周围环境进行着能量传递和物质交流，因此它不是静止的，而是运动的。

（二）定

从生态系统的整体考察，尽管物质和能量的运动绝无停止，但在一定时间段内，承载生态系统物质流动、能量流动的各要素,包括生物要素,都保持稳定的结构、形态,系统的整体外观也保持稳定。

(三)变

从生态系统的局部考察,每个系统要素都处于不断的变化之中,只是变化隐显不同。如个体分秒不息的新陈代谢,种群年复一年的繁殖迁徙,群落千年万载的演替更迭。

三、改善生态平衡的主要对策

由于生态系统和生态平衡的破坏主要发生在生产活动当中,所以改善生态平衡也只能在生产实践中通过正确利用生物资源的再生与相互制约的特点,妥善处理局部与全局的关系来实现,主要有以下几个方面的对策。

(一)森林方面的对策

保护好现存各种森林资源,营造好用材林、经济林、薪炭林、防风林、固沙林、水土保持林,合理采伐各种林木。通过上述工作,可以保护好森林这个绿色水库和最重要的动植物资源库。

(二)草原方面的对策

保护草原的对策是停止开垦草原;认真区划草原功能,通过建立饲料基地、建设人工草场、在宜牧草场合理放牧等措施防止草场退化;提倡生物防治鼠、虫、病害,减少甚至避免草原污染。

(三)水域方面的对策

在水域方面,逐步退耕还水、退居还水,慎重而科学地建设水库等水利设施;加强疏浚清淤;合理开发水产与水域养殖;严格控制污染物排放。

(四)农业方面的对策

在农业上,科学管理农田水肥,防止自然性病害;推行用地养地的耕作制度,改善物质循环,避免掠夺地力;提倡生物防治鼠、虫、病害,保证食品安全。

事实上,多方面的对策综合运用,会取得意想不到的效果,如农田林网化、封山育林育草、退耕还林还草、桑树—蚕—鱼塘(图2-8)等,都在保护生态系统和生态平衡方面发挥了重要作用,也更好地满足了人类开发利用自然的愿望。

知识拓展

任何生态系统都具有一定程度的自动调节能力,由于这种能力的存在,才使得生态系统在一定的范围内,可以承受一定的压力,即体现出一定的"弹性",从而维持着自身的动态平衡——生态平衡。

当生态系统通过发育和调节达到最稳定的状态时,它能够自我调节和维持自己的正常功能,并能在很大程度上克服和消除外来的干扰,保持自身的稳定性,这实质上就是生态系统的反馈调节。但这种自我调节能力是有一定限度的,当外来的干扰因素如火山爆发、地震、泥石流、雷击、火烧、人类修建大型工程、排放有毒物质、喷洒农药等,还有人为引入或消灭某些生物且超过一定的限度时,生态系统自我调节本身就会受到损害,从而引起生态失调,甚至引发生态危机。

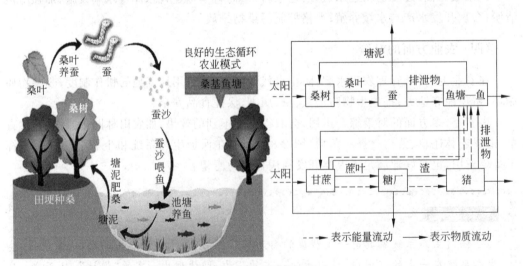

图 2-8　桑基鱼塘生态模式

第三节 生物多样性及保护

导 读

绿孔雀是比大熊猫还珍稀的野生动物,5年间在主要栖息地云南,种群数量从56只增长到了130只左右。

亚洲象从20世纪80年代的150头左右增加到现在的300多头。

高黎贡球兰、白旗兜兰,一个个极小种群植物,在人们的呵护中得以保存、增长。

这是今天的云南,仅去年一年就发现新物种、新记录种235种。

这也是今天中国生物多样性的一个缩影。今天的中国是世界上生物多样性最丰富的国家之一,已记录陆生脊椎动物2900多种,占全球种类总数的10%以上;有高等植物3.6万余种,居全球第三。中国将生物多样性保护作为生态文明建设的重要内容,积极探索生物多样性有效保护的路径与机制,为构建人与自然的生命共同体提供了中国样本、中国智慧。

——央视网:《保护多样性 共建人与自然生命共同体》

想一想:中国在生物多样性保护方面取得了哪些令人瞩目的成就?

一、生物多样性的概念

生物多样性是生物及其环境形成的生态复合体以及与此相关的各种生态过程的综合,包括动物、植物、微生物和它们所拥有的基因及它们与其生存环境形成的复杂的生态系统。换言之,所谓生物多样性是一个地区所有生物体及环境的丰富性和变异性,是一个地区内遗传(基因)、物种和生态系统多样性的综合。简单地说,生物多样性就是地球上所有的动物、植物和微生物及其环境所构成的综合体。

二、生物多样性的含义

生物多样性包含三层含义,即生态系统多样性、物种多样性、遗传多样性。

(一)生态系统多样性

生态系统多样性是指一个地区的生态多样化程度。它区别于物种多样性,物种多样性指的是物种的种类而不是生态系统。而生态系统多样性涵盖的是在生物圈之内现存的各种生态系统(如森林生态系统、草原生态系统),也就是在不同物理大背景中发生的各种不同的生物生态进程。生态系统多样性是物种多样性和遗传多样性的保证。

(二)物种多样性

物种多样性就是各种生命包括动物、植物和微生物种类的丰富程度。科学家们估计,地球上大约有 300 万到 1 亿个物种,迄今为止,被鉴定的大约有 180 万个物种。物种多样性是衡量一定地区生物资源丰富程度的一个客观指标。

(三)遗传多样性

物种的遗传多样性主要是指遗传物质发生新表达的可能性是巨大的。每一个物种都包含很多不同亚种、变种、品种、品系等。如水稻是一个物种,在这个物种下有很多亚种和变种,还有很多品种、品系,它们有的长得高,有的长得矮,有的产量高,有的产量低,产出大米的颜色不同等,因为虽然它们都是水稻,但含有的遗传特征不同。遗传多样性是生命进化和物种分化的基础。

以上三者之间既有区别又有联系,形成一个整体。三者中,生态系统的多样性是基础,物种的多样性是关键,遗传的多样性含有的潜在价值最大。

三、生物多样性的保护

生物多样性是脆弱的,极易被破坏,而生物多样性一旦被破坏,几乎不可能恢复,所以必须加强生物多样性保护。目前,保护生物多样性的措施主要有以下几个方面。

(一)就地保护

为了保护生物多样性,把包含保护对象在内的一定面积的陆地或水体划分出来,进行保护和管理,比如建立自然保护区就是实行就地保护。截至 2016 年,我国已建立国家级自然保护区 435 个,大熊猫、扬子鳄、朱鹮、丹顶鹤、东北虎、麋鹿、野马等都有了各自的保护区。图 2-9 是青海湖鸟岛自然保护区的图片。自然保护区是有代表性的自然系统、珍稀濒危野生动植物种的天然分布区,包括自然遗迹、陆地、陆地水体、海域等不同类型的生态系统。自然保护区还具备科学研究、科普宣传、生态旅游的重要功能。

图 2-9　青海湖鸟岛自然保护区

(二)迁地保护

迁地保护是在生物多样性分布的异地,通过建动物园、植物园、树木园、野生动物园、种子库、基因库、水族馆等不同形式的保护设施,对那些比较珍贵的物种、具有观赏价值的物种或其基因实施由人工辅助的保护。迁地保护目的只是让即将灭绝的物种找到一个暂时生存的空间,待其元气得到恢复、具备自然生存能力的时候,还是要让被保护者重新回到生态系统中。

（三）建立基因库

人们已经开始建立基因库,来实现保存物种的愿望。例如,为了保护作物的栽培种及其会灭绝的野生亲缘种,建立全球性的基因库网。大多数基因库贮藏着谷类、薯类和豆类等主要农作物的种子。

（四）构建法律体系

人们还必须运用法律手段,完善相关法律制度,来保护生物多样性。例如,加强对外来物种引入的评估和审批,实现统一监督管理、建立基金制度,保证国家专门拨款,争取个人、社会和国际组织的捐款和援助,为实践工作的开展提供强有力的经济支持等。

知识拓展

2020 年 2 月 27 日,在广州疫情防控新闻发布会上,钟南山院士讲了一段耐人寻味的话,他说,21 世纪出现的三次冠状病毒感染,第一次是 SARS,第二次是 MERS,第三次是新冠病毒。这三次冠状病毒感染都与动物有关。人与动物的关系越密切,动物自身携带的病毒通过变异传染给人的机会就越大。这次新型冠状病毒来袭,引发了我们对人与自然、人与动物关系的深度思索。众所周知,地球上的生态系统是经过长期进化形成的,系统中的物种经过长期演变,才形成了现在相互依赖又互相制约抗衡的密切关系。遗憾的是,很多人还没有意识到生物多样性的价值,反而是把野生动物当作新奇美食,追逐他们的皮肉、骨骼。地球上的多种生物构成了食物链,滥杀食用野生动物就是在破坏地球上的生态平衡,破坏我们人类自己的家园。提高全体社会成员的生态保护和公共卫生安全意识,革除滥食野生动物陋习,刻不容缓。

——广州文明网:《广州市政府新闻办疫情防控保障专题新闻通气会举行》

第四节　湿地及其保护

导　读

邛海,西昌人民的母亲湖,被誉为"高原上的明珠"。但 20 世纪末,邛海却经历了围海造田、填海造塘和无序开发的劫难和伤痛。面对日趋恶化的邛海生态环境,凉山州、西昌市两级党委政府高瞻远瞩，以"保护饮用水源地、恢复自然湿地"为目标，树立了"修复一片湿地，救活一个湖，造福一方百姓"的治理理念，持续投入近50亿元实施"退塘还湿、退田还湿、退房还湿"的邛海湿地保护修复工程，并采取水源地保护、污染系统治理以及流域环境综合治理系列措施拯救这"一海碧水"。通过邛海湿地保护与修复等系列工程让其得以涅槃重生，才有了今日碧波荡漾、繁花似锦、百鸟争鸣、人与自然和谐共生的动人湖泊。邛海的蜕变，展现了西昌保护生态环境所创造的奇迹。

——中华人民共和国生态环境部：《邛海》

想一想：什么是湿地？为什么要保护与修复湿地？

一、湿地的概念

"湿地"一词源自英语 wetland。狭义的湿地一般是指陆地与水域之间的过渡地带，即指地表过湿或经常积水，生长湿地生物的地区。一般指国际湿地公约对湿地的定义，具体文字表述是："湿地系指不问其为天然或人工、长久或暂时之沼泽地、泥炭地或水域地带，带有或静止或流动，或为淡水、半咸水或咸水水体者，包括低潮时水深不超过6米的水域。"同时又规定："可包括邻接湿地的河湖沿岸、沿海区域以及湿地范围的岛屿或低潮时水深不超过6米的区域。"图2-10为山东部分湿地图片。

  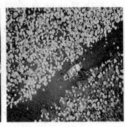 

济南济西湿地　　　　汶河国家湿地　　　　微山湖湿地　　　　济宁红卫河湿地

图2-10　山东部分湿地

湿地，至少有以下三个特征：①至少周期性地以水生植物为植物优势种；②层土主要是湿土；③在每年的生长季节，底层有时被水淹没。

湿地具有多种功能：保护生物多样性，调节径流，改善水质，调节小气候，提供食物及工业原料，提供旅游资源。湿地，也被称为"地球之肾""绿色水库""二氧化碳库"。

二、保护湿地的意义

（一）生态效益

1. 维持生物多样性

湿地的生物多样性占有非常重要的地位。依赖湿地生存、繁衍的野生动植物极为丰富，其中有许多是珍稀特有的物种，是生物多样性丰富的重要地区和濒危鸟类、迁徙候鸟及其他野生动物的栖息繁殖地。在 40 多种国家一级保护的鸟类中,约有 1/2 生活在湿地中。中国是湿地生物多样性最丰富的国家之一,亚洲有 57 种处于濒危状态的鸟,在中国湿地已发现有 31 种;全世界有鹤类 15 种,中国湿地鹤类占 9 种。中国许多湿地是具有国际意义的珍稀水禽、鱼类的栖息地,天然的湿地环境为鸟类、鱼类提供丰富的食物和良好的生存繁衍空间,对物种保存和保护物种多样性发挥着重要作用。湿地是重要的遗传基因库,对维持野生物种种群的存续、筛选和改良具有商品意义的物种,均具有重要意义。中国利用野生稻杂交培养的水稻新品种,使其具备高产、优质、抗病等特性,在提高粮食生产方面产生了巨大效益。

2. 调蓄洪水,防止自然灾害

湿地在蓄水、调控洪水、调节河川径流、补给地下水和维持区域水平衡中发挥着重要作用,是蓄水防洪的天然"海绵"。我国降水的季节分配和年度分配不均匀,通过天然和人工湿地的调节,储存来自降雨、河流过多的水量,从而避免发生洪水灾害,保证工农业生产有稳定的水源供给。长江中下游的洞庭湖、鄱阳湖、太湖等许多湖泊曾经发挥着储水功能,防止了无数次洪涝灾害;许多水库,在防洪、抗旱方面发挥了巨大的作用。沿海许多湿地抵御波浪和海潮的冲击,防止了风浪对海岸的侵蚀。中科院研究资料表明,三江平原沼泽湿地蓄水达 38.4 亿立方米,由于挠力河上游大面积河漫滩湿地的调节作用,能将下游的洪峰值削减 50%。此外,湿地的蒸发在附近区域制造降雨,使区域气候条件稳定,具有调节区域气候作用。

3. 降解污染物

随着工农业生产和人类其他活动及径流等自然过程带来农药、工业污染物等有毒物质进入湿地,湿地的生物和化学过程可使有毒物质降解和转化,使当地和下游区域受益。

(二)经济效益

1. 提供丰富的动植物产品

中国鱼产量和水稻产量都居世界第一位;湿地提供的莲、藕、菱、芡及浅海水域的一些鱼、虾、贝、藻类等是富有营养的副食品;有些湿地动植物还可入药;有许多动植物还是发展轻工业的重要原材料,如芦苇就是重要的造纸原料;湿地动植物资源的利用还间接带动了加工业的发展;中国的农业、渔业、牧业和副业生产在相当程度上要依赖于湿地提供的自然资源。

2. 提供水资源

水是人类不可缺少的生态要素,湿地是人类发展工农业生产用水和城市生活用水的主要来源。我国众多的沼泽、河流、湖泊和水库在输水、储水和供水方面发挥着巨大效益。

3. 提供矿物资源

湿地中有各种矿砂和盐类资源。我国内陆地区的碱水湖和盐湖,分布相对集中,盐的种类齐全,储量极大。盐湖中,不仅赋存大量的食盐、芒硝、天然碱、石膏等普通盐类,而且富集着硼、锂等多种稀有元素。一些重要油田,大都分布在湿地区域,湿地的地下油气资源开发利用,在国民经济中的意义重大。

4. 能源和水运

湿地能够提供多种能源,水电在我国电力供应中占有重要地位,水能蕴藏量占世界第一位,达 6.8 亿千瓦,有着巨大的开发潜力。我国沿海多河口港湾,蕴藏着巨大的潮汐能。从湿地中直接采挖泥炭用于燃烧,将湿地中的林草作为薪材,是湿地周边农村中重要的能源来源。湿地有着重要的水运价值,沿海沿江地区经济的快速发展,很大程度上是受惠于此。中国约有 10 万千米内河航道,内陆水运承担了大约 30% 的货运量。

(三)社会效益

1. 观光与旅游

湿地具有自然观光、旅游、娱乐等美学方面的功能,中国有许多重要的旅游风景区都分布在湿地区域。滨海的沙滩、海水是重要的旅游资源,还有不少湖泊因自然景色壮观秀丽而吸引人们向往,辟为旅游和疗养胜地。滇池、太湖、洱海、西湖等都是著名的风景区,除可创造直接的经济效益外,还具有重要的文化价值。尤其是城市中的水体,在美化环境、调节气候、为居民提供休憩空间方面有着重要的社会效益。

2. 教育与科研价值

湿地生态系统、多样的动植物群落、濒危物种等,在科研中都有重要地位,它们为教育和科学研究提供了对象、材料和试验基地。一些湿地中保留着过去和现在的生物、地理等方面演化进程的信息,在研究环境演化,古地理方面有着重要价值。

三、我国湿地现状及其保护

(一)我国湿地现状

我国是世界上湿地类型多、面积大、分布广的国家之一,而且具有独特的青藏高原湿地。我国湿地面积约 6594 万公顷(不包括江河、池塘等),占世界湿地的 10%,位居亚洲第一位,世界第三位,仅次于加拿大和俄罗斯。其中天然湿地约 2594 万公顷,包括沼泽约 1197 万公顷,天然湖泊约 910 万公顷,潮间带滩涂约 217 万公顷,浅海水域 270 万公顷;人工湿地约 4000 万公顷,包括水库水面约 200 万公顷,稻田约 3800 万公顷。到 2009 年 11 月,我国青海湖的鸟岛、湖南洞庭湖、香港米埔、黑龙江省兴凯湖等 37 处湿地已被列入国际重要湿地名录;达赉湖等 4 块湿地列入了国际"人与生物圈"网络。中国已建立湿地自然保护区 353 处,其中国家级湿地自然保护区 46 处,面积 402 万公顷;省级湿地自然保护区 121 处,总计保护面积 1600 万公顷;大约有 40% 的天然湿地得到保护。

我国湿地资源十分丰富,但随着经济的发展和城市化进程的加快,掠夺性开发和不合理利用、淤积、污染、过度排水等导致湿地面积和资源日益减少,功能和效益下降,生物多样性丧失。湿地的减少和功能退化,不仅对我国的生态环境造成严重破坏,不利于人与自然和谐发展,而且江河湖泊水质恶化和可利用淡水资源的减少也直接威胁到我国水资源供给安全,进而影响到整个经济和社会可持续发展,甚至危及人类的生存。近年来我国洪涝、干旱、赤潮、沙尘暴、荒漠化等自然灾害的频繁发生与许多湿地消失和退化密切相关。

例如,1998年长江流域发生特大洪水,共溃决堤垸2000多个,淹没耕地283万亩,受灾人口253万,给人民生命财产造成巨大损失。洪水灾害的发生与洞庭湖、鄱阳湖等湖泊湿地面积的锐减有很大的关联性。事实上大自然已经给我们敲响了警钟,湿地保护已经刻不容缓!

(二)湿地保护措施

湿地生态系统是独特结构和功能的生态系统,同时也是一个极为脆弱的生态系统,容易受到自然因素和人为活动的破坏,并且破坏后的系统在短时间内很难恢复。

1. 法律手段

法律是最有强制力的措施,湿地治理也应做到有法可依,为了防止我国湿地生态环境继续恶化,湿地立法刻不容缓,通过有关法律程序,如民事、刑事措施等进行湿地保护,加快湿地保护方面的立法步伐。

2. 技术手段

科学技术是第一生产力。学习、开发先进的湿地污染治理技术,做到高效治理,低成本治理。贯彻执行湿地生态系统可持续性研究,运用可持续性发展的理论解决湿地结构可持续性、功能可持续性等方面的科学问题。

3. 湿地污染要预防、治理统筹兼顾

湿地管理要贯彻执行预防为主、防治结合、综合治理的原则。湿地污染主要来自工农业的生产和城市居民生活中的污水及废弃物的排放,要严格加强对城市排污场所的管理。严禁在湿地附近进行大型农业生产、建设重污染工业园,已建的工业基地要强行迁走。对已经污染的湿地,通过一些工程和非工程措施对退化或者消失的城市湿地进行修复或者重建,逐步恢复湿地受干扰前的结构、功能及相关的物理、化学和生物特性,最终达到城市湿地生态系统的自我维持状态,严格做到治理和防治统筹兼顾。

4. 宣传教育方面

实施湿地保护教育,普及湿地知识,树立全民环保意识,充分利用新闻媒体、计算机网络,加强宣传教育,提高全民素质,让更多群众参加到湿地保护中来。

知识拓展

湿地公园是指以水为主体的公园,是以湿地良好生态环境和多样化湿地景观资源为基础,以湿地的科普宣教、湿地功能利用、弘扬湿地文化等为主题,并建有一定规模的旅游休闲设施,可供人们旅游观光、休闲娱乐的生态型主题公园。湿地公园是具有湿地保护与利用、科普教育、湿地研究、生态观光、休闲娱乐等多种功能的社会公益性生态公园。

杭州西溪国家湿地公园集城市湿地、农耕湿地和文化湿地于一体,是全国首个国家湿地公园。2020年3月31日,习近平总书记来到杭州西溪国家湿地公园考察。

"湿地贵在原生态,原生态是旅游的资本"。看到水草丰美、绿意盎然的西溪湿地,习近平总书记指出保护湿地原生态的重要性。他尤其强调了 4 个"不能":发展旅游不能牺牲生态环境,不能搞过度商业化开发,不能搞一些影响生态环境的建筑,更不能搞私人会所,让公园成为人民群众共享的绿色空间。

——新华网:《习近平关心湿地保护的故事》

第五节 生态文明

导 读

2021 年 10 月 14 日,"绿水青山就是金山银山——从理念到实践"论坛在昆明举办。党的十八大以来,中国生态文明建设从认识到实践发生了历史性、转折性、全局性的变化。"绿水青山就是金山银山"作为习近平生态文明思想的重要内容,已经成为全党全社会的共识,绿色发展理念逐步深入人心。

据介绍,自 2017 年以来,中国生态环境部命名了共 362 个国家生态文明建设示范区和 136 个"绿水青山就是金山银山"实践创新基地。这些地区在改善生态环境质量、推动绿色发展转型以及落实生态文明体制改革任务等方面走在全国前列。

——中华人民共和国生态环境部:《"绿水青山就是金山银山——从理念到实践"论坛举办》

想一想:什么是生态文明?如何建设生态文明?

一、生态文明的概念

所谓生态文明,是指人类在社会经济活动中,遵循自然发展规律、经济发展规律、社会发展规律、人自身发展规律,积极改善和优化人与自然、人与人、人与社会之间的关系,为实现经济社会的可持续发展所做的全部努力和所取得的全部成果。生态文明建设的出发点是尊重自然,维护人类赖以生存发展的生态平衡;其实现途径是通过科技创新和制度创新,建立可持续的生产方式和消费方式;其最终目标是建立人与人、人与自然、人与社会的和谐共生秩序(图 2-11)。

二、生态文明的内涵

生态文明的内涵十分丰富,主要包含生态文化、生态产业、生态消费、生态环境、生态资源、生态科技与生态制度七个基本要素。这七个基本要素是生态文明的基本组成单元,是相互影响和相互作用的。

图 2-11　人与自然和谐

（一）生态文化繁荣是生态文明建设的精神支柱

生态文明意味着人类思维方式与价值观念的重大转变。建设生态文明必须以生态文化的繁荣创新为先导,建构以人与自然和谐发展理论为核心的生态文化。在世界观上,需要超越机械论,树立有机论;在价值观上,需要超越"人类中心主义",重建人与自然的价值平衡;在发展观上,需要超越"不增长就死亡"的狭隘增长主义,建立"质量重于数量"的人口、资源、环境协调的整体发展观。

（二）生态产业发展是生态文明建设的物质基础

生态产业作为发展与环境之间矛盾激化的产物,是人类对传统生产方式反思的结果。生态文明要求生态经济系统必须由单纯追求经济效益转向追求经济效益、社会效益和生态效益等综合效益,以人类与生物圈的共存为价值取向来发展生产力。在生产方式上,转变高生产、高消费、高污染的工业化生产方式,以生态技术为基础实现社会物质生产的生态化,使生态产业在产业结构中居于主导地位,成为经济增长的主要源泉。

（三）生态消费模式是生态文明建设的公众基础

生态消费模式是以维护自然生态环境的平衡为前提,在满足人的基本生存和发展需要基础上的一种可持续的消费模式。生态消费模式需要依赖消费教育来变革全社会的消费理念,进而转变消费者的消费行为,引导公众从浪费型消费模式转向适度型消费模式,从环境损害型消费模式转向环境保护型消费模式,从对物质财富的过度消费转向既满足自身需要又不损害自然生态的消费方式。

（四）生态环境保护是生态文明建设的基本要求

生态环境问题直接关系到人民群众的正常生活和身心健康。如果生态环境受到严重破坏,人的生产生活环境恶化,人与人、人与自然的和谐就难以实现。生态文明建设的重要目标和实践要求就是要统筹好人与自然的关系,消除人类经济活动对自然生态系统构成的威胁,有效控制污染物和温室气体排放,保护好生态环境,实现生态环境质量的明显改善和可持续发展。

（五）生态资源节约是生态文明建设的内在要求

没有生态环境和资源能源，经济发展就无从谈起，人类社会发展就会失去资源基础。生态文明建设的重要任务，就是通过保护、节约、高效利用自然资源，循环利用废弃资源，积极开发可再生清洁能源和新能源，保障资源的可持续供给和经济社会可持续发展，同时维护自然界的生态平衡。

（六）生态科技发展是生态文明建设的驱动力量

生态科技用生态学整体观点看待科学技术发展，把从世界整体分离出去的科学技术，重新放回"人—社会—自然"有机整体中，将生态学原则渗透到科技发展的目标、方法和性质中。坚持走生态科技的发展道路，是实现人与自然和谐发展的关键，也是加速生态文明建设的驱动力量。

（七）生态制度创新是生态文明建设的根本保障

解决生态环境问题的本源性动力在于制度创新。一方面，要通过建立生态战略规划制度，着眼于长期而不是短期的发展，真正把人与自然的和谐与可持续发展纳入国民经济与宏观决策中；另一方面，要创新生态文明建设的制度保障，通过制度建设与创新，鼓励更多主体的积极参与，创建更加公平的法制环境，建立更加灵活的政策工具，营造更加良好的舆论氛围。

三、生态文明建设的原则

建设生态文明，不同于传统意义上的污染控制和生态恢复，而是克服工业文明弊端，探索资源节约型、环境友好型发展道路的过程。生态文明建设其实就是把可持续发展提升到绿色发展高度，为后人"乘凉"而"种树"，就是不给后人留下遗憾而是留下更多的生态资产。生态文明建设是中国特色社会主义事业的重要内容，关系人民福祉，关乎民族未来，事关"两个一百年"奋斗目标和中华民族伟大复兴中国梦的实现。我们必须抓住历史机遇，采取有力措施，大力推进生态文明建设。

在思想上，应正确认识环境保护与经济发展的关系。从重经济发展轻环境保护转变为保护环境与发展经济并重，从环境保护滞后于经济发展转变为环境保护与经济发展同步，从主要用行政办法保护环境转变为综合运用法律、经济、技术和必要的行政办法解决环境问题。要牢固树立保护环境、优化经济结构的意识，将环境保护作为新阶段推进发展的重要任务。

在政策上，应从国家发展战略层面解决环境问题。只有将环境保护上升到国家意志的战略高度，融入经济社会发展全局，才能从源头上解决环境问题。在发展政策上，抓紧拟订有利于环境保护的价格、财政、税收、金融、土地等方面的经济政策体系，采取总体制度一次性设计、分步实施到位的办法，使鼓励发展的政策与鼓励环保的政策有机融合；在发展布局上，遵循自然规律，开展全国生态功能区划工作，根据不同地区的环境功能与资源环境承载能力,按照优化开发、重点开发、限制开发和禁止开发的要求确定不同地区的发展模式,引导各地合理选择发展方向,形成各具特色的发展格局;在发展规划上,进一步优化重构工业的布局,调整产业结构,转变发展方式。

在措施上,应实行最严格的环境保护制度。包括建设完善的法律制度、制定严格的环境标准、培养专业的执法队伍、采取行之有效的执法手段等。建立健全与现阶段经济社会发展特点和环境保护管理决策相一致的环境法规、政策、标准和技术体系,凡是污染严重的落后工艺、技术、装备、生产能力和产品一律淘汰,凡是不符合环保要求的建设项目一律不允许新建,凡是超标或超总量控制指标排污的工业企业一律停产治理,凡是未完成主要污染物排放总量控制任务的地区一律实行"区域限批",凡是破坏环境的违法犯罪行为一律严惩。核心要求是杜绝一切环境违法行为,任何对环境造成危害的个人和单位都要补偿环境损失。

在行动上,应动员全社会力量共同参与保护环境。环境保护是全民族的事业。必须紧紧依靠人民群众,充分调动一切积极因素,齐心协力保护环境。一是广泛开展环境宣传教育。多形式、多方位、多层面宣传环境保护知识、政策和法律法规,弘扬环境文化,倡导生态文明,营造全社会关心、支持、参与环境保护的文化氛围。加强对领导干部、重点企业负责人的环保培训,提高其依法行政和守法经营意识。将环境保护列入教育的重要内容,强化环境基础教育,开展全民环保科普宣传,提高全民保护环境的自觉性。二是加强部门协作。环境保护部门是推动环境保护事业发展的"总体设计部",其他有关部门是环境保护事业的共同建设者。要加强环境保护部门的机构、队伍和能力建设,进一步完善环境保护统一监督管理体制。三是强化社会监督。公开环境质量、环境管理、企业环境行为等信息,维护公众的环境知情权、参与权和监督权。对涉及公众环境权益的发展规划和建设项目,要通过听证会、论证会或社会公示等形式,听取公众意见,接受舆论监督。四是形成科技创新与科学决策机制。针对现阶段的环境污染形势和广大人民群众改善环境的迫切愿望,不断加大对全球性、区域性、流域性及前瞻性重大环境问题的成因与演化趋势的研究,组织开展科技攻关,形成国家、地方政府对水环境、大气环境等的监控、预警技术体系,带动环境保护体制机制创新。进一步加强国际合作与交流,理性借鉴国际环境保护的成功经验,积极参与全球性、区域性环境保护活动。五是健全公众参与机制。发挥社会团体的作用,为各种社会力量参与环境保护搭建平台,鼓励公众检举揭发各种环境违法行为,推动环境公益诉讼。六是加强基层社会单元的环保工作。把环境保护作为社区、村镇建设的一项重要内容,引导和动员广大群众参与环保工作,使每个公民在享受环境权益的同时,自觉履行保护环境的法定义务。

知识拓展

塞罕坝位于河北省北部。由于历史上过度采伐,土地日渐贫瘠,北方的风沙可以肆无忌惮地刮入北京。1962 年,塞罕坝机械林场建立。经过三代人艰苦奋斗,塞罕坝地区森林覆盖率从 11.4% 提高到 80%。目前,这片超过百万亩的人造林每年向北京和天津供应 1.37 亿立方米的清洁水,同时释放约 54.5 万吨氧气。中国塞罕坝林场建设者获得 2017 年联合国环保最高荣誉"地球卫士奖"。

塞罕坝林场场长刘海莹告诉记者,这一奖项是对塞罕坝林场建设者 50 多年艰苦创业的肯定,也是激励和鞭策。"我相信,只要我们继续推动生态文明建设,经过一代又一代的努力,中国可以创造更多像塞罕坝这样的绿色奇迹,实现人与自然的和谐共处。"

——中国青年网:《15 年,这一理念历久弥新》

本 章 小 结

本章介绍了生态系统的概念、组成及功能;阐述了生态平衡的概念、特点以及改善生态平衡的主要对策;解释了生物多样性的概念和含义;介绍了保护生物多样性对人类生产和生活的意义;概述了湿地的概念和保护湿地的意义;介绍了我国湿地的现状及具体的保护措施;阐述了生态文明的概念和内涵;解释了生态文明建设的基本原则。

思 考 题

(1) 生态系统由哪些成分组成?生态系统有哪些功能?

(2) 生态平衡的特点有哪些?改善生态平衡的主要对策是什么?

(3) 生物多样性的价值是什么?

(4) 湿地具有哪些功能?研究湿地的意义是什么?

(5) 如何推进生态文明建设?生态文明与物质文明的关系是什么?

(6) 运用网络资源,查看相关资料,制订一个调查当地生物多样性或湿地生态环境状况的计划。

拓展阅读

第三章

资源与能源

当前,世界能源格局深刻调整,新一轮能源革命蓬勃兴起,应对全球气候变化刻不容缓。非常规油气、低碳能源、可再生能源、安全先进核能等一大批新兴能源技术正在改变传统能源格局。我国经济发展步入新常态,能源消费增速趋缓,质量和效率问题突出,能源转型任重道远。面对能源供需格局新变化、国际能源发展新趋势、国内能源转型新形势,我国能源产业发展正面临重大挑战和重大机遇,必须立足我国资源现状,把握发展趋势,明确战略目标,统筹全局,因势利导,推动能源产业健康发展,为全面建成小康社会提供坚实能源保障。

第一节 自 然 资 源

导 读

人类的生存与发展离不开资源与能源,随着世界人口的急剧膨胀、人类消费水平的日益提高及活动范围的不断扩大,各种资源和能源的需求数量成倍增加,资源和能源危机不断加剧。因此,合理利用资源与能源,保护自然环境,已成为世界经济和社会发展的一项紧迫的战略性任务。

近年来,我国能源产业快速发展,但"富煤、贫油、少气"的资源禀赋特点使我国长期以来形成了以化石能源为主的能源消费结构,由此带来了生态环境破坏和能源资源瓶颈等问题。

想一想:我国有哪些资源与能源?我们该如何利用资源与能源?

一、自然资源的概念

我国自然资源的总体特征可以概括为"地大物博,人口众多;人均资源少,地区差异大"。我国地处中低纬度地区,地域辽阔,地形多样,气候复杂,形成了多种多样的自然资源,资源总量大,是世界上资源大国之一,各类自然资源的绝对数量居于世界前列。我国是一个具有庞大人口基数的国家,因此人均资源在世界上并不具有优势,各种资源的人均值皆居世界后列,均低于世界平均水平。

自然资源是人类生存和发展的物质基础,是社会物质财富的源泉。广义的自然资源是指在一定的时空条件下,能够产生经济价值、提高人类当前和未来福利的自然环境因素的总称,通常包括水资源、土地资源、矿物资源、生物资源与气候资源等。狭义的自然资源指自然界中可以直接被人类在生产和生活中利用的自然物和能量的总称,如阳光、空气、水、土地、森林、草原、动物、矿藏等,自然资源是人类生存和发展的物质条件。

二、自然资源的分类

按照自然资源的利用前景和再生性质及自然资源的再生能力,可将自然资源分为三类:可更新资源、不可更新资源和恒定资源。

1. 可更新资源

可更新资源又称可再生资源,是指通过自然变化或人工经营可以不断形成,并能被人类反复利用的自然资源,如生物资源、土地资源、气候资源等。生物资源包括植物资源与动物资源,它可以不断生长,不断更新。这些资源的更新速率取决于自然环境和其自身繁殖能力的大小。可更新资源的本质特征是可以不断形成,但可多次利用的资源不一定就是可更新资源。我们在利用可再生资源时,一定要科学估计到它的再生能力。如果我们不及时利用可再生资源,就是浪费;如果利用的程度超过了它的再生能力,破坏了生态平衡和生态循环的规律,那就会破坏了这部分自然资源的再生能力,甚至使这部分自然资源在地球上消失。因此,在一定的时间跟空间尺度内,可再生资源的数量也是有限的。也就是说,可再生资源也并不是"取之不尽,用之不竭"的资源,它是一个动态的概念,只有在控制了量的情况下,权衡了开采量及该资源的再生量,使我们的开发利用速率小于其形成速率的条件下,才是"取之不尽,用之不竭"的。对于可更新资源应科学利用,并通过人类劳动有目的地扩展此类资源。

2. 不可更新资源

不可更新资源又称不可再生资源或非可再生资源,一般是指那些储量在人类开发利用后会逐渐减少以致枯竭,而不能或难以再生的资源,或者相对于人类发展而言实质上是不可能再形成的自然资源,如石油、矿产资源等。矿藏的形成有的需要十几亿年的时间,石油是两三亿年前形成的,矿物资源对地球来说也许是可以再生的,但对人类来说,却是不可再生的。即使它们可以再度形成,对人类而言,也是不可等待的,实际上是没有意义的。因此,矿藏和矿物燃料都是不可更新资源。对于不可更新资源应限制开采、提高利用率。

3. 恒定资源

恒定资源又称可持续利用资源,是指那些被利用后,在可以预计的时间内不会导致其储量的减少,也不会导致其枯竭的资源,如太阳能、风能和海洋潮汐能等,这些资源在本质上可以连续不断地供应,它们的更新过程和总供应量不受人类影响。对于恒定资源应研究和开发利用此类资源的新方法和新手段,不断提高其利用率。

按照自然资源的赋存条件及其特征,可分为两大类:地下资源和地表资源。

1. 地下资源

地下资源赋存于地壳之中,也可称为地壳资源,主要指矿产资源等,包括各种矿物质、煤炭、石油、天然气等。地下资源不仅是人类的生产和生活中不可缺少的物质,也是经济发展的物质基础。

2. 地表资源

地表资源赋存于生物圈中,也可称为生物圈资源,包括由地貌、土壤和植被等因素构成的土地资源,由地表水、地下水构成的水资源,由各类动物和植物构成的生物资源,以及由光、热、水等因素构成的气候资源等。

三、自然资源的特点

自然资源具有整体性、有限性、区域性、多用性等特点。

1. 整体性

自然资源本身是一个庞大的生态系统。自然资源中的水资源、土地资源、矿产资源、森林资源、海洋资源和草原资源等在生态系统中既相互联系,又相互制约,共同构成一个有机的统一体。人类活动对其中任何一个部分的干扰都有可能引起其他部分的连锁反应,并导致整个系统结构的变化。如森林资源的破坏会造成水土流失,从而引起河流泛滥,最终导致农业、渔业等的减产。因此,在开发利用的过程中,必须统筹安排,合理规划,以保持生态系统的整体平衡。

2. 有限性

在一定的时间和空间内,自然资源可供人类开发利用的数量是有限的。当人类对其开发利用超过资源更新能力时,就会导致资源量的逐渐枯竭。不可更新资源的有限性是很明显的,而可更新资源由于自然再生、补充能力有限,同样具有有限性。即使像太阳能、风能等无限资源,似乎取之不尽、用之不竭,也同样具有有限性。原因在于一方面科学技术的水平制约了人类对这些资源的有限利用;另一方面地球在一定时间内接受、产生这些资源的量是一定的。

3. 区域性

自然资源不是均匀地分布在任意空间范围,它们总是相对集中于某一区域,而且其结构、数量、质量和特性都有显著不同。如我国的煤、石油和天然气等能源资源主要分布在北方,而南方则蕴含丰富的水资源。自然资源的区域性对区域经济的发展起到很大的作用。因此,人们在开发利用自然资源时,必须结合区域特点,联系当地的具体经济条件,全面评价资源的结构、数量和质量,因地制宜地规划和安排各种产业的生产,充分发挥当地资源的优势和潜力。

4. 多用性

各种自然资源具有提供多种用途的可能性。如森林资源既能向人们提供各种林、特产品和木材,同时又具有防风固沙、保持水土、涵养水源和绿化环境的作用,还可以作为人类观光旅游的场所。水资源不仅用于工业和生活,还兼有航运、发电、灌溉、养殖、调节气候等功能。自然资源的多用性为开发利用资源提供了选择的可能性,人们应从经济效益、生态效益和社会效益等方面进行综合研究,综合开发利用自然资源。

除了上述特点外,各类自然资源还有各自的特点,如生物资源的可再生性,水资源的可循环和可流动性,土地资源有生产能力和位置的固定性,气候资源有明显的季节性,矿产资源具有不可更新性和隐含性等。

知识拓展

2021年是西藏和平解放70周年。70年来,在党中央的坚强领导下,在全国的人民大力支持下,西藏各族干部群众艰苦奋斗、顽强拼搏,迎来了经济、社会、生态等方方面面日新月异的变化,创造了短短几十年跨越上千年的人间奇迹。这变化和奇迹的背后,也凝结着自然资源部门的智慧和力量。从助力脱贫攻坚奔小康到经济发展新跨越,从推动生态保护入民心到绿色发展劲风扬,自然资源部门立足部门职责,发挥行业优势,推动着雪域高原全面美丽绽放。

70年来,特别是党的十八大以来,西藏自然资源系统在党中央、国务院以及自治区党委、政府的坚强领导下,在自然资源部的大力支持下,积极保障重大建设项目用地、全力服务易地扶贫搬迁、积极推进生态文明建设,为雪域高原打赢脱贫攻坚战、全面建成小康社会作出了应有贡献,助力西藏人民与全国人民一道迎来了从站起来、富起来到强起来的飞跃。

——中国自然资源报:《雪域高原 美丽绽放——看西藏和平解放70年自然资源管理工作成就》

第二节 土 地 资 源

导 读

"全国国土变更调查、土地卫片执法、耕地卫片监督、耕地保护督察等工作发现,耕地'非农化''非粮化'问题依然突出。"对此,自然资源部决定在全国范围开展违法违规占用耕地重点问题整治。

2021年11月30日,自然资源部在为此公开发出的通知中指出,2020年9月及11月,国务院办公厅先后印发《关于坚决制止耕地"非农化"行为的通知》《关于防止耕地"非粮化"稳定粮食生产的意见》,对整治耕地"非农化""非粮化"提出明确要求。但是,耕地"非农化""非粮化"问题依然突出。

——法治日报法制网:《耕地"非农化""非粮化"问题依然突出》

想一想:为什么要开展违法违规占用耕地重点问题整治?

一、土地资源的概念及特点

土地是最基本的资源,它是矿物质的储存场所,能生长草木和粮食,也是野生动物和家畜等的栖息所,是人类赖以生存和发展的物质基础和环境条件,是重要的生命保障系统。总之,陆地上的一切可更新资源皆赖以存在或繁衍。

(一)土地资源的概念

土地资源是指可供农、林、牧业或其他可利用的土地,是人类生存的基本资料和劳动对象,是一个综合性的科学概念,它是由地质、地貌、气候、植被、土壤、水文、生物及人类活动等多种因素相互作用形成的高度综合的自然经济复合生态系统。

(二)土地资源的特点

土地资源是一种综合的自然资源,与气候资源、水资源、生物资源等单项自然资源相比,对人类生存来说是最基础和最重要的。土地资源有以下主要特点。

(1)土地资源具有一定的生产力,通过人类的劳动可直接或间接生产出人类需要的某些植物和动物产品,还可为人类生产和生活提供多种服务。

(2)土地资源具有可更新性和可培育性,在合理利用的情况下,其内部物质和能量处于动态平衡中,可以供人类永续利用,还可按人类需要加以培育和改良,如改造盐碱地、沼泽地。

(3)土地资源面积有限,除非经过漫长的地质过程,土地面积不会有明显的增减。

(4)土地资源不可移动,每一块土地所处的经纬度都是固定的,不能移动,只能就地利用。

(5)土地资源具有质量属性,即土地资源本身的自然属性,包括地理分布、肥力高低、水源远近、土地离现有居民点的远近及道路和交通情况等。

二、土地资源的分类

土地资源的分类有多种方法,在我国较普遍的是采用地形和土地利用类型分类。

(一)按地形分类

土地资源可分为高原、山地、丘陵、平原、盆地。这种分类展示了土地利用的自然基础。一般而言,山地宜发展林牧业,平原、盆地宜发展农业。

(二)按土地利用类型分类

土地资源一般分为耕地、林地、牧地、水域、城镇居民用地、交通用地、其他用地(渠道、工矿、盐场等)及冰川和永久积雪、石山、高寒荒漠、戈壁沙漠等。这是由于我国自然条件复杂,土地资源类型多样,经过几千年的开发利用,逐步形成了各种各样的土地利用类型。这种分类着眼于土地的开发、利用,着重研究土地利用所带来的社会效益、经济效益和生态环境效益。评价已利用土地资源的方式、生产潜力,调查分析宜利用土地资源的数量、质量、分布及进一步开发利用的方向途径,查明目前暂不能利用土地资源的数量、分布,探讨今后改造利用的可能性,为深入挖掘土地资源的生产潜力,合理安排生产布局,提供基本的科学依据。

三、我国土地资源的概况

(一)我国的土地资源

我国地域辽阔,总面积达 960 万平方千米,人口数量接近 14 亿,以占全球不到 1/10 的土地养活着占全球 1/5 的人口。因此,我国人口与土地的矛盾较世界大多数国家更为尖锐。概括起来,我国土地资源主要有如下特点。

1. 绝对数量较大,人均占有量小

我国内陆土地总面积居世界第三位,但人均占有土地面积不到世界人均水平的 1/3。

2. 土地类型多样

南北向,北起寒温带,南至热带,南北长达 5500 千米,跨越 49 个纬度。其中,温带至热带的面积约占总土地面积的 72%,热量条件良好。东西向,东起太平洋西岸,西达欧亚大陆中部,东西长达 5200 千米,跨越 62 个经度,其中湿润、半湿润区土地面积占 52.6%。从地形高度看,从平均海拔小于 50 米的东部平原,逐级上升到西部海拔 4000 米以上的青藏高原。由于地域辽阔,水热条件的不同和复杂的地形、地质条件组合的差异,形成了多种多样的土地类型,这为农林牧副渔和其他各业利用土地提供了多样化的条件。

3. 山区面积大

我国山区面积约 633.7 万平方千米,占土地总面积的 66%,其中西北、西南地区的山地主要是牧场。山地资源丰富,开发潜力大,但是山地土层薄、坡度大,如利用不当,自然资源与生态环境易遭破坏。

4. 各类土地资源分布不平衡,土地生产力水平低

以耕地为例,我国大约有 20 亿亩(1 亩约为 667 平方米)的耕地,其中 90% 以上分布在东南部的湿润、半湿润地区。在全部耕地中,中低产耕地大约占耕地总面积的 2/3。占国土面积约 1/3 的土地是难以被农业利用的沙漠、戈壁、冰川、石山、寒荒漠地带。

5. 宜开发为耕地的后备土地资源潜力不大

据估计在大约 5 亿亩的宜农后备土地资源中,可开发为耕地的面积仅约为 1.2 亿亩,这些为数不多的后备土地大多在边远地区,开垦难度较大。

(二)我国的耕地现状

我国有 66% 的耕地分布于山地、丘陵、高原,而分布在平原、盆地的仅占 34%。根据第三次全国国土调查(简称"三调")数据,以 2019 年年底为标准时点,中国耕地总面积约 19.18 亿亩。相较 10 年前第二次全国国土调查 20.3 亿亩的耕地面积,中国耕地总量减少 1.13 亿亩。"人增地减"已成为我国现代化进程中最突出的矛盾。我国的耕地浪费和损失十分惊人,每年有 500000 公顷的耕地被国家、乡镇和农村三项建设占用,特别是城市规模膨胀,以征用农村土地、减少耕地为代价获得发展。

(三)土地资源的利用与保护

土地是可以更新的资源,有丰富的生产潜力,只要对土地资源进行科学合理的开发利用和保护,采取各种有效措施解决土地利用中存在的各种问题,有限的土地资源的潜在生产能力就会充分发挥出来,成为现实的生产能力。

1. 健全法制,强化土地管理

我国政府把保护耕地作为一项基本国策,实行严格的耕地保护政策,颁布了《中华人民共和国土地管理法》保护耕地资源,明确规定国家实行土地用途管理制度、占用耕地补偿制度、基本农田保护制度。

2. 全面规划,科学部署,开创水土流失防治新局面

树立尊重自然、顺应自然、保护自然的理念,坚持预防为主、保护优先,全面规划、因地制宜,注重自然恢复,突出综合治理,强化监督管理,创新体制机制,充分发挥水土保持的生态、经济和社会效益,实现水土资源可持续利用,为保护和改善生态环境、加快生态文明建设、推动经济社会持续健康发展提供重要支撑。

3. 综合防治土壤污染

制定土壤环境质量标准,进行土壤环境容量分析,对污染土壤的主要污染物进行总量控制;控制和消除土壤污染源,主要是控制灌溉用水及控制农药、化肥污染。从价格和经营体制上优化和改善对废塑料制品的回收与管理,建立生产粒状再生塑料的加工厂,以利于废塑料的循环利用;研制可控光解和热分解等农膜新品种,以代替现用高压农膜,减轻农用残留负担;尽量使用相对分子质量小、生物毒性低、相对易降解的塑料增塑剂。积极开展防治土壤中重金属污染的科研工作,揭示重金属在土壤环境中的变迁转移行为规律,以减少重金属对土壤的污染。

知识拓展

2021 年 6 月 17 日是第二十七个世界防治荒漠化与干旱日,2021 年我国确定的主题为"山水林田湖草沙共治,人与自然和谐共生"。目前,我国已成功遏制荒漠化扩展态势,荒漠化、沙化、石漠化土地面积近 5 年以年均 2424 平方千米、1980 平方千米、3860 平方千米的速度持续缩减,沙区和岩溶地区生态状况整体好转,实现了从"沙进人退"到"绿进沙退"的历史性转变。

我国是世界上荒漠化面积最大、受影响人口最多、风沙危害最重的国家之一。全国荒漠化土地总面积 261.16 万平方千米,占国土面积的 27.2%。岩溶地区石漠化土地面积为 1007 万公顷。我国坚持治山、治水、治沙相配套,封山、育林、育草相结合,禁牧、休牧、轮牧相统一,积极推进荒漠化和石漠化防治。

——新华网:《科学治沙:从"沙进人退"到"绿进沙退"》

第三节 矿产资源

导　读

　　森特勒利亚镇坐落在美国宾夕法尼亚州托卢卡湖边。曾经,它是一个被森林环绕的宁静小镇,也是一个度假、疗养的胜地。该镇的建立是因为当地丰富的优质煤矿。森特罗利亚的地下矿井构成一个庞大的网络,开采遍布小镇地下,小镇随之暴富。1962 年,一些工人们在露天采矿场焚烧废弃物时不慎引燃了无烟煤矿脉。而这片巨大矿藏中有一部分就埋在小镇正下方,一经点燃,火焰就被引入附近的矿脉,最后引发了一场巨大的地下煤矿火灾。这座城市花费了数年时间企图将火扑灭,但都没有达到预期效果。自 1962 年起,这座城市的地下煤矿一直燃烧至今,而天空中也漂浮弥漫着燃烧后的致命污染物。

——搜狐网:《想体验美国的鬼城和"寂静岭"吗?》

　　想一想:煤矿属于什么资源?

一、矿产资源的概念及分类

(一)矿产资源的概念

　　矿产资源是人类赖以生存的重要资源,是经济建设和社会生产力发展的重要物质基础,人类社会每一个巨大进步都伴随着矿产资源利用水平的巨大飞跃。当今世界,95％左右的能源、80％以上的工业原料和 75％以上的农业生产资料都来自矿产资源。随着人类社会的不断发展,近 200 年来,特别是近几十年来,世界矿产资源消耗急剧增加,其中消耗最大的是能源矿物和金属矿物。矿产资源是不可再生的自然资源,其大量消耗就必然会使人类面临资源逐渐减少以致枯竭的威胁,同时也带来一系列的环境污染问题。

　　矿产资源主要指由地质作用所形成的,埋藏于地下或分布于地表的有用矿物或有用元素的含量达到具有工业利用价值的自然资源。

(二)矿产资源的分类

　　矿产资源是地壳在其长期形成、发展与演变过程中的产物,是自然界矿物质在一定的地质条件下,经过一定地质作用而聚集形成的,不同的地质作用可以形成不同类型的矿产,按其特点和用途通常分为金属矿产、非金属矿产和能源矿产三大类。

1. 金属矿产

　　按其特性和用途金属矿产又可分为黑色金属(如铁、锰、铬、钨等)、有色金属(如铜、铅、锌等)、轻金属(如铝、镁等)、贵金属(如金、银、铂等)、放射性金属(如铀、镭等)、稀有和稀土金属(如锂、铍、铌、钽等)。

2.非金属矿产

非金属矿产主要是指磷、硫、盐、碱等化工原料,金刚石、石棉、云母等工业矿物和花岗石、大理石、石灰石等建筑材料。

3.能源矿产

能源矿产主要是指煤、石油、天然气等燃料矿产。

二、我国主要矿产资源概况

我国地域辽阔,成矿地质条件优越,矿产种类多,是世界上矿产品种比较齐全的少数几个国家之一。我国是仅次于美国的世界第二矿业大国,矿物资源的开采利用量呈逐年递增趋势,在已探明储量的矿产中,钨、锑、稀土、锌、萤石、重晶石、锡、汞、钼、石棉、菱镁矿、石膏、石墨、滑石、铅等矿产的储量在世界上居于前列,占有重要地位。但有些矿的储量很少,如铂、铬、金刚石、钾盐等远不能满足国内的需要,进口量也呈递增趋势。

(一)金属矿产资源

我国属于世界上金属矿产资源比较丰富的国家之一,世界上已经发现的金属矿产在中国基本上都有探明储量。其中,探明储量居世界第一位的有钨、锡、锑、稀土、钽、钛;居世界第二位的有钒、钼、铌、铍、锂;居世界第四位的有锌;居世界第五位的有铁、铅、金、银等。

(二)非金属矿产资源

我国是世界上非金属矿产品种比较齐全的少数国家之一,全国现有探储量的非金属矿产产地 5000 多处,大多数非金属矿产资源探明储量丰富,其中菱镁矿、石墨、萤石、滑石、石棉、石膏、重晶石、硅灰石、明矾石、膨润土、岩盐等矿产的探明储量居世界前列;磷、高岭土、硫铁矿、芒硝、硅藻土、沸石、珍珠岩、水泥灰岩等矿产的探明储量在世界上占有重要地位;大理石、花岗石等天然石材,品质优良,藏量丰富;钾盐、硼矿资源短缺。一些非金属矿产分布不均匀,特别在沿海和经济发达地区,探明储量尚不能满足本地区经济发展和出口创汇资源的需求。

(三)能源矿产资源

我国能源矿产资源比较丰富,已知探明储量的能源矿产有煤、石油、天然气、油页岩、钍、地热等,与世界探明可采储量相比,中国煤储量位于世界前列,但我国的能源矿产资源结构不理想,煤炭资源比重偏大,石油、天然气资源相对较少。

三、矿产资源开发对环境的影响

矿产资源的开发给人类创造了巨大的物质财富,每年有多达百亿吨的矿产资源被开采利用。不合理或过度的开采不仅浪费了资源,还破坏了生态环境,对人类自身造成了直接危害。

（一）破坏土地资源

矿产的露天采掘和废石的大量堆积都要占用大量土地。对石灰岩、花岗岩、石膏、碎石、玻璃用砂等建筑材料的大量开采,造成了生态环境的严重破坏。由采矿引起的山体崩塌、土地下沉、泥石流等,严重破坏了土地资源,威胁着人类的生命安全。

（二）污染地下水和地表水

由采矿和选矿形成的固体废弃物经日晒雨淋及风化作用,使矿山的地表水和地下水呈酸性、含有大量重金属和有毒元素,从而形成矿山污水。矿山污水危及矿山周围的河道、土壤,甚至破坏整个水系,影响生活用水及工业用水。

（三）污染大气

露天采矿及矿石、废石的装载运输过程中会产生大量粉尘,矿物冶炼排放的大量烟气、化石燃料特别是含硫多的燃料燃烧,是造成大气污染的罪魁祸首。

（四）污染海洋

海上油井的漏油、喷油,运油船只的事故都会造成海洋污染,石油化工与有机高分子合成工业也会污染海洋。此外,从海底开采锰矿等其他矿物也会造成海洋污染。

四、矿产资源的合理开发利用和保护

我国在矿产资源的开采和利用中,对原矿石的利用率和废矿石的回收率比较低,造成了资源的浪费和环境的污染,因此我们必须合理开发利用矿产资源,减少矿产资源开采中的环境代价。

（一）加强矿产资源管理

重点是加强法制管理,统一领导、分级管理的矿山资源执法监督组织体系,认真贯彻统一规划、合理布局、综合勘查、合理开采和综合利用的方针,制定矿产资源开发战略、资源政策和资源规划,建立健全矿产资源核算制度、有偿占有开采制度和资源化管理制度。通过法制管理,唤醒广大民众保护矿产资源的自觉性。

（二）建立健全环境保护措施

根据"谁开发谁保护、谁闭坑谁复垦、谁破坏谁治理"的原则,制定矿山环境保护法规、矿山资源开发生态环境补偿收费和复垦保证金政策,依法保护矿山环境;制订新的环境影响评估办法和环境保护恢复计划,进行矿山环境质量监测,实施矿山开发的全过程环境管理。

（三）研发矿产资源综合利用新途径

加快矿产资源综合利用、"三废"资源化和矿产资源清洁化生产技术的研发步伐,研究综合开发利用的新工艺、新技术,积极进行新矿床、新矿种、矿产新用途的探索研究工作。

(四)加强国际合作和交流

如引进推广煤炭、石油、重金属、稀有金属等矿产的综合勘查和开发技术;在推进矿山"三废"资源化和矿产开采对周围环境影响的无害化方面加强国际合作,以便更好地利用资源、保护环境。

知识拓展

在矿山开发过程中会产生较为严重的"三废"问题。矿山"三废"主要是指在矿山开采过程中产生的废水、废气和废渣。矿山"三废"给矿山开采后周围生态环境造成了较为严重的破坏。在矿山开采和选矿生产过程中,会产生大量的废水,虽然我国一些大中型矿山企业对矿山废水做了一定的处理工作。但是真正做到达标和零排放的矿山企业却屈指可数。

资料显示,在有色金属选矿中排放的废水因含有重金属离子、硫、磷等有机物,对周围水资源等生态环境及人畜饮水安全带来更大危害。还有资料显示,我国矿山废渣排放量大得惊人。以矿山排放的废石为例,每生产1吨金属或煤,需要消耗和排放数十吨,甚至百吨的矿石和废石。在矿山开采过程中,除产生大量废水、废渣外,还会产生大量的废气,如硫化物、氮化物和碳化物等某些毒气,以及在矿山采掘和粉碎过程中产生的粉尘对环境造成的污染。矿产资源开发中产生的毒气和粉尘,由于未能得到较高质量的处理,对周围环境、水资源、人畜生存安全等均造成了严重危害。

第四节 其他资源

导 读

从外太空看,地球是个蓝色的星球,地球表面三分之二被水覆盖。一个大部分被水覆盖的星球面临着水资源危机,这似乎是一种自相矛盾的说法。然而在地球上,这的确是事实。地球淡水资源不仅短缺且地区分布极不平衡。全世界约40%的人面临淡水不足问题,其中约3亿人生活在极度缺水状态中。

我国严峻的水资源问题早已成为公众关注的焦点。我国水资源总量位居世界第六,但人均占有量居世界第110位,接近中度缺水水平。目前,全国600多个城市中有2/3供水不足,其中1/6严重缺水。

想一想:我国的水资源利用现状如何?还有哪些其他资源?

自然资源除了土地资源、矿产资源外还有生物资源、海洋资源、气候资源和水资源等。

一、生物资源

（一）生物资源的概念及分类

生物资源是指在当前的社会经济技术条件下，人类可以利用与可能利用的生物，包括动植物资源和微生物资源等。生物资源具有再生功能，如利用合理，并进行科学的抚育管理，不仅能生长不已，而且能按人类意志，进行繁殖更生；若不合理利用，不仅会引起其数量和质量下降，甚至可能导致灭种。

植物资源是在当前的社会经济技术条件下，人类可以利用与可能利用的植物，包括陆地、湖泊、海洋中的一般植物和一些珍稀濒危植物。植物资源既是人类所需的食物的主要来源，还能为人类提供各种纤维素和药品，在人类生活、工业、农业和医药上具有广泛的用途。我国幅员广阔，地形复杂，气候多样，植被种类丰富，分布错综复杂。在东部季风区，有热带雨林和热带季雨林，中、南亚热带常绿阔叶林，北亚热带落叶阔叶常绿阔叶混交林，温带落叶阔叶林，寒温带针叶林，以及亚高山针叶林、温带森林草原等植被类型。在西北部和青藏高原地区，有干草原、半荒漠草原灌丛、干荒漠草原灌丛、高原寒漠、高山草原草甸灌丛等植被类型。

动物资源是在当前的社会经济技术条件下，人类可以利用与可能利用的动物，包括陆地、湖泊、海洋中的一般动物和一些珍稀濒危动物。动物资源既是人类所需的优良蛋白质的来源，还能为人类提供皮毛、畜力、纤维素和特种药品，在人类生活、工业、农业和医药上具有广泛的用途。我国是世界上动物资源最为丰富的国家之一。据统计，全国陆栖脊椎动物约有 2070 种，占世界陆栖脊椎动物的 9.8%，其中鸟类 1170 多种、兽类 400 多种、两栖类 184 种，分别占世界同类动物的 13.5%、11.3% 和 7.3%。在西起喜马拉雅山—横断山北部—秦岭山脉—伏牛山—淮河与长江间一线以北地区，以温带、寒温带动物群为主，属古北界；线南地区以热带性动物为主，属东洋界。其实，由于东部地区地势平坦，西部横断山南北走向，两界动物相互渗透混杂的现象比较明显。

微生物资源是在当前的社会经济技术条件下，人类可以利用与可能利用的以菌类为主的微生物，其所提供的物质，在人类生活和工业、农业、医药等诸方面发挥特殊的作用。

（二）生物资源的利用和保护

1. 森林资源的利用和保护

地球上有 1/5 以上的地面为森林所覆盖，森林是由乔木或灌木组成的绿色植物群体，是一种重要的自然资源。森林能够调节气候、保质水土、防风固沙，保障农牧业的发展；森林可以吸收二氧化碳并释放出氧气、阻滞粉尘、吸收有毒气体，防止空气污染，对保护和美化环境，增强人民身心健康起着重要作用。因此，合理利用和注意保护森林资源是十分必要的。

2. 野生动植物资源的利用和保护

野生动植物是指非人工驯养、种植的动植物。野生动植物是人类生产和生活上十分需要的宝贵资源,几乎所有的野生动植物都是可以直接或间接地为人类所利用。目前,全世界已有110多种兽类和130多种鸟类灭绝,有25000多种植物和1000多种脊椎动物濒临灭绝的危险。因此,保护野生动植物资源是保护生物资源的一个很重要的方面。

二、海洋资源

(一)海洋资源的概念及含义

海洋资源是指储藏于海洋环境中可以被人类利用的物质和能量以及与海洋开发有关的海洋空间。

海洋资源是海洋生物、海洋能源、海洋矿产及海洋化学资源等的总称。海洋生物资源以鱼、虾为主,在环境保护和提供人类食物方面具有极其重要的作用。海洋能源包括海底石油、天然气、潮汐能、波浪能及海流发电、海水温差发电等,还包括海水中铀和重水的能源开发。海洋矿产资源包括海底的锰结核及海岸带的重砂矿中的钛、锆等。海洋化学资源包括从海水中提取淡水和各种化学元素(溴、镁、钾等)及盐等。海洋资源的开发较之陆地复杂,技术要求高,投资较大,但有些资源的数量却较之陆地多几十倍甚至几千倍。因此,在人类对资源的消耗量越来越大,而许多陆地资源的储量日益减少的情况下,开发海洋资源具有很重要的经济价值和战略意义。

(二)海洋资源的利用和保护

1. 严格执行海洋功能区划制度

用全局的观念和战略的眼光,充分认识海洋功能区划的地位和作用,综合平衡有关部门、行业在开发利用海洋中的关系,协调解决不同部门、行业之间的用海矛盾,达到规范管理海域、合理开发利用海洋资源、促进海洋产业协调发展的目的。各级海洋行政主管部门切实按照海洋功能区划的要求安排用海,充分发挥海域资源的整体效益,最大限度地减少环境污染和生态破坏,努力实现海洋资源的可持续利用。

2. 坚持开发与保护并重的方针

首先要强化海洋综合管理,促进海洋资源的科学开发与利用。海洋是一个统一的自然系统,对海洋中任何一类资源的开发,都可能对其他资源产生一定的影响,并不可避免地打破原有的海洋生态平衡。因此各行业、各部门要从全局利益出发,协调、配合、管理好海洋,减少海洋开发利用的盲目性和短视行为。其次要加快海洋法制建设进程,完善海洋法律体系。要在国家海洋管理法律法规的基础上,根据地方的实际情况,尽快制定和完善海洋管理法规和规章制度。

3. 加大海洋管理法律法规的宣传力度

一是要广泛宣传普及海洋知识,增强全社会的蓝色海洋国土意识、海洋环保意识、海洋资源开发意识。二是要广泛深入地宣传海洋管理的法律法规,让广大人民群众牢固树立"海洋国有,依法用海"的法制观念。三是要加强与财政、规划、环保、国土、海事等部门的联系,加强往来,取得共识。通过宣传和协调,争取领导和社会各界的大力支持,为海洋管理工作创造良好的环境。

三、气候资源

（一）气候资源的概念

气候资源是指能为人类经济活动所利用的光能、热量、水分与风能等，是一种可利用的再生资源。气候资源对人类的生产和生活有很大影响，既具有长期可用性，又具有强烈的地域差异性。

（二）气候资源存在的问题

目前人类活动对气候资源的破坏、不合理开发造成的损失和不重视引起的极大浪费，还没有引起社会各界的足够重视。存在的问题主要有以下几方面。一是人类活动引起了气候条件和生态环境恶化。违背气候资源开发利用规律开发利用气候资源，造成气候资源和生态环境的极大破坏。不合理的开垦土地、大型水利工程建设和大范围的农业结构调整以及滥伐森林，引起自然生态系统的破坏，改变了地表水、热平衡的性质，造成旱、涝、寒、热灾害加剧，甚至产生沙漠化、水土流失等严重后果。二是城市的新建或者扩建等大中型工程项目建设，改变城市的光、热、水等气候资源的数量与分布，如导致城市热岛效应和高大建筑物之间的狭管效应，造成局地气候的改变。三是我国气候资源开发利用潜力很大，前景广阔，但目前利用率较低。

（三）气候资源的利用和保护

气候资源是一种宝贵的自然资源，可以为人类的物质财富生产过程提供原材料和能源。随着社会经济发展和科技进步，人类对气候及其规律性的认识逐步深入，对气候资源利用的自觉程度也随之逐步提高。与此同时，社会生产对气候及其变化的敏感性、依赖性日益增强，人类活动对气候的影响也日益显露。在经济建设和社会发展过程中，合理利用气候资源，可取得良好的社会、经济、生态效益；反之，则会遭受经济损失，破坏气候资源，甚至诱发气候灾害。加强气候资源的立法管理具有十分重要的现实意义，特别是在完善资源立法，积极增强全民的气候资源意识，拓宽气候资源的利用领域，提高气候资源利用率，促进气候资源的保护，防止人类活动对气候资源的破坏，实现气候资源和社会、经济的协调发展具有十分重要的意义。

四、水资源

（一）水资源的概念

水资源是自然界中以液态、固态、气态三态同时共存的一种资源，是在目前社会经济技术条件下，可为人类利用和可能利用的一部分水源，如浅层地下水、湖泊水、土壤水、大气水和河川水等。

河流和湖泊是我国主要的淡水资源，鄱阳湖、洞庭湖、太湖、洪泽湖、巢湖是我国的五大淡水湖。河湖的分布、水量的大小，直接影响着各地人民的生活和生产。我国人均径流量为 2200 立方米，是世界人均径流量的 24.7%。各大河的流域中，以珠江流域人均水资

源最多,人均径流量约 4000 立方米。长江流域稍高于全国平均数,人均径流量为 2300～
2500 立方米。海滦河流域是全国水资源最紧张的地区,人均径流量不足 250 立方米。

(二)我国水资源的特征

1. 水资源丰富,人均占有量少

我国国土面积大,水资源总量为 $2.81×10^{12}$ 立方米。但由于我国人口数量居世界首位,
人均水资源量少。从人均占有径流量来看,我国的水资源并不丰富,在世界仅占第 109 位。

2. 分布不均衡

我国是一个幅员辽阔、地形复杂、受季风影响强烈的国家,因而不但降水量少,且分布
不均衡。从总体来看,北方水源不足,南方相对有余。一年中有明显的雨季和旱季,年际
降水量差异甚大。因此,即使在水源充足的南方,不但会发生洪水泛滥,也会出现干旱缺
水现象。而缺水的北方,则雨水相对少得多,大部分处于缺水状态。

3. 降水过于集中

我国降水多集中于很短的雨季,全年 60% 的雨量集中于夏、秋两季,由于蓄水能力较
差,使一年中河流的径流量变化十分明显。河流最大径流量和最小径流量相差许多倍。
这种水量的巨大变化不仅使水的供需矛盾更加突出,而且造成枯水期河流纳污能力降低,
加重水系污染,成为水质恶化的重要因素之一。

4. 污染严重

随着我国国民经济的发展、工业生产的持续增长、人口的急剧增加,污水的排放量也
在逐年增加,许多污水未经处理便直接排入江河湖海中。

(三)水资源的利用和保护

1. 提高水的利用效率,开辟第二水源

(1)降低工业用水量,提高水的重复利用率。降低工业用水量的主要途径是改革生
产用水工艺,争取少用水,提高循环用水率。提高工业用水重复利用率,不仅是合理利用
水资源的重要措施,而且减少了工业废水量,减轻了废水处理量和对水体的污染。

(2)实行科学灌溉,减少农业用水浪费。全世界用水的 70% 为农业灌溉用水,但其利
用率很低,浪费严重。据估计,全世界有 37% 的灌溉水用于作物生长,其余 63% 都被浪费
掉了。因此,改革灌溉方法是提高用水效率的最大潜力所在。

(3)回收利用城市污水、开辟第二水源。回收和重新使用废水,使其变为可用的资源
是另一种提高水使用效率的方法。

2. 调节水源流量,增加可靠供水

通过调节水源流量、开发新水源的方式增加可靠供水。

(1)建造水库。建造水库调节流量,可以将丰水期多余水量储存在库内,补充枯水期的
流量不足。不仅可以提高水源供水能力,还可以为防洪、发电、发展水产等多种用途服务。

(2)跨流域调水。跨流域调水是一项耗资昂贵的增加供水工程,是从丰水流域向缺

水流域调节。

（3）海水淡化。海水淡化可解决海滨城市的淡水紧缺问题。目前，世界海水淡化的总能力为 $2.7km^3/a$，不到全球用水量的 1‰。

3. 加强水资源管理

为加强水资源管理，制定合理利用水资源和防止污染的法规；改革用水经济政策。如提高水价、堵塞渗漏、加强保护等。提高民众的节水意识，减少用水浪费严重和效率低的状况。

知识拓展

大自然是慷慨的，气候资源无处不在。对待"熟悉又陌生"的气候资源，一方面，要意识到其资源属性，有意识地加强开发利用。另一方面，一旦进入了生产范畴，就要注重精心保护和合理开发。

气候资源利用得好，能为人类造福。人工降雨便是合理利用云水资源的例子。雨雪景观、云雾景观、物候景观和避暑、御寒、康养等气候资源，可以用来发展旅游度假、健康养老等产业。可若是缺乏对气候资源的科学认识，甚至违背自然规律，恐怕就得承担相应的后果了。例如，一些地方人为改变城市光、热、水等气候资源的数量和分布，就会给当地的生产生活造成不便。从感慨"天有不测风云"到能够人工降雨，人类走过了漫长的历史。从古老的二十四节气到方兴未艾的旅游观光、健康养老产业，气候资源一直在陪伴着我们，也将发挥出更大的价值。

——人民日报：《气候资源，你了解吗？》

第五节　能　　源

导　读

人类利用风能的历史可以追溯到公元前，我国是世界上最早利用风能的国家之一。公元前数世纪中国人民就利用风力提水、灌溉、磨面、舂米，用风帆推动船舶前进。但数千年来，风能技术发展缓慢，没有引起人们足够的重视。

自 1973 年世界石油危机以来，在常规能源告急和全球生态环境恶化的双重压力下，风能作为新能源的一部分才重新有了长足的发展。风能作为一种无污染和可再生的新能源有着巨大的发展潜力，特别是对沿海岛屿，交通不便的边远山区，地广人稀的草原牧场，以及远离电网和近期内电网还难以达到的农村、边疆，作为解决生产和生活能源的一种可靠途径，有着十分重要的意义。

——国际新能源网：《风能利用历史》

想一想：风能和石油分别属于哪种类型的能源？

一、能源的概念及分类

能源也称能量资源或能源资源,是指可能为人类利用以获取有用能量的各种来源,如柴草、煤炭、石油、天然气、风、流水、潮汐、阳光、地热、核能和生物质能等。能源是国民经济的重要物质基础,未来国家命运取决于对能源的掌控。能源的开发和有效利用程度及人均消费量是生产技术和生活水平的重要标志。能源种类繁多,根据不同的划分依据可分为不同的类型。

根据能源的来源不同可分为以下三类。

(1)太阳能是来自地球外部天体——太阳的能源。人类所需能量的绝大部分都直接或间接地来自太阳。各种植物通过光合作用把太阳能转变成化学能在植物体内储存下来,古代埋在地下的动植物经过漫长的地质年代形成煤炭、石油、天然气等化石燃料,因此它们实质上是由古代生物固定下来的太阳能。此外,水能、风能、波浪能、海流能等也都是由太阳能转换来的。

(2)地球本身蕴藏的能量主要指地热能,这是一种与地球内部的热能有关的能源,温泉和火山爆发喷出的岩浆就是地热的表现。地球上的地热资源贮量很大。

(3)地球和其他天体相互作用而产生的能量,如潮汐能。

根据能源的产生方式不同可分为一次能源和二次能源。

(1)一次能源是指在自然界现成存在的、没有经过加工或转换的能源,如煤炭、石油、天然气、水能等。一次能源又分为可再生能源(水能、风能及生物质能)和不可再生能源(煤炭、石油、天然气、核能等),其中煤炭、石油和天然气三种能源是一次能源的核心,它们成为全球能源的基础。除此以外,太阳能、风能、地热能、生物能等可再生能源也被包括在一次能源的范围内。

(2)二次能源是指由一次能源直接或间接加工转换而成的能源产品,如电力、煤气、汽油、柴油、焦炭、洁净煤、激光等。

根据能源的性质不同可分为燃料型能源和非燃料型能源。

(1)燃料型能源是指煤炭、石油、天然气、泥炭、木材等可以直接作为燃料的能源,其中煤炭、石油和天然气又称化石燃料。当前化石燃料消耗量很大,而且地球上这些燃料的储量是有限的,化石燃料的直接燃烧还严重污染了生态环境。

(2)非燃料型能源是指水能、风能、地热能、海洋能等新能源。

根据能源的使用类型不同可分为常规能源和新型能源。

(1)利用技术上成熟,且使用比较普遍的能源称为常规能源。常规能源包括一次能源中可再生的水资源和不可再生的煤炭、石油、天然气等能源。

(2)新型能源是相对于常规能源而言的,指新近利用或正在着手开发的能源,包括太阳能、风能、地热能、海洋能、生物能、氢能及用于核能发电的核燃料等能源。由于新能源的能量密度较小,或品位较低,或有间歇性,按已有的技术条件转换利用的经济性尚差,还处于研究、发展阶段,只能因地制宜地开发和利用。新能源大多数是再生能源,资源丰富,分布广阔,是未来的主要能源之一。

二、我国能源的形势及对策

我国作为世界上最大的发展中国家,是一个能源生产和消费大国。能源生产量仅次于美国和俄罗斯,居世界第三位,基本能源消费占世界总消费量的 1/10,仅次于美国,居世界第二位。我国拥有较为丰富的化石能源资源。其中,煤炭占主导地位,已探明的石油、天然气资源储量相对不足,油页岩、煤层气等非常规化石能源储量潜力较大。水力资源理论蕴藏量折合年发电量为 6.19 万亿千瓦时,经济可开发年发电量约 1.76 万亿千瓦时,相当于世界水力资源量的 12%,居世界首位。

但是,我国人均能源资源拥有量较低,在世界上处于较低水平。煤炭和水力资源人均拥有量相当于世界平均水平的 50%,石油、天然气人均资源量仅为世界平均水平的 1/15。耕地资源不足世界人均水平的 30%,严重制约了生物质能源的开发。我国能源资源赋存分布不均衡,煤炭资源主要赋存在华北、西北地区,水力资源主要分布在西南地区,石油、天然气资源主要赋存在东、中、西部地区和海域。我国主要的能源消费地区集中在东南沿海经济发达地区,资源赋存与能源消费地域存在明显差别。

我国是一个以煤炭为主要能源的国家,经济发展与环境污染的矛盾比较突出。近年来,能源安全问题也成为国家生活乃至全社会关注的焦点,日益成为我国战略安全的隐患和制约经济社会可持续发展的瓶颈。自 1993 年起,我国由能源净出口国变成净进口国,能源总消费已大于总供给,能源需求的对外依存度迅速增大。煤炭、电力、石油和天然气等能源在我国都存在缺口,其中,石油需求量的大增以及由其引起的结构性矛盾日益成为我国能源安全所面临的最大难题。

为解决能源资源枯竭、环境污染的问题,我国应该寻求一条能源可持续发展之路,一方面必须"开源",即开发核电、风电等新能源和可再生能源;另一方面还要"节流",即调整能源结构,大力实施节能减排。

开发新能源和可再生能源是能源可持续发展的第一要义。目前我国新能源和可再生能源开发不足,也严重制约了能源发展,因此,我们必须加快发展新能源和可再生能源,优化能源结构,增强能源供给能力,缓解能源压力。例如,我国的核电装机容量不到发电装机容量的 2%,远低于世界 17% 的平均水平,应当采取有效的措施,解决技术路线、投资体制、燃料保障等问题,使我国核电发展的步子迈得更大一些。同时,我国的风电资源量在 10 亿千瓦左右,目前仅开发几百万千瓦,应当对风电发展进行正确引导,促进用电健康可持续发展。

节能减排是能源可持续发展的必由之路。我国能源利用消耗高、浪费大、污染严重,需求结构不合理,因此,必须大力节约和合理使用能源资源,提高其利用效率,严格控制钢铁、有色、化工、电力等高耗能产业发展,进一步淘汰落后的生产力,大力发展循环经济和清洁生产,积极探讨新时代下新旧能源转换问题。

三、我国能源的利用与保护

我国能源资源开发利用在取得显著成就的同时,随着我国经济的较快发展和工业化、城镇化进程的加快,能源需求的不断增长,构建稳定、经济、清洁、安全的能源供应体系正面临着重大挑战。要保证我国现代化建设的顺利进行,必须彻底改变旧的经济增长方式,开源节流。除了大力抓好煤、石油,特别是天然气的勘探工作,寻找出新的能源基地以外,针对我国的具体实际,还要做好以下几个方面的工作。

1. 改进燃煤技术,综合利用燃煤

停止生产或改造老式窑炉,积极推广应用沸腾燃烧炉、流化床锅炉等新型窑炉,积极改革设计民用炉灶,推广具有二次进风和设有聚热板的新型煤炉。例如,把 40 万台老式窑炉改成新型窑炉,则每年可节省煤炭 3000 万~6000 万吨。煤的气化和综合利用是指把煤通过干馏等化学方法将其转化为气体或液体燃料或化工原料,以提高利用效率,减轻运输负担和防治污染。据测算,1 吨商品煤转变为煤气,其 SO_2、CO_2 可减少 20%~40%,热效率提高将近一倍,其产生的热值相当于 1.9 吨煤直接燃烧。我国的煤炭地下气化技术已经试验成功,并建成了工业性示范基地,为我国安全、高效、少污染、充分利用地下煤炭资源走出了一条新路。

2. 提高能源利用效率

改进用电设备,可提高电能利用效率。例如,我国的照明用电量占全国总用电量的 5%,如将其中半数改为荧光灯,则一年可节电 60%~80%;改进火电发电设备,采用集中供暖、联片供热方式,可提高热能利用效率。

3. 合理利用石油资源

我国已探明的石油储量约为 33 亿吨,但原油产量与煤炭相比,状况要紧张得多。在西部塔里木盆地经过长期艰苦的努力,探明油气资源量为 206 亿吨,已成为我国 21 世纪重要的后备能源基地,但当地交通不便,气候恶劣,环境严酷,开发成本十分昂贵。海上石油开发资金紧缺,短期内难有太大的发展。从利用的角度看,石油作为化工原料的经济效益比作为燃料要高得多,因此,要开发石油炼制的新技术,以提高石油的利用率。

4. 开发多种新能源

积极利用生态学原理来解决能源供应问题。如经济比较发达、能源缺乏的东南沿海地区,除充分发展水电外,还应注意发展核电、风能和潮汐能;西北、华北地区,则应注意发展太阳能、风能;西南地区水力资源丰富,则应大力发展水利。此外,我国有温泉 3000 多处,地热资源丰富,也可以充分利用。

5. 利用国际环境,缓解我国能源问题

要抓住有利的国际环境,扩大能源贸易,进入国际市场,利用我们的优势开发国外的能源。尽可能多地利用外国资源、资金和技术,作为解决我国能源问题的一个辅助手段。

四、新能源

新能源又称非常规能源,一般是指在新技术基础上加以开发利用的可再生能源,包括核能、太阳能、生物质能、风能、地热能、波浪能、洋流能和潮汐能等。

1. 核能

核能俗称原子能,它是原子核里的中子或质子,重新分配和组合时释放出来的能量,核能是人类最具希望的未来能源之一。世界上有比较丰富的核资源,核燃料有铀、钍、氘、锂、硼等,世界上铀的储量约为 417 万吨。地球上可供开发的核燃料资源,可提供的能量是化石燃料的十多万倍。人们开发核能的途径有两条:一是重元素的裂变,如铀的裂变;二是轻元素的聚变,如氘、氚、氕、锂等。重元素的裂变技术,已得到实际性的应用;而轻元素聚变技术,也正在积极研究中。

核能有许多的优点。一是核燃料体积小而能量大,核能比化学能大几百万倍;1000 克铀释放的能量相当于 2700 吨标准煤释放的能量。而且,由于核燃料的运输量小,所以核电站就可建在最需要的工业区附近。二是污染少。核电站设置了层层屏障,基本上不排放污染环境的物质,就是放射性污染也比烧煤电站少得多。据统计,核电站正常运行的时候,一年给居民带来的放射性影响,还不到一次 X 光透视所受的剂量。三是安全性强。从第一座核电站建成以来,全世界投入运行的核电站达 400 多座,30 多年来基本上是安全正常的。虽然有 1979 年美国三里岛压水堆核电站事故和 1986 年苏联切尔诺贝利石墨沸水堆核电站事故,但这两次事故都是由于人为因素造成的。随着压水堆的进一步改进,核电站有可能会变得更加安全。

2. 太阳能

太阳能是一种廉价能源,利用太阳能,不仅有利于改善城市的能源供应和大气环境质量,对于解决农村能源缺乏的问题,也可以发挥积极作用。如一个采光面积 $2m^2$ 的太阳灶,总热值相当于一个 1000 瓦的电炉,可供 6 口之家做饭之用。由于用塑料薄膜做镜面的太阳灶已研制成功,每台炉灶的重量由 200kg 降为 15kg,极大地方便了使用。目前,我国已在 20 多个省、自治区、直辖市不同程度地推广应用了 10 万多台太阳灶,取得了较为明显的效果。能源专家们认为,随着科技的进步,人类将在太阳能利用领域取得巨大成就。希腊政府已开始实施一项 500 兆瓦的太阳能发电项目,美国则计划 2 年内在 100 万家屋顶上安装太阳能电池板。

3. 生物质能

生物质是指利用大气、水、土壤等通过光合作用而产生的各种有机体,即一切有生命的可以生长的有机物质统称为生物质,包括植物、动物和微生物。生物质能指的是太阳能以化学能形式储存在生物质中的能量形式,即以生物质为载体的能量,其能量直接或间接地来源于绿色植物的光合作用。生物质能可转化为常规的固态、液态和气态燃料,取之不尽、用之不竭,是一种可再生能源,同时也是唯一一种可再生的碳源。人类对生物质能的利用,包括直接用作燃料的有农作物的秸秆、薪柴等;间接作为燃料的有农林废弃物、动物粪便、垃圾及藻类等,它们通过微生物作用生成沼气,或采用热解法制造液体和气体燃料,也可制造生物炭。

据估计,每年地球上仅通过光合作用生成的生物质总量就达 1440 亿～1800 亿吨(干重),但是尚未被人们合理利用,多半直接当薪柴使用,效率低,影响生态环境。现代生物质能的利用是通过生物质的厌氧发酵制取甲烷,用热解法生成燃料气、生物油和生物炭,用生物质制造乙醇和甲醇燃料,以及利用生物工程技术培育能源植物,发展能源农场。

4. 风能

风能是指空气流动所产生的动能,风能资源的总储量巨大,一年中可开发的能量约

5.3×10^{13} 千瓦时。风能是可再生的清洁能源,储量大、分布广,但它的能量密度低(只有水能的 1/800),并且不稳定。在一定的技术条件下,风能可作为一种重要的能源得到开发利用。风能利用是综合性的工程技术,通过风力机可将风的动能转化成机械能、电能和热能等。目前我国已研制出 100 多种不同类型、不同容量的风力发电机组,并初步形成了风力机产业,我国将在风能的开发利用上继续加大投入力度,使高效清洁的风能在中国能源的格局中占有一定的地位。

5. 地热能

地热能是由地壳抽取的天然热能,这种能量来自地球内部的熔岩,并以热力形式存在,是导致火山爆发及地震的能量。地热能是一种新的洁净能源,在当今人们的环保意识日渐增强和能源日趋紧缺的情况下,对地热资源的合理开发利用已越来越受到人们的青睐。其中距地表 2000 米内储藏的地热能为 2500 亿吨标准煤。全国地热可开采资源量为每年 68 亿立方米,所含地热量为 973 万亿千焦耳。

在地热利用规模上,我国近年来一直位居世界首位,并以每年近 10% 的速度稳步增长。我国经过多年的技术积累,地热发电效益显著提升,直接利用地热水进行建筑供暖、发展温室农业和温泉旅游等利用途径也得到较快发展。全国已经基本形成以西藏羊八井为代表的地热发电、以天津和西安为代表的地热供暖、以东南沿海为代表的疗养与旅游和以华北平原为代表的种植和养殖的开发利用格局。

6. 波浪能

海水是一种由无数海水质点所组成的流体,在外力作用下,海水质点在其平衡点位置附近作周期性运动,从而形成波浪。风的吹动或者潮汐的运动均会使海水质点相对海平面发生位移现象,从而使波浪具有势能,而海水质点的运动,又会使波浪具有动能。因此,波浪能是海洋表面所具有的动能和势能的总和。波浪能是海洋能的一种具体形态,是一种很好的可再生能源,也是海洋能中最主要的能源之一,它的开发和利用对缓解能源危机和减少环境污染是非常重要的。

我国的波浪能资源可观,近海海域波浪能的蕴含量约达 1.5 亿千瓦,可开发利用量为 2300 万~3500 万千瓦。波浪能可用来发电,我国首座岸式波力发电站于 2000 年的汕尾建成,并通过输电线路并入 100 千伏的电网。于 2001 年 2 月进入试发电,最大发电功率 100 千瓦。该电站具有多种自动化保护功能,所有的保护功能均在计算机控制下自动执行,大大地减少了人工干预,使波浪能发电技术接近实用化,具有良好的社会效益和环境效益。同时,由天津国家海洋局海洋技术所研建的 100 千瓦摆式波力电站已在青岛运行成功。

7. 洋流能

洋流又称海流,是海洋中海水因热辐射、蒸发、降水、冷缩等而形成密度不同的水团,再加上风应力、地转偏向力、引潮力等作用而具有相对稳定速度的流动。洋流能就是由洋流的运动而产生的能量,是取之不尽的海洋发电能源中的一种。

8. 潮汐能

潮汐是因月球引力的变化引起的海水平面周期性地升降现象,因海水涨落及潮水流动所产生的能量称为潮汐能。其水位差表现为势能,其潮流的速度表现为动能。这两种能量都可以利用,是一种可再生能源。潮汐能利用的主要方式是发电,但是与水力发电相比,潮汐能的能量密度很低,相当于微水头发电的水平。

除了上述几种新能源外,近年来还发现了一种洁净能源——可燃冰。可燃冰,即天然气水合物,是分布于深海沉积物或陆域的永久冻土中,由天然气与水在高压低温条件下形成的类冰状的结晶物质,是公认的地球上尚未开发的最大新型能源。因其外观像冰一样而且遇火即可燃烧,所以被称作"可燃冰"。可燃冰在自然界中广泛分布在大陆永久冻土、岛屿的斜坡地带、活动和被动大陆边缘的隆起处、极地大陆架及海洋和一些内陆湖的深水环境中。我国国内可燃冰主要分布在南海海域、东海海域、青藏高原冻土带及东北冻土带。

五、节能减排的意义和途径

(一)节能减排的概念及意义

节能减排就是节约能源、降低能源消耗、减少污染物排放。节能减排包括节能和减排两大技术领域。减排必须加强节能技术的应用,以避免因片面追求减排结果而造成的能耗激增,注重社会效益和环境效益均衡。《中华人民共和国节约能源法》称节约能源(简称节能),是指加强用能管理,采取技术上可行、经济上合理以及环境和社会可以承受的措施,从能源生产到消费的各个环节,降低消耗、减少损失和污染物排放、制止浪费,有效、合理地利用能源。

我国经济快速增长,各项建设取得巨大成就,但也付出了巨大的资源和环境被破坏的代价,这两者之间的矛盾日趋尖锐,群众对环境污染问题反应强烈。只有坚持节约发展、清洁发展、安全发展,才能实现经济又快、又好地发展。同时,温室气体排放引起全球气候变暖,备受国际社会广泛关注。进一步加强节能减排工作,也是应对全球气候变化的迫切需要。

(二)实现节能减排的途径

1. 加快产业结构调整

要大力发展第三产业,以专业化分工和提高社会效率为重点,积极发展生产性服务业;以满足人们需求和方便群众生活为中心,提升发展生活性服务业;要大力发展高新技术产业,坚持走新型工业化道路,促进传统产业升级,提高高新技术产业在工业中的比重。要加快淘汰落后生产能力、工艺、技术和设备;对不按期淘汰的企业,要依法责令其停产或予以关闭。

2. 大力发展循环经济

要按照循环经济理念,推进生态农业园区建设,构建跨产业生态链,推进行业间废弃物循环。要推进企业清洁生产,从源头减少废弃物的产生,实现由末端治理向污染预防和生产全过程控制转变,促进企业能源消费、工业固体废弃物、包装废弃物的减量化与资源化利用,控制和减少污染物排放,提高资源利用效率。发展循环经济的着眼点在于,产业链上游产生的废弃物,成为下游产品的原、燃材料,做到分级利用,减少资源浪费,降低废弃物的排放,提高产业的整体附加经济价值。

3.节约用电,创新发电

合理用电,节约用电,以及将一些废弃能源转化为电能应成为节能减排工作中的重中之重。改进工矿企业的大型机电设备,降低其能耗,将是一笔巨大的能源财富;利用煤焦化产业、冶金行业、水泥行业产生的余热发电,既可以减少环境污染,也可以获得大量的电能促进能源的再利用;利用新型的清洁能源发电也是节能减排的重要途径。

4.技术创新

企业要加强与科研院校合作,构建技术研发服务平台,围绕资源高效循环利用,积极开展替代技术、减量技术、再利用技术、资源化技术、系统化技术等关键技术研究,突破制约循环经济发展的技术瓶颈。

5.加强宣传,提高全民节约意识

组织好每年一度的全国节能宣传周、全国城市节水宣传周及世界环境日、地球日、水宣传日活动。把节约资源和保护环境理念渗透在各级各类的学校教育教学中,培养节约意识。

知识拓展

　　面对日益严峻的能源资源约束、生态环境保护压力、全球气候变化挑战,2014年6月13日,习近平总书记主持召开中央财经领导小组第六次会议,研究中国能源安全战略,提出推动能源消费革命、供给革命、技术革命、体制革命以及全方位加强国际合作的要求。能源领域围绕落实能源安全新战略,全面贯彻新发展理念,努力构建清洁低碳、安全高效的能源体系,能源生产和利用方式实现重大变革,能源发展取得历史性成就。能源白皮书全面总结了党的十八大以来中国推进能源革命的战略思路、重大政策和发展成就,向国内外讲好新时代推动能源高质量发展的中国故事,展示我国坚定不移走绿色、低碳、可持续发展道路的决心,体现我国推动构建人类命运共同体的责任担当。

　　——国家能源局:《坚定不移走能源高质量发展新道路——国家能源局法制和体制改革司负责人解读〈新时代的中国能源发展〉白皮书》

本 章 小 结

本章阐述了自然资源和能源的基本概念、属性、分类以及我国自然资源和能源现状及特点。重点介绍了土地资源、矿产资源等的类型、特点以及我国土地资源与矿产资源的开发利用现状及存在的问题和保护措施;介绍了新能源的种类、发展前景及对可持续发展的促进作用;阐述了节能减排的含义、现实意义及途径。

思 考 题

（1）什么是自然资源？自然资源的分类有哪些？

（2）土地资源的特点是什么？试分析我国土地资源的现状。

（3）结合具体案例分析矿产资源开发对环境的影响。

（4）如何利用和保护矿产资源？

（5）概述我国的能源形势与对策。

（6）简述节能减排的意义和途径。

拓展阅读

第四章

大气污染及防治

人类生活在地球的大气环境中,大气污染对人的健康直接产生危害,既有急性作用,又有慢性影响。大气污染还具有作用时间长,范围广(既有地域性的,也有全球性的影响)的特点。随着人口的增长和社会经济的发展,大气污染对人类社会的威胁日益突出,人们对其的关注也越加紧密。

第一节　大气的概述

> **导读**
>
> 我国"十三五"空气质量约束性指标已经全面超额完成。2020年,全国地级及以上城市优良天数比率为87%,比2015年上升5.8个百分点;全国PM2.5平均浓度为33微克/立方米,PM2.5未达标城市平均浓度比2015年下降28.8%;全国PM2.5、PM10、臭氧等6项主要污染物平均浓度同比均明显下降,其中臭氧浓度自2015年以来首次实现下降。
>
> 2021年,生态环境部将继续编制实施"十四五"空气质量全面改善行动计划,并推动PM2.5与臭氧浓度共同下降,实现协同控制。
>
> ——央广网:《我国"十三五"空气质量约束性指标全面超额完成》
>
> 想一想:大气主要由哪些物质组成?

一、大气的组成

1. 大气圈

大气是人类赖以生存的最基本的环境要素,一切生命都离不开大气。大气圈就是指包围着地球的大气层,它是指环绕地球的全部空气的总和。由于受到地心引力的作用,大气圈中空气质量的分布是不均匀的。总体来看,海平面处的空气密度最大,随着高度的增加空气密度逐渐变小。通常把从地球表面到1000~1400km的气层作为大气圈的厚度。超出1400km,大气非常稀薄,就是宇宙空间了。

2. 大气圈的结构

大气在垂直方向上不同高度其温度、组成与物理性质均不同,大气垂直方向的分层如

图 4-1 所示。

　　距地球表面大约 85km 高度以内,大气的主要成分的组成比例几乎没有什么变化,因此,称为均质大气层(简称均质层)。在均质层中,大气中的主要成分氧和氮的比例基本保持不变,只有水汽及微量成分的含量有较大的变动。根据气温在垂直方向上的变化情况均质层可分为对流层、平流层和中间层。

　　在均质层以上的大气层,其气体的组成随高度而有很大的变化,称为非均质层,非均质层又分为暖层(电离层、热层)和散逸层(外层)。

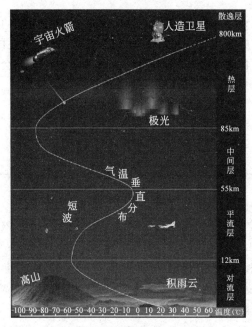

图 4-1　大气垂直方向的分层

　　(1) 对流层是大气圈中最下面,即最接近地面的一层,该层的厚度随地球纬度不同有所差别,在极地为 610km;在中纬度为 10~12km;在赤道处可达 16~18km。对流层的平均厚度约为 12km,而其空气质量约占大气层总质量的 75%。

　　由于对流层的大气不能直接吸收太阳辐射的能量,但能吸收地面热辐射的能量,因此其气温随高度增加而降低,温度分布特点是下部气温高,上部气温低。所以,对流层大气易形成较强烈的对流运动,是天气变化最复杂的层次。

　　此外,人类活动排放的污染物大多聚集于对流层,即大气污染主要发生在这一层,特别是靠近地面 1~2km 的近地层,因而对流层对人类生活影响最大,与人类关系最密切。

　　对流层里除有纯净的干空气外,还含有一定量的水蒸气,适宜的湿度对人和动植物的生存起着重要作用。

　　(2) 平流层位于对流层之上,平流层下部的气温几乎不随高度而变化,为一等温层。该等温层的上界大约距地面为 20~40km。平流层的上部气温随高度上升而增高。在距地面 50~55km 的平流层层顶处,气温可升至 -3~0℃,比对流层顶处的气温高出 60~70℃。这是因为在平流层的上部存在一厚度为 10~15km 的臭氧层,该臭氧层能强烈吸收 200～300nm 的太阳紫外线,致使平流层上部的气层明显地增温。

臭氧层能吸收对生命有害的太阳紫外线,是地球生命的保护伞。有一些化学物质,尤其是卤代烃,进入平流层后,能与臭氧层中的臭氧发生光化学反应,致使臭氧浓度降低,严重时臭氧层可能出现"空洞"。这类化学物质中,碳氧化合物、碳氯化合物、氟氯碳化合物使用得最为广泛,对臭氧层造成的伤害也最严重,这些化学物质通常用于灭火器、冰箱、推进剂和溶剂。20 世纪 70 年代,人类发现臭氧层正在被消耗,在南极洲的上空,出现了一个"臭氧层空洞"。如果臭氧层遭到破坏,则太阳辐射到地球表面上的紫外线将增强,从而导致地球上更多的人易患皮肤癌,地球上的生态系统也会受到极大的威胁。

在平流层中,很少发现大气上下的对流,虽然也能观察到高速风或在局部地区有湍流出现,但一般多是处于平流流动,极少出现云、雨、风暴天气。大气透明度好,气流稳定。进入平流层中的污染物,由于在大气层中扩散速度较慢,污染物在此层停留时间较长,甚至可达数十年之久。

(3) 中间层位于平流层顶之上,其层顶高度为 80～85km。该层中没有臭氧层这类可直接吸收太阳辐射能量的组分,因此其气温随高度增加而迅速下降,层顶温度可降至 −113～−83℃。

中间层底部的空气通过热传导接受平流层传递的热量,因而该层温度分布呈现下高上低的特点,有强烈的垂直对流运动。从中间层顶继续升高就进入非均质层了。

(4) 暖层在中间层的上部,位于 85～800km 的高度。该层的下部基本上是由分子氮所组成,而上部是由原子氧所组成。原子氧可吸收太阳辐射出的紫外光,因而,暖层中气体的温度是随高度增加而迅速上升的,其顶部可达 750～1500K。由于太阳光和宇宙射线的作用,使得暖层中的气体分子大量被电离,所以暖层又称电离层。电离层能够反射无线电电波,对远距离通信极为重要。

(5) 散逸层在暖层的上部,是大气圈的最外层。这层相当厚,是从大气圈逐步过渡到星际空间的大气层。该层大气极为稀薄,气温高,粒子运动速度快,有的高速运动的粒子能克服地球引力的作用而逃逸到太空中去。

3. 大气组成

自然状况下的大气由干燥清洁的空气(简称干洁空气)、水蒸气和各种杂质组成。干洁空气组成如表 4-1 所示。

表 4-1　干洁空气组成

气 体 成 分	含量(体积分数)/%	气 体 成 分	含量(体积分数)/%
氮(N_2)	78.09	氪(Kr)	1.0×10^{-4}
氧(O_2)	20.95	氢(H_2)	5×10^{-5}
氩(Ar)	0.93	氙(Xe)	8×10^{-6}
二氧化碳(CO_2)	0.03	臭氧(O_3)	1×10^{-6}
氖(Ne)	1.8×10^{-3}	干洁空气	100
氦(He)	5.24×10^{-4}		

由于大气的各种运动及分子扩散,使不同高度和地区的大气得以交换和混合。因此,干洁空气的组成在从地面到 85km 高度的范围内是基本不变的,并且其物理性质基本稳定,可视为理想气体。干洁空气的平均分子量为 28.966,标准状态下的密度为 $1.293kg/m^3$。

大气中分子态氮和惰性气体性质不活泼,不易与其他物质起化学作用,只有少量氮分子被土壤微生物所摄取,参加大气固氮作用。O_2 是地球上一切生命所必需的,它易与多种元素化合。CO_2 和 O_3 含量少但变化较大,对地表和大气温度有重要影响。

大气中的水蒸气含量随着时间、地点和气象条件等不同有较大变化,范围在 0.01%～4%。其含量虽不多,但对云、雾、雨、霜、露等天气现象起着重要作用,同时还导致大气中热能的输送和交换。

大气中的各种杂质是由于自然过程和人类活动排到大气中的各种悬浮微粒和气态物质形成的。悬浮微粒除水汽凝结物如水滴、云雾和冰晶等外,主要有尘粒、火山灰、烟尘等。气态物质主要有硫氧化物(SO_x)、氮氧化物(NO_x)、CO、CO_2、H_2S、NH_3、CH_4、恶臭气体等。大气中的杂质对辐射有吸收和散射作用,对大气中的各种光学现象及大气污染具有重要影响。

二、大气的重要性

大气是地球上所有生命物质的源泉。通过生物的光合作用(从大气中吸收二氧化碳,放出氧气,制造有机质),进行氧和二氧化碳的物质循环,并维持着生物的生命活动,所以没有大气就没有生物,没有生物也就没有今日的世界。大气层又保护着地球的“体温”,使地表的热量不易散失,同时通过大气的流动和热量交换,使地表的温度得到调节。

三、大气污染的概念

大气污染,通常指由于人类活动和自然过程引起某些物质进入大气中,呈现出足够的浓度,达到了足够的时间,并因此而危害了人体的舒适、健康或危害了环境。

自然过程包括火山活动、山林火灾、土壤岩石风化、动植物腐烂及大气圈中空气运动等。由于自然环境所具有的物理、化学和生物机能形成的自净作用,自然过程造成的大气污染经一定时间后会自动消除。一般来说,自然过程所造成的污染多为暂时的、局部的。平常所说的大气污染主要是人类活动造成的,污染延续的时间长、范围广。

知识拓展

高空的臭氧层可以吸收紫外线,为地面生物提供保护;而近地面的臭氧则是人类活动产生的污染经过一系列复杂的光化学反应而生成的二次污染,是光化学烟雾的主要成分,也是令人闻之色变的污染物质。人类活动产生的污染物中,VOCs 及 NO_x 排放量大是造成低空臭氧浓度增加的重要因素。低浓度的臭氧可消毒,但超标的臭氧则是个无形杀手!

第二节　大气污染源及主要污染发生机制

一、大气污染源

总体来看,大气污染是由自然界所发生的自然灾害和人类活动所造成的。由自然灾害所造成的污染多为暂时的、局部的,由人类活动所造成的污染通常延续的时间长、范围广。通常所说的大气污染问题指的是由人为因素引起的。人为因素造成大气污染的污染源可分为生活污染源、工业污染源、交通污染源和农业污染源。

1. 生活污染源

人们由于烧饭、取暖、淋浴等生活上的需要,燃烧化石燃料向大气排放煤烟而造成大气污染的污染源为生活污染源。这类污染源具有分布广、排放量大、排放高度低等特点,是造成城市大气污染不可忽视的污染源。

2. 工业污染源

火力发电厂、钢铁厂、化工厂及水泥厂等工矿企业在生产和燃料燃烧过程中排放煤烟、粉尘及各类化合物等,从而造成大气污染,这类污染源为工业污染源。工业污染源因生产的产品和工艺流程不同,所排放的污染物种类和数量有很大差别,但这些污染源一般较集中,而且浓度较高,对局部地区或工矿的大气污染影响很大。

3. 交通污染源

汽车、飞机、火车和船舶等交通工具排放废气从而造成大气污染,该类污染源为交通污染源。与以上两种污染源相比,该污染源还可以称为移动污染源。

4. 农业污染源

农业机械运行时排放尾气,施用化学农药、化肥、有机肥等物质时产生逸散,从土壤中经过再分解排放到大气中有毒有害及恶臭气态污染物,该类劳作场所为农业污染源。

二、大气中的主要污染物

大气污染物是指由于人类活动或自然过程排入大气的并对人或环境产生有害影响的物质。大气污染物的种类很多,目前对环境和人类产生危害的大气污染物约有 100 种。

(一) 按照来源进行分类

大气污染源按来源可分为一次污染物和二次污染物。

(1) 一次污染物是指直接从污染源排放的污染物质,如 SO_2、NO、CO、颗粒物等,它们又可分为反应物和非反应物,前者不稳定,在大气环境中常与其他物质发生化学反应,或者作催化剂促进其他污染物之间的反应,后者则不发生反应或反应速度缓慢。

(2) 二次污染物是指由一次污染物在大气中互相作用经化学反应或光化学反应形成的与一次污染物的物理、化学性质完全不同的新的大气污染物,其毒性比一次污染物还强。最常见的二次污染物有硫酸及硫酸盐气溶胶、硝酸及硝酸盐气溶胶、臭氧,以及许多不同寿命的活性中间物(又称自由基),如 HO 等。

目前已受到普遍重视的大气污染物如表 4-2 所示。

表 4-2　大气中的主要污染物

类　别	一次污染物	二次污染物
含硫化合物	SO_2、H_2S	SO_3、H_2SO_4、MSO_4
含氮化合物	NO、NH_3	NO_2、HNO_3、MNO_3
碳的氧化物	CO、CO_2	无
含碳化合物	化合物	醛类、酮类、过氧乙酰硝酸酯
含卤素化合物	HF、HCl	无

(二) 按存在状态进行分类

大气污染物按照存在状态可分为气溶胶状态(颗粒态)污染物和气体状态污染物两类。

1. 气溶胶状态污染物

气溶胶状态污染物也称颗粒物,在大气污染中,气溶胶指固体、液体粒子或它们在气体介质中的悬浮体。其粒径为 $0.002 \sim 100 \mu m$ 的液滴或固态粒子。大气中颗粒物的自然来源有森林火灾、火山爆发、地面扬尘等。人为来源有燃料燃烧、交通工具排放、工农业生产所产生的烟尘等。

2. 气体状态污染物

气体状态污染物简称气态污染物,是以分子状态存在的污染物,大部分为无机气体。常见的有五大类,即含硫化合物、氮氧化物、碳氧化物、碳氢化合物及含卤素化合物。

（1）含硫化合物。大气中含硫化合物主要有 SO_2 和 H_2S，还有少量的亚硫酸和硫酸（盐）微粒。人为污染源产生的硫排放的主要形式是 SO_2，主要来自含硫煤和石油的燃烧、石油炼制以及有色金属冶炼和硫酸制造等。天然污染源产生的硫主要是细菌活动产生的硫化氢。

SO_2 在污染的大气中极不稳定，最多只能存在 $1\sim2$ 天。相对湿度比较大以及有催化剂存在时，可发生催化氧化反应，生成 SO_3，进而生成硫酸或硫酸盐，硫酸和硫酸盐可形成硫酸烟雾和酸性降水，对大气环境造成较大的危害。SO_2 之所以被作为重要的大气污染物，原因就在于它参与了硫酸烟雾和酸雨的形成。

（2）氮氧化物。氮氧化物（NO_x）种类很多，它是 NO、NO_2、N_2O、N_2O_3、N_2O_4、N_2O_5 等的总称。造成大气污染的 NO_x 主要是指 NO 和 NO_2。天然排放的 NO_x 主要来自土壤和海洋中有机物的分解及闪电作用，属于自然界的氮循环过程。其主要包括：①由生物机体腐烂形成的硝酸盐，经细菌作用产生的 NO 及随后缓慢氧化形成的 NO_2；②生物源产生的氧化亚氮氧化形成 NO_x；③有机体中氨基酸分解产生的氨经 HO 氧化形成的 NO_x。NO_x 对环境的损害作用极大，它既是形成酸雨的主要物质之一，也是形成大气中光化学烟雾的重要物质和消耗臭氧的一个重要因子。大气中的 NO_x 最终转化为硝酸和硝酸盐微粒，经湿沉降和干沉降从大气中去除。

（3）碳氧化物。碳氧化物在大气中主要包括 CO 和 CO_2。CO_2 是大气中的正常组分，CO 则是大气中很普遍的排放量极大的污染物。CO_2 的人为污染源主要是矿物燃料的燃烧过程。

（4）碳氢化合物。大气中的碳氢化合物（HC）通常是指含有 C1～C8 可挥发的所有 HC，又称烃类。烃是形成光化学烟雾的主要成分。在活泼的氧化物（如原子氧、O_3、HO 等）的作用下，HC 将发生一系列链式反应，形成光化学烟雾。

（5）含卤素化合物。大气中以气态存在的含卤素化合物大致可分为以下三类：卤代烃、其他含氯化合物、氟化物。

① 大气中卤代烃包括卤代脂肪烃和卤代芳烃，其中一些高级的卤代烃，如有机氯农药滴滴涕（dichlorodiphenyl trichloroethane，DDT）、六六六，以及多氯联苯（Polychlorinated biphenyls，PCBs）等以气溶胶形式存在。

② 其他含氯化合物。大气中含氯的无机物主要是氯气（Cl_2）和氯化氢（HCl）。Cl_2 主要由化工厂、塑料厂、自来水净化厂等产生，火山活动也有释放一定量的 Cl_2。HCl 主要来自盐酸制造，在空气中可形成盐酸雾。除硫酸和硝酸外，盐酸也是构成酸雨的成分。

③ 氟化物包括氟化氢（HF）、氟化硅（SiF_4）、氟硅酸（H_2SiF_6）等。氟化物的污染源主要是使用萤石、冰晶石、磷矿石和氟化氢的企业，如炼铝厂、磷肥厂、炼钢厂、玻璃厂、火箭燃料厂等。氟化物通过食物链进入人体产生危害，最典型的是引起牙齿酸蚀的"斑釉齿症"和使骨骼中钙的代谢紊乱的"氟沉着症"。

知识拓展

大气污染物加速冰川消融

中国科学院西北生态环境资源研究院冰冻圈科学国家重点实验室的一项研究证实了大气污染物与冰冻圈退缩存在重要关联。研究显示，大气污染物特别是具有吸光性的黑炭气溶胶等沉降到冰川、积雪后,可降低雪冰表面反照率,进而促进冰冻圈的消融;同时,冰冻圈储存的重金属和持久性有机污染物等可随冰冻圈消融而释放,对区域生态环境造成潜在影响。

——中国气象局气象科普苑《气候变暖与人类健康》

第三节　大气污染的危害

导　读

中国 PM2.5 污染下降　居民预期寿命延长半年

细颗粒物(PM2.5)对人体的健康危害已经被逐步认识到。我国在 2014 年年初发起了"污染防治战",2016 年 PM2.5 大气污染水平比 2013 年下降 12%。2019 年,芝加哥大学能源政策研究所在北京发布的"空气质量寿命指数"(AQLI)显示,这一污染减少程度相当于中国居民平均预期寿命延长 6 个月。

——新浪网:《我国将加强 PM2.5 和臭氧协同控制》

想一想:大气污染带来哪些危害?

一、大气污染的主要危害

人类最初体验到的大气污染的危害主要是对人体健康的危害。据估计,全球有近5%的各类疾病是由于室内和室外空气污染所致。空气污染会使哮喘和其他呼吸系统过敏症加重,甚至可能直接导致这些疾病的发生。随后逐步又发现了大气污染对工农业生产的各种危害以及对天气和气候会产生不良影响。对大气污染物造成危害的机理、分布和规模等问题的深入研究,为控制和防治大气污染提供了必要的依据。

(一)对人体健康的危害

大气污染物对人体健康的侵害有直接和间接两个途径。污染物通过呼吸或皮肤毛孔进入人体造成直接危害;污染物溶入水体或降落在土壤中,通过生态系统食物链进入人体就造成间接危害。

(二)对工农业生产的危害

大气污染对工农业生产的危害十分严重,这些危害可影响经济发展,造成大量人力、物力和财力的损失。

1. 大气污染对工业生产的危害

大气污染物对工业的危害主要有两种。一是大气中的酸性污染物和 SO_2、NO_2 等，对工业材料、设备和建筑设施的腐蚀；二是飘尘增多给精密仪器、设备的生产、安装、调试和使用带来的不利影响。大气污染对工业生产的危害，从经济角度来看就是增加了生产的费用，提高了成本，并缩短了产品的使用寿命。

2. 大气污染对农业生产的危害

大气污染主要通过三条途径危害植物的生存和发育。一是使植物中毒或枯竭死亡；二是减缓植物的正常发育；三是降低植物对病虫害的抗御能力。植物在生长期中长期接触大气的污染，损伤了叶面，减弱了光合作用，伤害了内部结构，使植物枯萎，直至死亡。各种有害气体中，SO_2、O_3、Cl_2 和 HF 等对植物的危害最大。据调研，汽车尾气中的二次污染物、O_3、过氧乙酰硝酸酯，可使植物叶片出现坏死病斑和枯斑，汽车尾气对甜菜、菠菜、西红柿、烟草的毒害更为严重，因此，公路两侧的农作物减产与汽车尾气的污染是分不开的。

大气污染对动物的损害，主要是呼吸道感染和食用了被大气污染的食物。其中，以砷（As）、氟（F）、铅（Pb）、钼（Mo）等的危害最大。大气污染使动物体质变弱，以致死亡。

（三）对天气和气候的影响

大气污染物质还会影响天气和气候，大气中的尘粒使能见度降低，减少了太阳光直射到地面的数量。尤其是在大工业城市中，在烟雾不散的情况下，日光比正常情况减少 40%。从工厂、发电站、汽车、家庭小煤炉中排放到大气中的微粒，很多具有水汽凝结核或冻结核的作用。这些微粒能吸附大气中的水汽使之凝成水滴或冰晶，从而改变了该地区原来降雨（雪）的情况。例如，已经发现在离大工业城市不远的下风地区，降水量比周围其他地点要多，这就是所谓"拉波特效应"。如果微粒中央夹带着酸性污染物，那么，在下风地区就会受到酸雨的侵袭。

除了对天气产生不利影响外，大气污染物对全球气候的影响也逐渐引起人们的注意。由大气中 CO_2 浓度过高造成的温室效应，是对全球气候的最主要影响，会给人类的生态环境带来许多不利影响。同时，臭氧层破坏，也将导致地球气候出现异常，对地球上的生命系统构成极大的危害。

二、全球大气环境问题

（一）温室效应

气候变化是一个最典型且最敏感的全球尺度的环境问题。20 世纪 70 年代，科学家把气候变暖作为一个全球环境问题提了出来。气候变化问题直接涉及经济发展方式及能源利用的结构与数量，正在成为深刻影响 21 世纪全球发展的一个重大国际问题。

1. 温室效应的定义

气候变化及其趋势长期来看，地球从太阳吸收的能量必须同地球及大气层向外散发的辐射能相平衡。大气中的水蒸气、CO_2 和其他微量气体,如 CH_4、臭氧、氟利昂等,可以使太阳的短波辐射几乎无衰减地通过,但却可以吸收地球的长波辐射。因此,这类气体有类似温室的效应,被称为"温室气体"。温室气体吸收长波辐射并再反射回地球,从而减少向外层空间的能量净排放,大气层和地球表面将变得热起来,这就是"温室效应"。大气中能产生温室效应的气体已经发现近 30 种,其中 CO_2 起重要的作用,CH_4、氟利昂和 N_2O 也起到相当重要的作用(表 4-3)。从长期气候数据比较来看,在气温和 CO_2 之间存在显著的相关关系,也就是 CO_2 浓度越高,气温也会越高。目前国际社会所讨论的气候变化问题,主要是指温室气体增加产生的气候变暖问题。

表 4-3　主要温室气体及其特征

气体	大气中浓度 /ppm	年增长 /%	存留期 /a	温室效应 ($CO_2=1$)	现有贡献率 /%	主　要　来　源
CO_2	355	0.4	50～200	1	60	煤、石油、天然气、森林砍伐
氟氯烃	0.00085	2.2	50～102	3400～15000	14	发泡剂、气溶胶、制冷剂、清洗剂
CH_4	1.714	0.8	12～17	11	20	湿地、稻田、化石、燃料、牲畜
NO_x	0.31	0.25	120	270	6～7	化石燃料、化肥、森林砍伐

　　20 世纪以来所进行的一些科学观测表明,大气中各种温室气体的浓度都在增加。1750 年之前,大气中 CO_2 含量基本维持在 280ppm。工业革命后,随着人类活动,特别是消耗的化石燃料(煤炭、石油等)的不断增长和森林植被的大量破坏,人为排放的 CO_2 等温室气体不断增长,大气中 CO_2 含量逐渐上升,每年大约上升 1.8ppm(约 0.4%),到目前已上升到近 370ppm。从测量结果来看,大气中 CO_2 的增加部分约等于人为排放量的一半。联合国政府间气候变化专门委员会(IPCC)的评估,在过去一个世纪里,全球表面平均温度已经上升了 0.3～0.6℃,全球海平面上升了 10～25cm。许多学者的预测表明,到 21 世纪中叶,世界能源消费的格局若不发生根本性变化,大气中 CO_2 的浓度将达到 560ppm,地球平均温度将有较大幅度的增加。IPCC 2001 年发表了新的评估报告,再次肯定了温室气体增加将导致全球气候的变化,全球变暖加剧。依据各种计算机模型的预测,如果 CO_2 浓度从工业革命前的 280ppm 增加到 560ppm,全球平均温度可能上升 1.5～4℃。

2. 温室效应的影响与危害

　　近年来,世界各国出现了几百年来历史上最热的天气,厄尔尼诺现象也频繁发生,给各国造成了巨大经济损失。1995 年芝加哥的热浪引起 500 多人死亡,1993 年美国一场飓风就造成 400 亿美元的损失。20 世纪 80 年代,保险业同气候有关的索赔是 140 亿美元,1990 年到 1995 年就几乎达 500 亿美元。这些情况显示出人类对气候变化,特别是气候变暖所导致的气象灾害的适应能力是相当弱的,需要采取行动加以防范。按现在的一般发展趋势,科学家预测有可能出现的影响和危害有以下几点。

　　(1)海平面上升。全世界大约有 1/3 的人口生活在沿海岸线 60km 的范围内,这些地区一般经济发达,城市密集。全球气候变暖导致的海洋水体膨胀和两极冰雪融化,可能在 2100 年使海平面上升 50cm,危及全球沿海地区。

(2)影响农业和自然生态系统。随着 CO_2 浓度增加和气候变暖,可能会增加植物的光合作用,延长生长季节,使世界一些地区更加适合农业耕作。但全球气温和降雨形态的迅速变化,也可能使世界许多地区的农业和自然生态系统无法适应或不能很快适应这种变化,使其遭受很大的破坏性影响,造成大范围的森林植被破坏和农业灾害。据 IPCC 2001 年预测,生态系统包括红树林、沼泽、珊瑚礁和沿海泻湖的损失,到 2050 年总共可达 700 亿美元。

(3)加剧洪涝、干旱及其他气象灾害。气候变暖导致的气候灾害增多可能是一个更为突出的问题。全球平均气温略有上升,就可能带来频繁的气候灾害——过多的降雨、大范围的干旱和持续的高温,造成大规模的灾害损失。

(4)影响人类健康。气候变暖有可能加大疾病危险和死亡率,增加传染病。高温会给人类的循环系统增加负担,热浪会引起死亡率的增加。由昆虫传播的疟疾及其他传染病与温度有很大的关系,随着温度升高,可能使许多国家疟疾、淋巴丝虫病、血吸虫病、黑热病、登革热、脑炎增加或再次发生。在高纬度地区,这些疾病传播的危险性可能会更大。

(二)臭氧层破坏

在离地面 20~30km 的平流层中,存在着臭氧层,其中臭氧的含量占这一高度空气总量的十万分之一,大气总量的一亿分之一。虽然臭氧层的臭氧含量极其微小,却具有非常强大的吸收紫外线的功能,可以吸收太阳光紫外线中对生物有害的部分(UV-B)。

由于臭氧层有效地挡住了来自太阳紫外线的侵袭,才使得人类和地球上各种生命能够存在、繁衍和发展。但在 1985 年,英国科学家观测到南极上空出现臭氧层空洞,并证实其同氟利昂分解产生的氯原子有直接关系。1998 年 6 月,世界气象组织发表的研究报告和联合国环境规划署做出的预测,大约再过 20 年,人类才能看到臭氧层恢复的最初迹象,只有到 21 世纪中期臭氧层浓度才能达到 1980 年以前的水平。

臭氧层破坏的后果是很严重的,如果平流层的臭氧总量减少 1%,预计到达地面的有害紫外线将增加 2%。有害紫外线的增加,会产生以下一些危害。

(1)危害人类健康。使皮肤癌和白内障患者增加,损坏人的免疫力,使传染病的发病率增加。

(2)破坏生态系统。对豌豆等豆类、南瓜等瓜类以及白菜科等农作物的研究表明,过量的紫外线辐射会使植物的生长和光合作用受到抑制,使农作物减产。

(3)引起新的环境问题。过量的紫外线能使塑料等高分子材料更加容易老化和分解,结果又带来光化学大气污染。

(三)酸雨污染

酸雨通常指 pH 值低于 5.6 的降水,现在泛指酸性物质以湿沉降或干沉降的形式从大气转移到地面上。酸雨有"空中死神"之称,危害极大,损害生物和自然生态系统以及人体健康,抑制土壤中有机物的分解和 N 的固定,淋洗土壤中 Ca、Mg、K 等营养因素,使土壤贫瘠化,腐蚀建筑材料及金属结构等。

气候变暖与人类健康

气候变暖对人类的影响是全方位、多层次的,既有正面影响,也有负面影响,但目前其负面影响更受关注。气候变暖危及人类健康,危及人类的生存和发展。人类有很强的适应气候变化的能力,这种适应能力是在数千年时间过程中产生的,当前及未来气候变化的速率表明,人类适应的代价是昂贵的。世界卫生组织指出:每年因气候变暖而死亡的人数超过 10 万人,如果世界各国不能采取有力措施确保气候正常,到 2030 年,全世界每年将有 30 万人死于气候变暖。

第四节　大气污染的防治措施

导　读

近年来,我国臭氧污染问题逐步显现,浓度逐年上升。我国臭氧污染的根本原因是挥发性有机物和氮氧化物等臭氧前体物还维持在较高的浓度水平。

党的十九届五中全会审议通过的《中共中央关于制定国民经济和社会发展第十四个五年规划和二〇三五年远景目标的建议》中提出,强化多污染物协同控制和区域协同治理,加强细颗粒物和臭氧协同控制,基本消除重污染天气。因此,臭氧污染防治正在成为改善环境质量的重要战场。

想一想:什么是挥发性有机物(VOCs)? 如何控制?

一、综合防治的必要性

20 世纪 70 年代中期以前,主要是采取对大气污染中的尾气进行治理,这是一种"先污染、后治理"的滞后方法。随着人口的增加、生产的发展以及多种类型污染源的出现,必须从城市和区域的整体出发,统一规划并综合运用各种手段及措施,才有可能有效地控制大气污染。

二、综合防治原则和防治技术

随着工业、交通运输等国民经济各部门的迅速发展,城市化程度的提高,大气环境污染问题已引起世界各国的重视。为了控制大气环境的污染,保护和改善人们生活的环境质量,必须采取有效的防治措施和对策。

(一)大气污染综合防治原则

要对工业进行合理布局,对城市进行科学规划控制大气污染源。还要防止或减少污染物的排放,治理已排放的主要污染物,比如消烟除尘、排烟脱硫和排烟脱硝等。

(二)主要大气污染物控制技术

1. 颗粒物控制技术

颗粒污染物控制技术就是气体与粉尘微粒的多相混合物的分离操作技术,即除尘技术。微粒不一定局限于固体,也可以是液体微粒。从气体中去除或捕集固体或液体微粒的设备称为除尘装置或除尘器。根据除尘机制的不同,除尘装置一般可分机械式除尘器、过滤式除尘器、洗涤式除尘器和电除尘器等几种类型。

(1)机械式除尘器是利用重力、惯性力、离心力等方法来去除尘粒的除尘器,包括重力沉降器、旋风除尘器和惯性除尘等类型。这种除尘器构造简单、投资少、动力消耗低,除尘效率一般在 $40\% \sim 90\%$,是国内目前常用的一种除尘设备,由于这类除尘器的效果尚待提高,一些新建项目采用不多。

(2)过滤式除尘器,又称空气过滤器,是使含尘气流通过过滤材料将粉尘分离捕集的装置。采用滤纸或玻璃纤维等填充层做滤料的空气过滤器,主要用于通风及空气调节方面的气体净化。采用砂、砾、焦炭等颗粒物作为滤料的颗粒层除尘器,在高温烟气除尘方面引人注目;采用纤维织物作滤料的袋式除尘器,在工业尾气的除尘方面应用较广。

(3)洗涤式除尘器,是使含尘气体与液体(一般为水)密切接触,利用水滴和尘粒的惯性碰撞及其他作用捕集尘粒或使粒径增大的装置。它可以有效地将直径为 $0.1 \sim 20\mu m$ 的液态或固态粒子从气流中除去,同时也能脱除气态污染物。喷雾塔式洗涤器、离心洗涤器和文丘里式洗涤器是应用广泛的三类湿式除尘器。

(4)电除尘器是含尘气体在通过高压电场进行电离的过程中,使尘粒荷电,并在电场力的作用下使尘粒沉积在集尘极上,将尘粒从含尘气体中分离出来的一种除尘设备。

图 4-2 是一个筒式电除尘器示意图。它的集尘极为一圆形金属管,放电极极线(电晕线)用重锤悬吊在集尘极圆管中心。含尘气流由除尘器下部进入,净化后的气流由顶部排出。这种电除尘器多用于净化气体量较大的含尘气体。此外还有板式电除尘器。这类电除尘器的优点是对粒径很小的尘粒具有较高的去除效率,耐高温,气流阻力小,除尘效率不受含尘浓度和烟气流量的影响,是当前较为理想的除尘设备。其缺点是设备投资费用高、占地大、技术要求高。

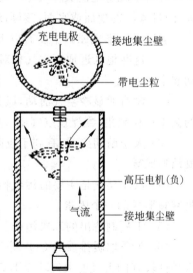

图 4-2 筒式电除尘器示意图

2. SO₂ 净化技术

目前控制燃烧生成的 SO_2,主要包括燃料脱硫、燃烧过程中脱硫和烟气脱硫。

3. NOₓ 控制技术

NO_x 包括 N_2O、NO、NO_2、N_2O_3、N_2O_4、N_2O_5

等,其中对大气造成污染的主要是 NO、NO_2 和 N_2O。在火电机组排放的多种大气污染物中,NO 占 NO_x 总量的 90% 以上,其余为 NO_2。烟气脱硝技术有:电子束照射法和脉冲电晕等离子体法,选择性催化还原法(SCR)、选择性非催化还原法(SNCR),液体吸收法,固体吸附法等。

4. 挥发性有机污染物控制技术

挥发性有机污染物(volatile organic compounds,VOCs)是一类有机化合物的统称,在常温下它们的蒸发速率大,易挥发。许多 VOCs 是有毒有害的,许多污染现象与危害都与其有关。主要控制方法有燃烧法、吸附法、冷凝法等。

三、雾霾的成因及防治

雾霾是雾和霾的混合物,早晚湿度大时,雾的成分多,白天湿度小时,霾占据主力,相对湿度在 80%~90%。其中,雾是自然天气现象,空气中水汽氤氲,虽然以灰尘作为凝结核,但总体无毒无害;霾的核心物质是悬浮在空气中的烟、灰尘等物质,空气相对湿度低于80%,颜色发黄,气体能直接进入并粘附在人体下呼吸道和肺叶中,对人体健康有伤害。雾霾天气的形成主要是人为的环境污染,再加上气温低、风小等自然条件导致污染物不易扩散。

(一)雾霾的成因

雾霾是因为汽车排放尾气、工厂排放废气和燃放烟花爆竹等所形成的。大气中悬浮的水汽凝结,能见度低于 1km 时,气象学便称其为雾。当空气容纳的水汽达到最大限度时,就出现饱和。如果水汽多于饱和量,多余的就会凝结出来,与空气中微小的灰尘颗粒结合,形成小水滴或冰晶,悬浮在近地面的空气层里,成为雾。气温越低,空气中所能容纳的水汽也越少,越容易形成雾霾。

针对华北等地的具体气象条件,在较低的温度影响下,当近地面暖而湿的南风水平运动,经过寒冷的地面或水面,逐渐冷却形成雾。

雾霾天气形成原因主要有以下几点。

(1)这些地区近地面空气相对湿度比较大,地面灰尘大,地面上的人和车流使灰尘搅动起来。

(2)没有明显冷空气活动,风力较小,大气层比较稳定,由于空气的不流动,使空气中的微小颗粒聚集,飘浮在空气中。

(3)天空晴朗少云,有利于夜间的辐射降温,使得近地面原本湿度比较高的空气饱和凝结形成雾。

(4)汽车尾气是主要的污染物排放源,近年来城市的汽车越来越多,排放的汽车尾气是雾霾形成的一个因素。

(5)工厂制造出的二次污染。

(6)冬季取暖排放的 CO_2 等污染物。大范围雾霾天气主要出现在冷空气较弱和水汽条件较好的大尺度大气环流形势下,近地面低空为静风或微风。由于雾霾天气的湿度较高,水汽较大,雾滴提供了吸附和反应场所,加速了反应性气态污染物向液态颗粒物成分的转化,同时颗粒物也容易作为凝结核加速雾霾的生成,两者相互作用,迅速形成污染。

(二) 雾霾的主要来源

1. 人为因素

(1) 城市有毒颗粒物来源首先是汽车尾气。使用柴油的大型车是排放细颗粒物的"重犯",包括大公交、各单位的班车以及大型运输卡车等。使用汽油的小型车虽然排放的是气态污染物,比如氮氧化物等,但碰上雾天,也很容易转化为二次颗粒污染物,加重雾霾。

机动车的尾气是雾霾颗粒组成的最主要的成分,最新的数据显示,雾霾颗粒中机动车尾气占 22.2%,燃煤占 16.7%,扬尘占 16.3%,工业占 15.7%。但随着汽车技术进步以及油品质量的上升,环境管理者发现机动车尾气对雾霾天气形成并不起决定性作用,但作为一些汽车拥有量较大的城市,管理者依旧需要控制机动车排放标准,避免雾霾天气的形成。

(2) 我国北方地区到了冬季烧煤供暖所产生的废气。

(3) 工业生产排放的废气,比如冶金、窑炉与锅炉、机电制造业,还有大量汽修喷漆、建材、生产窑炉燃烧排放的废气。

(4) 建筑工地和道路交通产生的扬尘。

(5) 可生长颗粒,细菌和病毒的粒径相当于 PM0.1～PM2.5,空气中的湿度和温度适宜时,微生物会附着在颗粒物上,特别是油烟的颗粒物上,微生物吸收油滴后转化成更多的微生物,使得雾霾中的生物有毒物质生长增多。

(6) 家庭装修中也会产生粉尘"雾霾",室内粉尘弥漫,不仅有害于工人与用户健康,增添清洁负担,粉尘严重时,还给装修工程带来诸多隐患。

2. 气候因素

"雾"和"霾"实际上是有区别的。雾是指大气中因悬浮的水汽凝结、能见度低于 1km 时的天气现象;灰霾的形成主要是空气中悬浮的大量微粒和气象条件共同作用的结果,成因有三个。

(1) 在水平方向静风现象增多。城市里大楼越建越高,阻挡和摩擦作用使风流经城区时明显减弱。静风现象增多,不利于大气中悬浮微粒的扩散稀释,容易在城区和近郊区周边积累。

(2) 垂直方向上出现逆温。逆温层好比一个锅盖覆盖在城市上空,这种高空的气温比低空气温更高的逆温现象,使得大气层低空的空气垂直运动受到限制,空气中悬浮微粒难以向高空飘散而被阻滞在低空和近地面。

(3) 空气中悬浮颗粒物和有机污染物的增加。随着城市人口的增长和工业发展、机动车辆猛增,导致污染物排放和悬浮物大量增加。

(三) 雾霾的危害

(1) 雾霾现象作为一种灾害性的天气预警预报,首先会对人的身体、心理健康造成危害。雾霾天气的主要成分是细微颗粒物,人为污染排放的浮尘(PM2.5、PM10 等)、氮氧化合物、碳氢化合物、二氧化硫、有机氧化物、臭氧等是雾霾天气的元凶。细微颗粒物能直接进入人体呼吸道和肺叶,长期沉积会引起各种病症甚至还会诱发肺癌。同时,中国工程院院士、广州呼吸疾病研究所所长钟南山也曾指出,阴霾天气比香烟更易致癌。此外,有研究表明,阴霾中的污染物还会造成心肌梗死、心肌缺血或损伤。除了对人类身体健康造成影响之外,雾霾天气也会对人的心理健康带来危害,例如容易使人精神抑郁、产生悲观情绪,遇事甚至容易失控。

(2)雾霾天气容易引发交通事故。雾的厚度有几十米至几百米,霾则有1~3km;雾的颜色是乳白色、青白色,霾则是黄色、橙灰色;雾的边界很清晰,过了"雾区"可能就是晴空万里,但是霾则与周围环境边界不明显。因此,雾霾天气出现时,视野能见度较低,所以很容易引发交通阻塞,造成交通事故。据有关统计数据表明,由于大雾天气所造成的交通事故,相对于其他灾害性天气要高出2.5倍,人员受伤、死亡的比例更是占到了交通事故受伤、死亡总数的29%与16%。同时,高速公路、民营航空也会因为雾霾天气而实施封路、停班、延误航班等手段,造成交通不便、机场旅客滞留等问题,这不仅对人们的交通出行带来影响,同时也会造成一定的经济损失。

(3)一些专家认为,雾霾天气也会间接影响农作物的生长,造成农作物减产。主要原因是,雾霾会影响太阳辐射,导致光热资源供应不足。农作物吸收不到足够的太阳光,就导致植物光合作用的效能难以发挥,从而减少了光合产物,就不能充分满足农作物生长所需要的能量和养分,进而影响其生长发育,直接影响农作物的质量和产量。

由此可见,我们已经为粗放的经济发展模式付出了沉重的环境代价。如果我们不尽快转变经济发展模式,不尽快调整产业结构,不尽快改变我们落后的生产和生活方式,要想减少雾霾、改善空气质量将非常困难。

(四)雾霾的综合防治

(1)针对重污染地区出重拳、用猛药。

在这些地区实施大气污染物的特别排放限值。在重污染区域,对火电、钢铁、石化、水泥、有色、化工六大行业实施大气污染物特别排放限值,这是迄今为止我国污染治理史上最严厉的一项措施。在此之前,环保部仅在太湖流域使用过特别排放限值。特别排放限值的实施将从源头上严格控制大气污染物的新增量,为治理大气污染提供有效的倒逼手段,也有利于加快这个地区的产业结构调整和产业升级。

在这些地区实施煤炭消费总量控制。确定煤炭消费总量的中长期控制目标,严格控制区域的煤炭总量消费。在京津冀、珠三角、长三角以及山东城市群开展煤炭总量的控制试点。

在这些地区加强区域污染联防联控。建立统一的联防联控机制、执法监管机制、环评会商机制、监测信息共享机制和预警应急机制,统筹协调区域大气污染防治。

在这些地区要进一步强化污染减排目标的考核和监督检查。明确了重污染地区的减排目标。其中,京津冀、珠三角、长三角PM2.5纳入考核目标。制定考核办法,开展实施情况的监督考核,确保任务落实到位,突出重点地抓污染治理。

(2)强化依法治理积极推动《大气污染防治法》的修改,推动地方各级人民政府加快落实大气污染治理责任,确保环保部门一定要切实履职到位。按照有关法律法规的要求,加大环境执法力度,履行好环保部门在大气污染防治的统一监督、指导、协调作用,突出科学治理。

(3) 区域规划布局,"区域性污染"是大范围雾霾天气的重要特征,雾霾天气治理不是某个城市自身能够解决的,一个城市的单打独斗已不足以应对区域空气污染扩散的严峻现实。必须打破行政界限,采取区域性的共同行动。建立常设性的污染治理和应急联席会议制度,建立区域联防联控机制。注重信息互通,资源互补,加强协调配合,力争实现应急的无缝对接,步调一致。

(4) 推动全民治理,减少排放人人有责,这个责任首先是政府的责任、企业的责任,也是每一个公民的责任。作为环保部门需要做好宣传、科普和引导工作,引导全社会提高环保意识,同时加强良性互动,发挥桥梁作用,鼓励全社会积极参与大气污染防治。作为普通市民,在监督"生产"环节的同时,更应脚踏实地地从自我做起,做一名低碳合格的"消费者",适度"消费"、减少"抛弃"。

政府在保护环境、治理污染方面责无旁贷。但如果每个人都坐等政府,只是把希望寄托在别人身上,而不从自己身边的点滴小事做起,美好的环境终归只是镜花水月。

综上所述,治理雾霾,根治大气污染,让城市充满清新的空气,才能让百姓更加健康幸福地生活。建设生态文明,呵护生态环境,建设美丽家园,已刻不容缓。虽然防治大气污染是一个复杂的综合课题,虽然我们面对的是一场艰苦卓绝的战役,但有政府有效应对,企业积极参与,社会各界共同担当,一个清新秀美的生态文明城市,必将向我们走来。

知识拓展

臭氧的前体物 VOCs 来源复杂,挥发性强,涉及行业广,产排污环节多。生态环境部利用卫星遥感、无人机、VOCs 走航监测、自动监控等先进技术,开展重点区域臭氧前体物遥感监测,筛选 VOCs 治理重点关注区域,确定重点控制的 VOCs 物质以及物质名录、行业名录、排放环节,从提高企业治污设施 VOCs 收集率、加强无组织排放控制、在工业园区企业集群建立集中处理设施、加强监测监控摸清 VOCs 的排放和臭氧生成迁移规律 5 个方面,指导各地开展科学治理,大大提高了治理效率。

本 章 小 结

通过本章的学习,要求了解大气的结构、组成和大气污染的概念,掌握大气主要污染物的来源、分类及其危害,熟悉温室效应、臭氧层破坏、酸雨成因及危害,了解大气污染综合防治原则、雾霾的形成原因与防治措施,重点掌握主要大气污染物控制技术,能够对遇到的大气污染问题形成自己的见解,简单设计出治理的原则流程。

思 考 题

（1）简述大气的组成。

（2）按照存在状态，大气污染物有哪些？

（3）什么是温室效应？目前全球大气环境有哪些突出问题？

（4）"十四五"空气质量全面改善行动计划的目标指标是什么？

拓展阅读

第五章

水污染及其防治

水是生命之源。山水林田湖草,在这个不可分割的生命共同体中,水是最灵动、最活跃的元素,是生态系统得以维系的基础,人类的生存和发展,都与水有着密切的关系。当今社会发展中,工业、农业及生活中不仅要大量取用水资源,同时还会排放废弃物,造成水污染,减少可利用的水资源,出现水资源危机。水污染直接威胁到人类自身的健康和生存。因此,水资源的可持续利用已成为全球最重大的环境问题,是人类面临的最严峻挑战之一。

第一节　水　资　源

导　读

壮心兴水,重器强国。党的十八大以来,以习近平同志为核心的党中央高瞻远瞩,统筹谋划,提出"节水优先、空间均衡、系统治理、两手发力"的治水思路,作出保障国家水安全、推进重大水利工程建设等一系列决策部署,水安全上升为国家战略。2021年5月14日,习近平总书记在推进南水北调后续工程高质量发展座谈会上强调,"十四五"时期以全面提升水安全保障能力为目标,以优化水资源配置体系、完善流域防洪减灾体系为重点,统筹存量和增量,加强互联互通,加快构建国家水网主骨架和大动脉,为全面建设社会主义现代化国家提供有力的水安全保障。

——中华人民共和国中央人民政府网:《习近平主持召开推进南水北调后续工程高质量发展座谈会并发表重要讲话》

想一想:什么是水资源?我国水资源分布的显著特点是什么?

一、水体和水环境

水体又称水域,即水的集合体,是江、河、湖、海、地下水、冰川等的总称,是被水覆盖地段的自然综合体。它包括了全球的水和水中溶解物质、胶体物质、悬浮物及底泥、水生生物等,是地表水圈的重要组成部分。广义上讲也包括了所有大气中的水汽和地下水。

水环境是指自然界中水的形成、分布和转化所处空间的环境。有时也指相对稳定的、以陆地为边界的天然水域所处空间的环境。水环境是构成环境的基本要素之一,是人类社会赖以生存和发展的重要场所,现在看来,也成了受人类干扰和破坏最严重的领域之一。水环境主要由地表水环境和地下水环境两部分组成,地表水环境包括海洋、冰川、河流、湖泊、水库、池塘、沼泽等,地下水环境包括泉水、浅层或深层地下水等。全球水体面积约占地球表面积的71%,包括海洋水和陆地水两部分,分别占总水量的97.28%和2.72%,陆地水所占总量的比例很小。

二、天然水体的主要组分

天然水中的基本物质组分和含量,反映在不同自然环境循环过程中,其原始的物理化学性质,是研究水环境中元素存在、迁移和转化以及污染程度与水质评价的基本依据。

天然水体长期与大气、土壤、岩石及生物体接触,在循环转化过程中,溶解或夹带了大气、土壤及岩石中的许多物质,形成了一个极其复杂的体系。目前各种水体里已发现元素80多种,占人类已发现化学元素的65%以上。天然水中的主要阳离子是 K^+、Na^+、Ca^{2+}、Mg^{2+} 四种,阴离子是 Cl^-、HCO_3^-、SO_4^{2-}、CO_3^{2-} 四种,合称天然水中的八大离子,八大离子含量占溶解质总量的95%以上。此外还有 Fe、Mn、Cu、F、Ni 等重金属、稀有金属、卤素和放射性元素等微量元素。水中溶解的气体有 O_2、CO_2 等。天然水中的各种物质按形态可分为以下三类。

1. 悬浮物质

粒径大于100nm,呈悬浮状态的颗粒,如黏土、藻类、细菌等不溶性物质。悬浮物的存在使水体变色、变浑或有异味,部分细菌可致病。

2. 胶体物质

粒径介于 $1\sim100$nm,多为多分子聚合物、大分子有机物等,包括次生黏土矿物和各种絮凝剂形成的胶体、腐殖酸类等形成的有机胶体。

3. 溶解物质

粒径一般小于1nm,在水中形成分子或离子,处于溶解状态,包括各种盐类、气体和部分有机化合物。

三、水资源现状

水是人类宝贵的自然资源,又是人类生存和社会经济活动的基本条件,也是自然生态环境中最积极、最活跃的因素。

(一)水资源的含义

根据全国科学技术名词审定委员会公布的水利科技名词(科学出版社,1997)中有关水资源的定义,水资源是指地球上具有一定数量和可用质量能从自然界获得补充并可资利用的水。即广义地讲,世界上一切水体,包括海洋、河流、湖泊、沼泽、冰川、土壤水、地下水及大气中的水分,都是人类宝贵的水资源财富。因此,自然界的水体既是地理环境要素,又是水资源。狭义的水资源仅指在一定时期内、能被人类直接或间接开发利用的动态水体。这种开发利用,不仅在技术上可能,经济上合理,而且对生态环境可能造成的影响也是可接受的。因此,狭义水资源主要指河流、湖泊、地下水、土壤水等淡水和部分微咸水。这些淡水资源总量只占全球总水量的 0.32% 左右,约为 1065 万 km^3,与海水相比,所占比例非常小。

(二)水资源的特性

1. 水资源的循环性与有限性

水资源与其他资源不同,在水文循环过程中使水不断地恢复和更新,属可再生资源。水循环过程具有无限性的特点,但实际循环过程中,受太阳辐射、人类活动等条件的制约,每年更新的水量又是有限的,而且自然界中各种水体的循环周期不同,水资源恢复量也不同,反映出水资源属于动态资源的特点。所以水循环过程的无限性和再生补给水量的有限性,决定了水资源的"取之不尽,用之不竭"是有限的,也要求我们在开发利用水资源时,不能破坏生态环境及水资源的再生能力。

2. 时空分布的不均匀性

作为水资源主要补给来源的大气降水、地表径流和地下径流等都具有随机性和周期性,其年内与年际变化都很大。同时在地区分布上也很不均衡,有些地方干旱,水量很少,但有些地方水量又过多,形成了灾害,使得水资源的全面开发利用困难重重。

3. 水资源利用的广泛性和不可替代性

水资源既是生活资料又是生产资料,各行各业都离不开它。从水资源的利用方式可分为耗用水量和借用水量两种,生活用水、农业灌溉、工业生产用水等,都属于消耗性用水,其中一部分回归到水体中,但量已减少,而且水质也发生了变化;另一部分使用形式为非消耗性的,如养鱼、航运、水力发电等,这类综合效益是其他任何自然资源无法替代的。此外,水资源还有巨大的非直接经济性价值,自然界中各种水体是环境的重要组成部分,有着巨大的生态环境效益,是一切生物生存所必需的。这也正是水资源的重要性所在。随着人口的不断增长,人民生活水平的逐步提高以及工农业生产的日益发展,用水量不断增加是必然趋势。所以,水资源已成为当今世界普遍关注的重大问题。

4. 利与害的两重性

由于降水和径流的地区分布不平衡和时程分配的不均匀,会出现洪涝、干旱等自然灾害。开发利用水资源的本初目的是兴利除害,造福人类,如果开发利用不当会引起人为灾害。例如,垮坝事故、水土流失、次生盐渍化、水质污染、地下水枯竭、地面沉降、诱发地震等。因此,开发利用水资源,必须严格按自然和科学规律办事,达到兴利除害的双重目的。

(三)水资源的现状

1. 地球上水资源分布

据估算,地球上的水量总计约 13.86 亿 km^3,主要由海洋水、陆地水和大气水等几部分构成。海洋水量约为 13.4 亿 km^3,占地球总水量的 96.54%。陆地水中数量最大是极地和高山冰川,其中 80% 位于南极地区难以开发利用,其次为地下水。与海水量、极地或高山冰川量和地下水量相比,地球上河水和淡水湖的数量很少,只有 9.3 万 km^3,但它们直接供应人类生活、生产需要,与人类的关系密切,是水资源中最为重要的组成部分。此外,大气水量约 1.3 万 km^3,占地球总水量的 0.001%。各种水的积蓄量如表 5-1 所示。

表 5-1　地球上水资源的分布

水 体 类 型	总水量体积/万 km^3	比例/%	淡水量体积/万 km^3	比例/%
海洋水	13380	96.54		
地下水	2340	1.69		
其中:地下咸水	1287	0.94		
地下淡水	1053	0.75	1053	30.06
土壤水	1.7	0.001	1.7	0.05
冰川与永久积雪	2406	1.74	2406	68.68
永冻土底水	30	0.002	30	0.86
湖泊水	17.6	0.013		
其中:咸水	8.5	0.006		
淡水	9.1	0.007	9.1	0.26
沼泽水	1.1	0.0008	1.1	0.08
河川水	0.2	0.0002	0.2	0.006
生物水	0.1	0.0001	0.1	0.003
大气水	1.3	0.001	1.3	0.04

包括南极冰川在内,世界各大洲陆地年径流总量为 $4.68 \times 10^4 km^3$。亚洲径流量和占总径流量的比例最高,分别为 $1.44 \times 10^4 km^3$ 和 31%;南美洲次之;大洋洲平均径流量最大,为 $2040 km^3$,南美洲次之。水资源分布情况如表 5-2 所示。

表 5-2　各大洲的水资源分布概况

大陆连同岛	径流量/km^3	占总径流量的比例/%	面积/km^2
欧洲	3210	7	10500×10^3
亚洲	14410	31	43475×10^3
非洲	4570	10	30120×10^3
北美洲	8200	17	24200×10^3
南美洲	11760	25	17800×10^3
大洋洲	2388	5	8950×10^3
南极洲	2310	5	13980×10^3
总　计	46848	100	—

随着世界人口的增长,人均年径流量也呈下降趋势。1971 年全世界人口为 36.4 亿,人均年径流量为 12900m³;现在世界人均占有径流量下降为 7800m³;我国人均仅为 2300m³。水资源在不同地区、不同年代和不同国家的分布是极不均衡的。

2. 我国的水资源

中国是世界上 13 个最缺水的国家之一,淡水资源不到世界人均水量的 1/4,水资源分布存在空间分布不均,南丰北缺的特点。据 2011 年 7 月的统计,中国 660 座城市中有 400 多座城市缺水,2/3 的城市存在供水不足,中国城市年缺水量为 60 亿立方米左右,其中严重缺水城市高达 110 个。海河、辽河、淮河、黄河、松花江、长江和珠江七大江河水系,均受到不同程度的污染。万里海疆形势也不容乐观,赤潮时有发生,可见我国水资源形势之严峻。

知识拓展

气候变化影响水资源

在全球许多区域,气候变化带来的降水变化和冰雪融化正在影响水资源和水质。由于冰川持续退缩,影响径流和下游的水资源,全世界 200 条大河中近 1/3 的河流径流量减少。高纬度地区和高海拔山区的多年冻土层正在变暖和融化。在亚洲,气候变化已经对冰川、积雪、冻土、河流和湖泊产生了不同的影响,亚洲面临的关键风险主要体现在河流、海洋和城市洪水增加,对亚洲的基础设施、生计和居住区造成大范围破坏。

——中国气象局:《气候变化与水资源安全》

第二节 水体的污染

导 读

近几年,随着长江保护修复、渤海综合治理、水源地保护、城市黑臭水体治理、农业农村污染治理等标志性战役全面推进,以及河长制、湖长制在全国推开,碧水保卫战取得重要进展,百姓身边清水绿岸、鱼翔浅底的景象明显增多。截至 2020 年年底,全国地级及以上城市 2914 个黑臭水体消除比例达到 98.2%,长江干流近年来首次全线达到 II 类水体。2020 年 1—12 月,全国地表水优良水质断面比例达到 83.4%。水污染防治攻坚战取得了很大成效。

——人民网:《深入打好碧水保卫战(人民时评)》

想一想:什么是水污染?水体中有哪些污染物?

一、水污染概念

当进入水体的污染物质超过了水体的环境容量或水体的自净能力,使水质变坏,从而破坏了水体的原有价值和作用的现象,称为水污染。导致水体污染的原因分为自然的和人为的两类,火山爆发喷出毒害物质、植物衰亡腐烂等引起的都属于自然污染,难以控制。我们主要研究控制的是人为污染。

二、水污染现状

自然因素造成的水体污染,诸如岩石的风化和水解,火山喷发、水流冲蚀地面、大气降尘的降水淋洗以及生物(主要是绿色植物)在地球化学循环中释放物质都属于天然污染物的来源。但通常所说的水体污染主要是人为因素造成的污染情况。

(一)世界水污染

目前,全世界每年约有 4200 多亿立方米的污水排入江河湖海,污染了 55000 亿立方米的淡水,这相当于全球径流总量的 14% 以上。

第四届世界水论坛提供的联合国水资源世界评估报告显示,全世界每天约有数百万吨垃圾倒进河流、湖泊,每升废水会污染 8 升淡水;所有流经亚洲城市的河流均被污染;美国 40% 的水资源流域被食品加工废料、金属、肥料和杀虫剂污染;欧洲 55 条河流中仅有 5 条水质勉强能用。

在 19—20 世纪曾发生多起严重事件。如 1832—1886 年英国泰晤士河因水质为病菌污染,使伦敦流行过 4 次大霍乱,1849 年一次死亡在 14000 人以上;1892 年德国汉堡饮水受传染病菌污染,使 16000 人生病、7500 人死亡;1965 年春天,美国加利福尼亚州的一个小镇因饮水受病菌污染,发生 18000 多人患病、5 人死亡的流行病。

(二)我国的水污染

经过多年的建设治理,我国水污染防治工作取得了显著的成绩,但水污染形势仍然十分严峻。2005 年,全国废水排放总量为 524.5 亿吨,工业废水排放达标率很低,城市污水处理量仅为 149.8 万吨。其中工业废水占 39%～35%,城市污水占 61%～65%,城市污水已经成为主要的污染源。

初步调查表明,我国农村曾有 3 亿多人饮水不安全,其中约有 6300 多万人饮用高氟水,200 万人饮用高砷水,3800 多万人饮用苦咸水,1.9 亿人饮用水有害物质含量超标,血吸虫病地区约 1100 多万人饮水不安全。

远海海域水质保持良好,局部近海域污染严重。胶州湾和闽江口中度污染,劣Ⅳ类海水占 50%;珠江口、辽东湾、渤海湾污染较重,Ⅳ类、劣Ⅳ类海水比例在 60%～80%;长江口、杭州湾污染严重,以劣Ⅳ类海水为主,赤潮时有发生。

三、水体中的主要污染物和水质指标

按释放的污染种类,造成水体污染的主要污染物可分为物理类、化学类、生物类三个方面。

（一）物理性污染

物理性污染是指颜色、浊度、温度、悬浮固体和放射性污染物等。

1. 颜色

纯净的水是无色透明的，天然水经常呈现一定的颜色，它主要来源于植物的叶、根、茎、腐殖质及可溶性无机矿物质和泥沙。当各种工业废水（如纺织、印染、染料、造纸等）排入水体后，可使水色变得极为复杂。颜色可以反映所含污染物的含量，相应水质指标为色度，单位为度。

2. 浊度

浊度主要由胶体或细小的悬浮物所引起，不仅沉积速度慢而且很难沉积。由生活污水中 Fe 和 Mn 的氢氧化物等引起的浊度是十分有害的，必须用特殊方法才能除去，相应水质指标为浊度，单位为毫克/升（mg/L）或 NTU、FTU。

3. 温度

地表水的温度一年中随季节变化十几摄氏度，地下水温度则比较稳定。由排放的工业废水引起天然水体温度上升，称为热污染。热电厂等冷却水是热污染的主要来源。热污染的危害主要有以下四点。

（1）由于水温的升高，使水中的溶解氧减少，相应的亏氧量随之增加，大气中的氧向水中传递速率减慢；同时水温的升高会导致生物耗氧速度的加快，促使水体中的溶解氧进一步耗尽，使水质迅速恶化，造成鱼类和其他水生生物死亡。

（2）加快藻类繁殖，从而加快水体的富营养化进程。

（3）导致水体中的化学反应加快，使水体中的物化性质如离子浓度、电导率、腐蚀性发生变化，可能导致对管道和容器的腐蚀加重。

（4）加速细菌生长繁殖，增加后续水处理的费用。如果取该水体作为水源，则需增加混凝剂和氯的投加量，且使水中的有机氯含量增加。

常用温度单位为摄氏度（℃）或华氏度（℉）。

4. 悬浮固体

由于各种废水排入水体的胶体或细小的悬浮固体的存在，可影响水体透明度，降低水中藻类的光合作用，限制水生生物的正常运动，导致水体底部缺氧，使水体同化能力降低。相应水质指标为总悬浮物（TSS），单位为毫克/升（mg/L）。

5. 放射性污染物

天然地下水和地面水中，常常含有某些放射性同位素，如铀（238U）、镭（226Ra）、钍（232Th）等。但一般放射性都很微弱，只有 $3.7 \times 10^3 \sim 3.7 \times 10^2 Bq/L$，对生物没有什么危害。人工的放射性污染物主要来源于天然铀矿的开采和选矿，尤其是核电反应堆设施的废水、核武器制造和核试验污染等，其辐射影响最大。

（二）化学性污染

排入水体的化学物质大致可分为无机无毒物质、无机有毒物质、有机耗氧物质及有机有毒物质四类。

1. 无机无毒物质

（1）酸、碱和无机盐，各种溶于水的无机盐类，会造成水体含盐量增高，硬度变大。相应水质指标为总溶解性固体（TDS），单位为毫克/升（mg/L）。

（2）N、P等植物营养物质。废水中所含N和P是植物和微生物的主要营养物质。废水排入受纳水体，使水中N和P的浓度超标时，就会引起受纳水体的变化，各种水生生物（主要是藻类）的生长，出现异常繁殖，并大量消耗水中的溶解氧，进而导致鱼类等窒息死亡，水生态被破坏，称为富营养化。相应水质指标为总氮（TN）和总磷（TP），单位均为毫克/升（mg/L）。

2. 无机有毒物质

无机有毒物质主要是指重金属、氰化物、氟化物等，具体种类繁多。

3. 有机耗氧物质

天然水中的有机物一般是指天然的腐殖物质及水生生物的生命活动产物。生活污水、食品加工和造纸等工业废水中，含有大量的有机物，如碳水化合物、蛋白质、油脂、木质素、纤维素等。

有机物的种类繁多，组成复杂，因而难以分别对其进行定量分析。没有特殊要求，一般不对它们进行单项定量测定，而是利用其共性，间接地反映其总量或分类含量。常采用下列指标表示水中耗氧有机物的含量：化学需氧量、生化需氧量、总需氧量、总有机碳量、溶解氧等。

4. 有机有毒物质

有机有毒物质主要涉及酚类化合物、有机农药、多环芳烃、多氯联苯及各种洗涤剂等。

（三）生物性污染

病原微生物污染主要来自生活污水、医院污水、垃圾及地面径流方面。受病原微生物污染后的水体，微生物激增，其中许多是致病菌、病虫卵和病毒，它们往往与其他细菌和大肠杆菌共存。通常用细菌总数和大肠杆菌数作为病原微生物污染的间接指标，单位分别为cfu/L或mpn/L。

四、水体污染的危害

（一）对人体健康的危害

污染的水环境危害人类健康，应引起高度关注。生物性污染主要会导致一些传染病，饮用不洁水可引起伤寒、霍乱、细菌性痢疾等传染性疾病。此外，人们在不洁水中活动，水中病原体亦可经皮肤、黏膜侵入机体，如血吸虫病、钩端螺旋体病等。物理性和化学性污染会导致人体遗传物质突变，诱发肿瘤和造成胎儿畸形。如丙烯腈会致人体遗传物质突变；砷、镍、铬等无机物和亚硝胺等有机污染物，可诱发肿瘤的形成；甲基汞等污染物可通过母体干扰正常胚胎发育过程，导致先天性畸形等。

（二）对农业、渔业的危害

使用含有有毒有害物质的污水直接灌溉农田,污染土壤,会使土壤肥力下降,使土壤原有的良好的结构被破坏,以致农作物品质降低,减产甚至绝收。在干旱、半干旱地区,用污水灌溉农田,短期内可能使农作物产量提高,但在粮食作物、蔬菜中往往积累了超过允许含量的重金属等有害物质,通过食物链使人畜受害。

水环境质量对渔业生产具有直接的影响。有大量氮、磷、钾的生活污水的排放后,大量有机物在水中降解放出营养元素,促进水中藻类丛生,植物疯长,使水体通气不良,溶解氧下降,甚至出现无氧层,以致水生植物大量死亡,水面发黑,水体发臭形成"死湖""死河""死海",进而变成沼泽。富营养化的水臭味大、颜色深、细菌多,不能直接利用,水中的鱼类大量死亡,鱼类与其他水生生物因此而产量减少,甚至灭绝。淡水渔场和海水养殖业都会因水污染造成严重后果。

（三）对工业生产的危害

水质污染后,更易导致设备腐蚀、产品质量下降等。工业用水必须投入更多的处理费用,造成资源、能源的浪费;工艺用水水质不合格,会使生产停顿,这已成为工业企业效益不高,质量不好的重要因素之一。

知识拓展

核电站正常运转都会产生废水,核电站正常运行中,冷却水和核燃料之间有多层屏蔽隔离,没有任何直接接触。日本福岛第一核电站发生了最高等级的核事故,核燃料烧穿了外壳,需要不断用海水浇到上面冷却,是直接接触、任意反应,从而产生了废水,其产生的废水同正常运行的核电站废水完全是两回事。德国海洋科学研究机构指出,福岛沿岸拥有世界上最强的洋流,从排放之日起 57 天内,放射性物质将扩散至太平洋大半区域,10 年后蔓延全球海域。绿色和平组织核专家指出,日核废水所含碳 14 在数千年内都存在危险,并可能造成基因损害。

第三节 水体的自净

导 读

2020 年,江苏句容华阳街道创新水体治理模式,积极探索"食藻虫"引导水体生态修复新模式,以"一虫、一草、一系统"为核心,打通生态链,人工构建水体自净生态系统,恢复水体自净能力,实现水质、景观"双提升";后白、白兔镇系统开展小

> 微水体治理,疏通乡镇"毛细血管",坚持大小共治,水岸同治,注重运用植物、生物等生态治理技术,着力提升小微水体自净能力。
>
> ——腾讯网:《推进全域河湖治理 治本清源生态立市》
>
> 　想一想:什么是水体自净?

一、水体自净的定义和作用机制

污染物随污水排入水体后,经过物理的、化学的与生物化学的作用,使污染物的浓度降低或总量减少,受污染的水体部分或完全地恢复原状,这种现象称为水体自净。水体的自净能力是有限的,如果排入水体的污染物数量超过某一界限时,将造成水体的永久性污染,这一界限称为水环境容量。水体自净过程较为复杂,按作用机理的不同可分为物理自净、化学自净和生物自净。

(一)物理自净

物理自净是指污染物进入水体后,由于稀释、混合、沉淀等物理作用,使水体污染物质浓度降低,水体得到一定的净化,但是污染物总量保持不变。物理自净能力的强弱取决于水体的物理及水文条件,如温度、流速、流量等,以及污染物自身的物理性质,如密度、形态和粒度等。物理自净对海洋和流量大的河段等水体的自净起着重要的作用。

(二)化学自净

化学自净是指污染物在水体中以简单或复杂离子或分子状态迁移,并发生化学性质或形态、价态上的转化,使水质也发生了化学性质的变化,减少了污染危害,如酸碱中和、氧化还原、分解化合、吸附、溶胶凝聚等过程。影响化学自净能力的因素有酸碱度、氧化还原电势、温度和化学组分等,污染物自身的形态和化学性质对化学自净也有较大的影响。

(三)生物自净

生物自净是指水体中的污染物经生物吸收、降解作用而发生浓度降低的过程,如污染物的生物分解、生物转化和生物富集等作用。淡水生态系统中的生物净化以细菌为主,需氧微生物在溶解氧充足时,能将悬浮和溶解在水中的有机物分解成简单、稳定的无机物(CO_2、水、硝酸盐和磷酸盐等),使水体得到净化。另外,水中一些特殊的微生物种群和高等水生植物(如浮萍、凤眼莲等),能吸收、浓缩水中的汞、镉等重金属或难降解的人工合成有机物,使水体逐渐得到净化。影响水体生物自净的主要因素是水中的溶解氧浓度、温度和营养物质的碳氮比例。溶解氧是维持水生生物生存和净化能力的基本条件,因此,它也是衡量水体自净能力的主要指标。

水体自净过程中,以上三种作用是同时发生的,哪一方面起主导作用,取决于污染物性质、水体的水文学和生物学特征。在一般情况下,水体净化以物理和生物化学过程为主。水体污染恶化过程、水体自净过程是同时产生和存在的,但在某一水体的部分区域或一定的时间内,这两种过程总有一种过程是相对主要的过程,它决定着水体污染的总特征。

二、水体污染和溶解氧(DO)

有机污染物进入水体后在微生物作用下逐渐氧化分解为无机物质,从而使有机污染物的浓度大大减少,此即水体的自净作用。自净作用需要消耗水中的溶解氧,所消耗的氧如得不到及时的补充,自净过程就要停止,水体水质就要恶化。因此,自净过程实际上包括了氧的消耗(耗氧)和氧的补充(复氧)两方面的作用。

氧的消耗过程主要决定于排入水体的有机污染物的数量以及废水中无机性还原物质(如 SO_2)的数量。氧的补充和恢复一般有以下两个途径:①大气中的氧向含氧不足(低于饱和溶解氧)的水体扩散,使水体中的溶解氧增加;②水生植物在阳光照射下进行光合作用放出氧气。

水体中有机污染物的种类繁多,常用一些综合的水质指标,如生化需氧量(BOD_5)等来反映水体受污染的水平。BOD_5 值越高,说明水中污染物越多。经实测,水体自净过程中,水体的 BOD_5 值和 DO 值随时间的变化规律如图 5-1 所示。

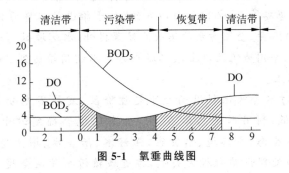

图 5-1 氧垂曲线图

受污染前,河水中的溶解氧几乎饱和(25℃,8mg/L),亏氧接近于零。在受到污染后,开始时河水中的有机物大量增加,好氧分解剧烈,耗氧速率超过复氧速率,河水中的溶解氧下降,亏氧量增加。随着有机物因分解而减少,耗氧速率逐渐减慢,终于等于复氧速率,河水中的溶解氧达到最低点。接着,耗氧速率低于复氧速率,河水溶解氧逐渐回升。最后,河水溶解氧恢复或接近饱和状态。该过程 DO 的变化曲线称为氧垂曲线。当有机物污染程度超过河流的自净能力时,河流将出现无氧河段,这时开始厌氧分解,河水出现黑色,产生臭气,河流的氧垂曲线发生中断现象。溶解氧的变化状况直观反映了水体中有机污染物净化的过程,因而可把溶解氧作为水体自净阶段划分的标志。

知识拓展

溶解氧通常记作 DO,用每升水里氧气的毫克数表示(mg/L),是衡量水体自净能力的一个指标。水中溶解氧的含量随着水温、氧分压、盐度的变化而变化。水中的溶解氧含量与水温、盐度的高低成反比关系,与空气中氧分压成正比关系。水里的溶解氧由于空气里氧气的溶入及绿色水生植物的光合作用会不断得到补充。当水体受到有机物污染,溶解氧会被还原性物质所消耗,也被水中微生物的呼吸作用消耗,还有水中有机物质被好氧微生物的氧化分解所消耗;如果溶解氧得不到及时补充,水体中的厌氧菌就会很快繁殖,有机物因腐败而使水体变黑、发臭。因此,溶解氧也是判断某一水体是否为黑臭水体的监测指标之一。

第四节　水污染防治技术

导　读

把污水变成资源,从"善治"走向"善用"

国家发展改革委等 10 部门联合印发的《关于推进污水资源化利用的指导意见》中提出,到 2025 年,全国污水收集效能显著提升,水环境敏感地区污水处理基本实现提标升级;全国地级及以上缺水城市再生水利用率达到 25% 以上,京津冀地区达到 35% 以上。

目前,我国污水资源化利用尚处于起步阶段,发展不充分不平衡,利用量不大、利用率较低,利用水平总体不高。生态环境部确定,"十四五"期间,将"统筹水资源、水生态、水环境、水灾害,保好水、治差水、增生态用水",以补齐城乡污水收集和处理设施短板为关键,推进城镇污水管网全覆盖,加强生活源污染治理。

——科技日报:《把污水变成资源,从"善治"走向"善用"》

想一想:常见的污水处理方法有哪些?

一、概述

废水处理的目的,就是把废水中的污染物以某种方法分离出来,或者将其分解转化为无害稳定物质,从而使污水得到净化。废水处理一般要达到防止毒害和病菌的传染,避免有异嗅和恶感的可见物,以满足不同用途的要求。

因污染物的复杂性,废水处理相当复杂。废水处理方法的选择取决于废水中污染物的性质、组成、状态及对水质的要求。常见的污水处理方法包括物理法、化学法、物理化学法和生物法,还可细分为不同技术单元,具体如表5-3所示。

表 5-3 常见的污水处理方法

处理方法	基本原理	单元技术
物理法	物理或机械分离	过(格)滤、沉淀、离心分离、旋液分离、浮上等
化学法	加入化学物质与污水中有害物质发生化学反应	中和、氧化还原、混凝、化学沉淀等
物理化学法	物理化学的分离过程	气提、吹脱、吸附、萃取、离子交换、电解膜分离(电渗析、超滤、纳滤、反渗透等)
生物法	微生物在污水中对有机物进行氧化、分解的新陈代谢过程	厌氧消化、活性污泥、生物膜、氧化塘、人工湿地等

以上方法各有其适用范围,设计使用时必须取长补短、互为补充,往往很难用一种方法就能达到良好的治理效果。一种废水究竟采用哪种方法处理,首先是根据废水的水质和水量、水排放时对水质的要求、废弃物回收的经济价值、处理方法的特点等;其次是通过调查研究,进行科学试验,并依据废水排放的指标、地区的情况和技术的可行性等而确定。

二、常见的污水处理方法

(一)物理法

物理法是利用物理作用,分离或者回收废水中的不溶性固体杂质,包括截留、沉降、隔油、筛分、过滤和离心分离等。物理法的基本原理是利用物理作用使悬浮状态的污染物与废水分离,在处理过程中污染物的化学性质不发生变化。

1. 筛滤截留法

筛滤截留法是一种分离废水中浮悬颗粒的主要方法。实质是让废水通过具有微细孔道的过滤介质,在过滤介质两侧压强差的作用下,废水由微细孔道通过而悬浮颗粒截留下来。该法适用于对废水进行预处理和最终处理,它的出水可供循环使用。根据过滤介质孔道的不同该法有栅筛截留和过滤两种处理单元。栅筛截留的设备是格栅、筛网,而过滤的设备有粒状滤料及微孔滤机等。

格栅是去除废水中漂浮物和悬浮颗粒的最简单而有效的办法。格栅是由一组平行的金属栅条制成的框架(图 5-2)。当含悬浮物的污水通过格栅时,悬浮物被格栅截留,从而除去悬浮物。格栅截留的效果主要取决于废水的水质、所选格栅空隙的大小。筛网用于去除水中颗粒较小的杂物的,如水中的纤维、纸浆、藻类等。筛网装置有转鼓式、旋转式、转盘式和振动筛网等。

2. 过滤法

过滤法是利用过滤介质层(滤料)截留污水中细小悬浮物的方法。常用的过滤介质有石英砂、无烟煤和石榴石等。在过滤过程中滤料同时对悬浮物进行物理截留、沉降和吸附等作用。过滤的效果取决于滤料孔径的大小、滤料层的厚度、过滤速度及污水的性质等因素。

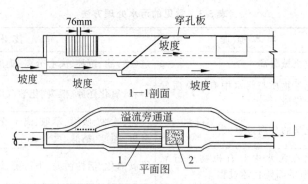

图 5-2 固定式格栅及布设位置
1—格栅；2—操作平台

3. 沉淀法

沉淀法是利用污水中的悬浮物和水的相对密度差,借重力沉降的作用使悬浮物从水中分离出来。依据水中悬浮物质的性质不同,设有沉砂池和沉淀池两种设备。

沉砂池用于去除水中砂粒、煤渣等相对密度较大的无机颗粒物。沉砂池一般设在污水处理装置前,以防止处理污水的其他机械设备受到过多的磨损。

沉淀池是利用重力的作用使悬浮性杂质与水分离,可分离直径为 $20\sim100\mu m$ 以上的颗粒。根据沉淀池内水流方向,可将其分为平流式、竖流式和辐流式三种。

4. 浮上法

浮上法也称气浮法,该法是利用高度分散的微小气泡作为载体,黏附或托举污水中的悬浮物,使其随气泡浮升到水面而去除的方法。

该法主要用来处理污水中的乳化油、细小的固体悬浮物等。由于乳化油的密度与水的密度相近,其液滴在水中难以上浮或下沉,当将空气通入含乳化油的污水中时,气泡黏附到乳化油的液滴上,使乳化油与空气成为一个大颗粒,大颗粒的平均密度小于水的密度,乳化油就能随着气泡上浮到水面,从而实现与水的分离。影响气浮的主要因素有气泡的分散度、压力、温度、水的性质等。气泡的分散度越大,气泡与悬浮物接触的机会就越多,气浮的效果就越好;压力增大或水温降低,使气泡在水中的溶解度增大,有利于气浮,反之,则不利于气浮;当污水中含有表面活性物质时,会影响气泡的分散度,从而影响到气浮的效果,应予以避免。

5. 隔油法

隔油法是利用油和水的密度不同,在重力作用下使油和水分离。通常油在水中以浮油、乳化油和溶解油三种状态存在。其中浮油含量较大,如炼油厂污水浮油约占 $60\%\sim80\%$。隔油法主要是采用隔油池等设备,去除密度比水小的浮油。

6. 离心分离法

离心分离是在离心的作用下,由于悬浮颗粒与水密度不同而离心力不同,使悬浮物与水分离。在离心力场中,水中颗粒所受的离心力与颗粒的质量成正比,与转速的平方成正比。离心分离的常用设备有水力旋流器、离心分离机等。

（二）生物法

生物法是利用微生物的作用,对污水中的胶体和溶解性有机物质进行净化处理,根据微生物的特性不同,可将生物法分为好氧生物处理法和厌氧生物处理法两大类,具体工艺包括活性污泥法、生物膜法以及包含生物处理的氧化塘法、人工湿地法等。

好氧生物处理是在有氧条件下,利用好氧菌、兼性菌分解稳定有机物的生物处理方法,有机物经过一系列的氧化分解,最终使有机碳化物转化为二氧化碳。常见工艺有活性污泥法、生物膜法;厌氧生物处理是在缺氧条件下,利用厌氧菌和兼性菌分解稳定有机物的生物处理法,经厌氧处理后有机碳转化为甲烷。

1. 活性污泥法

活性污泥法是以活性污泥为主体的污水处理法。活性污泥是由大量繁殖的悬浮状的微生物絮凝体组成的,具有很强的吸附能力和降解能力。活性污泥法处理污水的基本流程如图 5-3 所示。

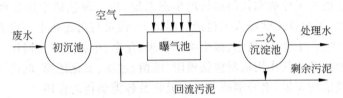

图 5-3　活性污泥法的基本流程

当污水经过初次沉淀池沉淀分离出部分悬浮物后,清液进入含有大量活性污泥的曝气池时,有机物被活性污泥快速吸附,在污泥表面微生物对有机物进行氧化分解,同时微生物不断地利用有机物生长繁殖,氧化后的污水进入二次沉淀池,活性污泥在重力的作用下沉降,实现污染物与水的分离。

2. 生物膜法

在生物膜法装置的滤料表面,形成了长着各种微生物的一层黏膜,称为生物膜,生物膜主要由大量的菌胶团、真菌、藻类和原生动物组成。利用生物膜处理污水的方法称为生物膜法。当污水通过生物膜的表面时,有机物被生物膜吸附,由于浓度差的作用,使有机物向膜内渗透,在生物膜内进行氧化分解,产生了无机物和二氧化碳,产物因浓度差的作用由膜内向膜外扩散,返回水体使得污水得到净化。常用的生物膜法处理单元有生物滤池、生物接触氧化、生物转盘等。

3. 生物塘法

生物塘(又称氧化塘)是一个自然的或人工修整的池塘。它利用池塘中微生物藻类的共生关系,促进污水中有机物的分解,使污水得到净化的方法。根据生物塘内微生物的种类、溶解氧含量及来源不同分为好氧塘、兼性塘、厌氧塘和曝气塘四种。生物塘工作原理(以兼性塘为例)如图 5-4 所示。

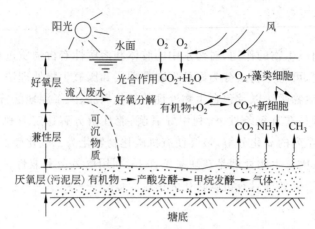

图 5-4　生物塘工作原理示意图（以兼性塘为例）

4. 人工湿地法

人工湿地是由人工建造和控制运行的生态系统，是一种包括生物处理在内的综合处理系统。将污水、污泥投配到经人工建造的湿地上，污水与污泥在沿一定方向流动的过程中，主要通过土壤、人工介质、植物、微生物的物理、化学、生物三重协同作用，对污水、污泥进行处理的一种技术。其作用机制包括吸附、滞留、过滤、氧化还原、沉淀、微生物分解、转化、植物遮蔽、残留物积累、水分蒸腾和养分吸收及各类动物的作用。

（三）化学法

化学法主要是通过添加化学试剂或通过其他化学反应手段，将废水中的溶解物质或胶体物质予以去除或无害化，包括混凝、中和、氧化还原、电解和离子交换等方法。

1. 混凝法

混凝法是向污水中投加混凝剂，使细小悬浮物和胶体颗粒聚集成较大的颗粒而沉淀出来，与水分离，使污水得以净化的方法。混凝包括凝聚和絮凝两个过程，凝聚是指胶体与混凝剂作用，胶体颗粒失稳聚集为微絮粒的过程；絮凝则是指微絮粒通过吸附和架桥作用，成长为更大絮体的过程。

常用的混凝剂有硫酸铝、聚合氯化铝等铝盐，硫酸亚铁、三氯化铁等铁盐，絮凝剂有有机高分子等。影响混凝效果的因素有污水的 pH、水温、混凝剂的种类及用量、搅拌效果等。

2. 中和法

中和法主要用于处理酸性污水和碱性污水。对于酸或碱的浓度大于 3% 的污水，首先应进行酸碱的回收，实现资源再利用，仅对低浓度的酸碱污水，采取中和法进行处理。

酸性污水的处理，通常采用投加石灰、苛性钠、碳酸钠或以石灰石、大理石作滤料来中和酸性污水。碱性污水的处理，通常采用投加硫酸、盐酸或利用二氧化碳气体中和碱性污水。另外，对于酸、碱性污水也可以用二者相互中和的办法来处理，经济性更好。

3. 氧化还原法

氧化还原法是通过化学药剂与水中污染物之间的氧化还原反应，将废水中的有毒有害污染物,转化为无毒或微毒物质的方法。这种方法主要用于对无机污染物的处理,如重金属、氰化物。

4. 电解法

电解法是在直流电作用下,电解质溶解发生的电化学反应,把电能转化为化学能的过程。电解法处理污水是把污染物作为电解质进行电解的。在电解槽内设置有阴、阳两极,分别与电源的负、正两极相连,在两极上发生氧化反应和还原反应。根据处理原理和过程的不同,电解法处理污水可分为电氧化法、电还原法、电凝聚法、电浮法等。

5. 离子交换法

离子交换法是利用离子,交换呈离子状态的污染物的化学方法。离子交换是一种特殊的吸附过程,通常是一种可逆的化学吸附。其反应通式为

$$RH + M^+ = RM + H^+$$

式中:RH 为离子交换剂;M^+ 为被交换的离子;RM 为交换后的产物。常用的离子交换剂有磺化煤和离子交换树脂。离子交换树脂大部分是由有机物聚合而成的。用于交换阳离子的称为阳离子型交换树脂,用于交换阴离子的称为阴离子型交换树脂。

离子交换法既可去除水中的有害物质,又可回收污水的有用物质,如重金属汞、镉、铅、锌、铬等的去除与贵金属的回收。

(四) 物理化学法

物理化学处理法主要是利用物理化学过程来处理回收废水中用物理法所不能除净的污染物。具体方法有吸附、萃取、汽提、吹脱和膜分离等。

1. 吸附法

吸附法是利用多孔性固体吸附剂的表面吸附作用,对污水中的污染物进行吸附,从而使污染物与水分离的方法。该法多应用于去除污水中的微量有害物质,如某些重金属离子、生物难降解的一些杀虫剂、洗涤剂等。

吸附剂有较大的表面积,吸附剂对水中污染物的吸附力可分为分子引力(范德华力)、化学键力和静电引力三种,通常对污水的处理是三种引力共同作用的结果。影响吸附的主要因素有吸附剂的性质、被吸附污染物的性质以及吸附过程的条件等。

常用的吸附剂有活性炭、磺化煤、硅藻土、焦炭、木炭、白土、炉渣、木屑及吸附树脂等。

吸附剂吸附饱和后必须经过再生。把吸附质从吸附剂的细孔中除去,恢复其吸附能力的过程称为吸附剂再生。再生的方法有加热再生法、蒸汽吹脱法、化学氧化再生法(湿式氧化、电解氧化和臭氧氧化)溶剂再生法和生物再生法等。

2. 萃取法

萃取法是向污水中加入一种与水互不相溶的有机溶剂,充分混合接触后使污染物重新分配,由水相转移到溶剂相中,从而使污水得到净化的方法。萃取是一种液—液相间的传质过程,是利用污染物(溶质)在水与有机溶剂两相中的溶解度不同进行分离的。

在选择萃取剂时,应注意萃取剂对被萃取物(污染物)的选择性,即溶解能力的大小,通常溶解能力越大,萃取效果越好;萃取剂与水的密度差越大,萃取后与水分离就越容易。

常用的萃取剂有含氧萃取剂(如仲辛醇)、含磷萃取剂(如磷酸三丁酯)、含氮萃取剂(如三烷基胺)等。

3. 汽提法

汽提法是向含有挥发性杂质的污水中通入水蒸气,使挥发性的物质从水中向水蒸气中分配,从而使污水得以净化。化工污水中的挥发性物质包括有挥发酸(苯酚)、甲醛、苯胺、硫化氢和氨等。汽提的实质是用水蒸气直接蒸馏污水的过程。汽提法常用的设备有填料塔、浮阀塔、穿流式泡沫筛板塔等。

4. 吹脱法

吹脱法是通过改变与污水相平衡的气相组成,使溶于污水中的挥发性污染物不断地转入气相,向气相扩散,从而使污水得以净化。吹脱法常用的设备分为吹脱池和吹脱塔,而常用的吹脱塔包括填料塔和筛板塔等。

5. 膜分离法

膜分离法是用一种特殊的半透膜将溶液隔开,使溶液中的某些溶质(杂质)或者溶剂(水)渗透出来,从而达到分离的目的。膜分离法可分为电渗析法、反渗透法、纳滤法和超滤法。

三、典型污水处理流程

城市污水中的污染物多为可生物降解的有机物,固形物占 $0.03\% \sim 0.06\%$,生化需氧量(BOD_5)一般在几百毫克/升。根据对污水的处理程度不同,可分为一级处理、二级处理和三级处理。

1. 一级处理

一级处理常由筛滤、重力沉淀和浮选等物理方法组成,可去除废水中大部分微米级的大颗粒。筛滤可除去较大颗粒物质,重力沉淀可去除无机粗粒和比重略大于1的有凝聚性的有机颗粒,浮选可去除比重小于1的颗粒物(油类等)。废水经过一级处理后,通常达不到排放标准,但一级处理工艺常用于传统的自来水生产。

2. 二级处理

二级处理常在一级处理基础上使用生物法和絮凝法,是当下最常用的经济性很高的水处理工艺。生物法主要是除去一级处理后废水中的有机物;絮凝法主要是去除一级处理后废水中无机的悬浮物、胶体颗粒物和低浓度的大分子有机物。

经过二级处理后的水,一般可以达到农田灌标准和废水排放标准。但是水中还存留部分悬浮物、不能生物降解的溶解性有机物、溶解性无机物和氮、磷等富营养物,并含有病毒和细菌,排放后仍有可能造成水体的污染。活性污泥法的二级污水处理厂流程如图5-5所示。

当污水进厂后,先通过格栅,去除悬浮杂质,防止损坏水泵或堵塞管道。有时也可专门配有磨碎机,将较大的一些杂物碾成较小的颗粒,使其可以随污水一起流动,在随后的工序中除去。然后流入沉砂池,大粒粗砂、碎屑等颗粒都沉淀出来。污水进入初次沉淀池后流速减慢,使大多数悬浮固体借重力沉淀下来,然后用连续刮板收集并于污泥池排除出去。一般情况下,初次沉淀池停留时间保持在 $30 \sim 60$ 分钟就可除去 $50\% \sim 65\%$ 的悬浮

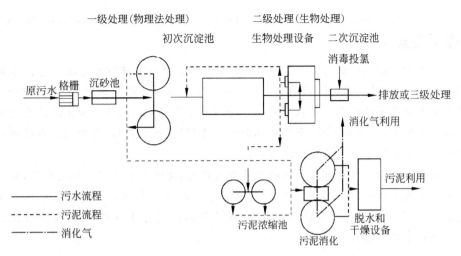

图 5-5 活性污泥法的二级污水处理厂流程示意图

固体和 $25\%\sim40\%$ 的 BOD_5。

曝气池(活性污泥法)是二级处理的主要设备,污水在这里被彻底处理,是利用活性污泥,在充分搅拌和不断曝气的条件下,使部分可降解的有机物被细菌氧化分解,转化为 N_xO_y、SO_x、和 CO_2 等一些稳定物质。曝气时间约 6h 后,可除去绝大部分的 BOD_5。污水流过二次沉淀池后,固体物质(主要是菌胶团)因沉降作用从液体中分离出来,这些活性污泥的一部分重新返回曝气池,以便保持池内的一定生物活性。二次沉淀后的出水再加氯气消毒,即可排入合适的天然水体。

一次沉淀池收集的泥渣(称为原污泥)和二次沉淀排出部分活性污泥,经浓缩器浓缩后,在污泥消化池中进行充分的厌氧分解,慢慢地释放甲烷和 CO_2,固体残渣已非常稳定,经过干燥即可作为肥料或填方使用,消化池中排出的尾气含甲烷 $65\%\sim70\%$,可用作燃料。

3. 三级处理

三级处理的目的是控制富营养化或达到废水回用。三级处理的对象主要是 N、P 等营养物质和其他溶解物质。所采用的技术通常涉及物理法、化学法和生物处理法三大类,如超滤、活性炭吸附、化学凝聚和沉淀、离子交换、电渗析、反渗透、氯消毒等,所需处理费用显著升高,典型流程如图 5-6 所示。

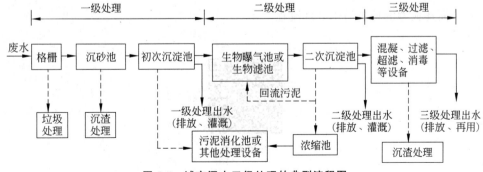

图 5-6 城市污水三级处理的典型流程图

知识拓展

我国多位环境领域著名专家,共同发起成立了中国城市污水处理概念厂专家委员会,提出建设一座(批)面向2030—2040年、具备一定规模的城市污水处理厂。宜兴城市污水资源概念厂是在专家委员会指导下开始建设的第一座未来污水处理厂,以"水质永续、能源回收、资源循环和环境友好"为建设目标,是中国城市污水处理概念厂事业的第一家示范性污水厂。

概念水厂旨在践行低碳绿色的国际先进理念,主流工艺采用厌氧氨氧化,并实现极限脱氮除磷及新兴污染物去除,可满足水环境变化和水资源可持续循环利用的需要,符合我国生态文明建设的要求,成为污水处理行业的标杆,其经验和模式可复制到全国污水处理厂。

本 章 小 结

本章介绍了地球上的水资源分布情况,阐述了世界水资源、我国水资源的分布和水质现状,便于了解水资源的严峻形势;详述了水污染及其产生的原因、污染方式和途径,要求了解水污染对人类的危害、掌握水体自净的概念、水体自净过程中物质的转化机理以及溶解氧的变化规律,重点掌握水污染防治的基本工艺和技术,能够对遇到的水污染问题提出治理思路。

思 考 题

(1) 什么是水资源?水资源有哪些特性?

(2) 我国水资源分布有何显著特点?

(3) 什么是水污染?水体中的主要污染物分为哪几类?

(4) 什么是水体自净作用?

(5) 常用的污水处理方法有哪些?

(6) 简述典型的城市污水处理流程。

拓展阅读

第六章

土壤污染及防治

目前,人类关心的土壤问题主要有两方面:第一,由于人类大规模的生产、生活等活动,改变了影响土壤发育的生态环境,使土壤本身受到破坏。第二,大规模现代化农业生产,大量使用化肥、农药、杀虫剂等,使土壤遭受到不同程度的污染,现代化工业及城市的"三废"排放,经不同途径污染土壤。

本章着重讨论各种污染物对土壤造成的污染问题及主要防治方法。

第一节　土壤的组成和性质

导　读

世界土壤日为每年的 12 月 5 日,旨在宣传健康土壤的重要性,倡导土壤资源的可持续管理。

2002 年,国际土壤科学联合会提议设立世界土壤日。在泰王国的领导下以及在全球土壤伙伴关系的框架内,粮农组织支持正式设立世界土壤日,并以此作为开展全球宣传的平台。2013 年 6 月,粮农组织大会一致赞同设立世界土壤日,并提请第 68 届联合国大会正式通过该国际日。2013 年 12 月,大会将 2014 年 12 月 5 日确立为第一个正式的世界土壤日。

想一想:

(1) 土壤为什么这么重要?

(2) 土壤所特有的性质有哪些?

一、土壤的组成

土壤是自然环境要素的重要组成之一,它是处在岩石圈最外面的一层疏松的部分,具有支持植物和微生物生长繁殖的能力,被称为土壤圈。土壤圈处于大气圈、岩石圈、水圈和生物圈之间的过渡地带,是联系有机界和无机界的重要环节。

土壤是指地球表面的一层疏松的物质,由各种颗粒状矿物质、有机物质、水分、空气、微生物等组成。土壤由岩石风化而成的矿物质、动植物、微生物残体腐解产生的有机质、土壤生物(固相物质)及水分(液相物质)、空气(气相物质)等组成,具有疏松的结构,如图 6-1 所示。

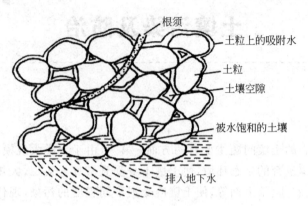

图 6-1　土壤的组成

土壤具有两个重要的功能:一是土壤作为宝贵的自然资源,是农业生产的基础;二是土壤对于外界进入的物质具有同化和代谢能力,也可以说土壤具有一定的净化能力。由于土壤具有这种净化能力,人们肆意开发土壤资源,同时将土地看作人类废弃物的垃圾场,而忽略了对土地资源的保护。

二、土壤的性质和净化

(一)土壤胶体表面和溶液间的离子吸附及解吸作用

土壤胶体表面和溶液间的离子吸附交换量以每千克土壤(或黏粒)吸附或交换溶液中的阳离子的厘摩尔数(cmol/kg)表示,即土壤阳离子交换量(CEC)。它不但反映了土壤腐殖质、黏土矿物的种类与数量,也反映了影响可变电荷的土壤 pH 值的大小。

(二)土壤酸碱度

土壤酸碱度是土壤的重要化学特性和指标(通常以 pH 值表示)。一般将土壤酸碱度分为强酸性(pH<5)、酸性(pH 值为 5~6.5)、中性(pH 值为 6.5~7.5)、碱性(pH 值为 7.5~8.5)、强碱性(pH>8.5)。土壤酸碱度是影响、调节和控制土壤圈物质迁移转化的重要因素。

(三)氧化还原反应

土壤中的氧化还原反应是土壤中不断进行着的重要化学作用过程,是影响土壤中物质迁移转化的主要因素之一,对土壤中元素的生物化学效应起着至关重要的制约作用。

(四)土壤净化

土壤净化是指土壤本身通过吸附、分解、迁移、转化,使污染物在土壤中的数量、浓度或毒性、活性降低进而消失的过程。

土壤净化功能的物质基础仍然是土壤的"三相"组成。其中,以固相成分最为重要,它是土壤中最活跃的部分,包括无机矿粒、有机腐殖质、有机无机复合胶体和土壤微生物等。这些成分通过一系列相互交织的复杂过程共同对污染物起作用,使土壤成为一个巨大的"污染处理场"。土壤的净化过程包括物理、化学和生物的作用,包含有土壤的过滤、截留、渗透、物理吸附、化学分解、中和、生物氧化以及微生物及植物的摄取等过程。

三、土壤的重要意义

(一)土壤在地球表层环境系统中的地位和作用

土壤是地球表层系统自然地理环境的重要组成部分。土壤圈在地球表层环境系统中位于大气圈、水圈、岩石圈和生物圈的界面交接地带,是最活跃、最富生命力的圈层。土壤圈的物质循环是全球变化中物质循环的重要组成,是无机界和有机界联系的纽带,是生命和非生命联系的中心环境,是地球表层环境系统中物质与能量迁移和转化的重要承载。

(二)土壤是植物生长繁育和生物生产的基础

(1)机械支撑的作用:植物能立足自然界,能经受风雨的袭击,不倒伏,是由于根系伸展在土壤中,获得土壤的机械支撑作用。

(2)营养库的作用:植物需要的营养元素除 CO_2 主要来源于空气外,氮、磷、钾及微量营养元素和水分主要来自土壤。

(3)养分转化和循环作用:土壤中存在一系列的物理、化学作用,既包括无机物的有机化,又包括有机物的矿质化,既有营养元素的释放和散失,又有元素的结合、固定和归还。在地球表层系统中通过土壤养分元素的复杂转化过程,实现营养元素与生物之间的循环和周转。

(4)水源涵养作用:土壤是地球陆地表面具有生物活性和多孔结构的介质,具有很强的吸水和持水能力。土壤水源涵养功能与土壤总空隙度、有机质含量和植被覆盖度等有密切关系。

土壤不仅是地球上大多数动植物生长发育的基础,也是人类生存和发展必需的条件。人们不仅利用土壤收获了大量的食物,还利用土壤的净化能力消纳了各种污染物质,使其成为处理和处置各种废弃物的场所。因此,土壤对维持地球自然生态平衡,维持人类生活具有不可替代的作用。

知识拓展

你见过土壤上的白色结痂吗?是的,就是你想的那样。土壤可能是咸的。盐分自然存在于土壤和水中,在土壤中自由移动。天然盐碱地可能支持丰富的生态系统,但如干旱这样的自然过程和特别是不当灌溉这样的人类活动,会增加土壤中的盐分,这个过程被称为盐渍化。土壤盐渍化会破坏我们的土壤,降低土壤帮助我们的食物生长的能力。

土壤盐碱化和钠化是威胁生态系统的主要土壤退化过程,被认为是全球范围内威胁干旱和半干旱地区农业生产、粮食安全和可持续性的最重要问题之一。

受盐影响的土壤对土壤功能有严重影响：农业生产力、水质、土壤生物多样性和土壤侵蚀的下降。受盐影响的土壤作为缓冲和过滤污染物的能力下降。受盐影响的土壤降低了农作物吸收水分的能力和微量元素的可用性。它们还集中了对植物有毒的离子，并可能使土壤结构退化。

2021年世界土壤日（World Soil Day）及其活动"防止土壤盐碱化，提高土壤生产力"，旨在通过应对土壤管理中日益严峻的挑战，防治土壤盐碱化，提高土壤意识，鼓励社会改善土壤健康，从而提高人们对维护健康生态系统和人类福祉重要性的认识。

——联合国官网：《土壤盐渍化：威胁我们全世界食物的摇篮》

第二节　土壤污染

导　读

2017年3月23日，环保公益组织"好空气保卫侠"在河南新乡市凤泉区块村营村南开发区河边的麦地取样化验，结果显示，距河4米处的土壤镉含量为20.2mg/kg，是土壤环境质量二级标准的67.3倍，三级标准的20.2倍。在距河100m处取土壤化验，镉含量为12.4mg/kg，是二级标准的41.3倍、三级标准的12.4倍。

而在麦收之时，空气侠再次到新乡市监督镉麦农地流转的情况，并随机在牧野区、凤泉区已经收割、尚未收割的不同地块取了12个小麦样品。检测结果显示，12个随机的小麦样品全部超标，出现从1.7倍至18倍不同程度的超标。

根据资料显示，这已经不是第一次显示本地的小麦"镉"含量超标发生了。

想一想：

(1)"镉麦"出现的原因是什么？

(2)土壤污染有哪些危害？

一、土壤环境背景值与土壤环境容量

所谓土壤污染，是指人类活动产生的污染物进入土壤并积累到一定程度，引起土壤质量恶化的现象。当土壤中所含污染物的数量超过土壤自净能力或当污染物在土壤环境中的积累量超过土壤环境基准时，我们就说土壤受到了污染。

（一）土壤环境背景值

土壤环境背景值是指未受或很少受人类活动，特别是未受人为污染影响的土壤化学元素的自然含量。不同土壤类型的土壤环境背景值差别较大,是统计性的范围值、平均值,不是简单的一个确定值。目前在全球范围内已很难找到绝对不受人类活动影响的地区和土壤,现在所获得的土壤环境背景值只代表着远离污染源、较少地受人类活动影响的有相对意义的数值。

土壤背景值作为一个“基准”数据,在环境科学、土壤学上有重要意义,在农业、医学、国土规划等方面都有重要的应用价值。

(二)土壤环境容量

土壤环境容量是指在人类生存和自然生态不致受害的前提下,土壤环境所能容纳的污染物的最大负荷量。确定土壤环境容量的用途有:制定土壤环境标准,制定农田灌溉用水水质和水量标准,制定污泥施用标准,区域土壤污染物预测和土壤环境质量评价,污染物总量控制等。

二、土壤污染物的分类

土壤污染物指的是进入土壤并影响土壤发挥正常功能的物质,即会改变土壤的成分、性质,降低农作物的数量或质量,有害于人体健康的物质。大致分为以下几类。

1.无机污染物

无机污染物有的是随着地壳变迁、火山爆发、岩石风化等天然过程进入土壤和生态系统的,有的是随着人类的生产和消费活动而进入的。各种无机污染物在土壤中迁移和转化,参与并干扰各种环境化学过程和物质循环过程,造成了无机污染物的污染。现代采矿、冶炼、机械制造、建筑材料、化工等生产部门,每天都排放大量无机污染物,包括有害的氧化物、酸、碱和盐类等。其中所含的重金属元素如铅、镉、汞、铜等可在土壤中积累,通过食物链在不同的营养级上逐级富集,造成更大的危害,通常分为酸碱污染和无机毒物。

(1)酸碱污染主要由进入废水的无机酸碱以及酸雨的降落形成。矿山排水、黏胶纤维工业废水、钢铁厂酸洗废水及燃料工业废水等,常含有较多的酸。碱性废水则主要来自造纸、炼油、制碱等工业。酸性废水的危害主要表现在腐蚀上,碱性废水则易产生泡沫,使土壤盐碱化。

(2)无机毒物分为金属和非金属两类。金属毒物污染:金属毒物主要为重金属(相对密度大于4～5),包括汞、铬、镉、铅、镍等生物毒性显著的元素,也包括具有一定毒害性的一般金属,如锌、铜、钴、锡等。非金属毒物污染主要有砷、硒、氰、氟、硫、亚硝酸根离子(NO_2^-)等。砷中毒能引起神经紊乱,诱发皮肤癌等;硒中毒能引发皮炎、嗅觉失灵、婴儿畸变等;氰中毒能引起细胞窒息、组织缺氧、脑部受损等,最终还可能导致呼吸中枢麻痹而死亡;氟对植物的危害最大,可使其致死;硫中毒则会引起呼吸麻痹和昏迷;亚硝酸盐在人体内会与仲胺生成亚硝胺,具有强烈的致癌作用。

2.有机污染物

污染土壤的有机物主要是化学农药,例如有机氯类,包括六六六、DDT、敌敌畏等。工业“三废”中的有机污染物,较常见的有酚、多氯联苯、苯并芘等。这类合成有机污染物通过不同途径进入土壤后,相当一部分能在土壤中累积,造成污染。

3. 放射性物质

放射性物质主要是由于大气核爆炸降落的尘埃以及原子能和平利用所排出的液体和固体放射性废弃物,随同自然沉降,雨水冲刷而污染土壤。

4. 致病微生物

土壤致病微生物虽然数量和种类占据少数,但它们对人类的健康能造成很大危害,所以往往是土壤生物污染关注的焦点。这类生物污染物包括细菌、真菌、病毒、螺旋体等微生物,其中致病细菌和病毒带来的危害较大。

致病细菌包括来自粪便、城市生活污水和医院污水的沙门菌属、志贺菌属、芽孢杆菌属、拟杆菌属、梭菌属、假单胞杆菌属、丝杆菌属、链球菌属细菌,以及随患病动物的排泄物、分泌物或其尸体进入土壤而传播的炭疽、破伤风、恶性水肿、丹毒等疾病的病原菌。土壤中的致病真菌主要有皮肤癣菌(包括毛癣菌属、小孢子菌属和表皮癣菌属)及球孢子菌。土壤中的致病病毒主要有传染性肝炎病毒、脊髓灰质炎病毒等。

5. 寄生虫

寄生虫的种类很多,其中土壤中的寄生虫主要包括原虫和蠕虫。寄生原虫是单细胞真核生物,包括鞭毛虫、阿米巴虫、纤毛虫和孢子虫。寄生蠕虫是动物界中的环节动物门、扁形动物门、线形动物门和棘头动物门所属的各种自由生活和寄生生活的动物,习惯上统称为蠕虫,它包括吸虫、绦虫、线虫和棘头虫。

三、土壤污染的来源

导致土壤污染的来源极为广泛,根据污染物来源不同,大致可分为工业污染源、农业污染源、生物污染源和自然污染源。

(一)工业污染源

在工业废水、废气和废渣中,含有多种污染物,其浓度一般较高,一旦进入农田,在短时间内即可引起土壤、作物危害。一般直接由工业"三废"引起的土壤污染范围小,而间接由工业"三废"引起的污染往往是大面积的,常常以废渣或污水灌溉等形式进入土壤,长期积累导致污染。

(二)农业污染源

农业生产本身产生的污染包括化学农药、肥料等的使用范围不断扩大,数量和品种不断增加;牲畜排出的废弃物能传播疾病引起公共卫生问题,还会产生严重的水体污染问题。

(三)生物污染源

人类粪尿、生活污水和被污染的河水等均含有致病的各种病原菌和寄主虫等,用这种未经处理的肥源施于土壤,会使土壤发生严重的生物污染。一方面导致作物病虫害加重,另一方面通过食物链危及人类健康。

此外,强烈的火山喷发,含有重金属或放射性元素的矿床的风化分解作用等自然因素,也会使附近土壤遭受污染。

四、土壤污染的特点

(一)土壤污染具有不可逆转性

重金属对土壤的污染基本上是一个不可逆转的过程,被某些重金属污染的土壤可能要 100～200 年时间才能够恢复,许多有机化学物质的污染也需要较长的时间才能降解。

(二)土壤污染具有隐蔽性和潜伏性

土壤污染往往是先通过农作物,如粮食(图 6-2)、蔬菜、水果以及家畜、家禽等食物污染,再通过人食用后身体的健康情况来反映。从开始污染到导致后果,有一段很长的积累的隐蔽过程。如日本的镉米事件,当查明事件原因时,造成公害事件的矿已经被开采完毕。

图 6-2　污染土壤中生长的水稻

(三)土壤污染很难治理

大气和水体受到污染,切断污染源之后通过稀释作用和自净作用有可能使污染问题逐步逆转,但是积累在污染土壤中的难降解污染物则很难靠稀释作用和自净作用来消除。土壤污染一旦发生,仅仅依靠切断污染源的方法很难恢复,有时要靠换土、淋洗土壤等方法才能解决问题,其他治理技术见效也较慢。因此,治理污染土壤通常成本较高、治理周期较长。

知识拓展

《2020 中国生态环境状况公报》称,土壤污染状况详查结果显示,全国农用地土壤环境状况总体稳定,影响农用地土壤环境质量的主要污染物是重金属,其中镉为首要污染物。完成《土壤污染防治行动计划》确定的受污染耕地安全利用率达到 90% 左右和污染地块安全利用率达到 90% 以上的目标。

——中国新闻网:《中国净土保卫战目标全面完成　土壤污染风险得到基本管控》

第三节　我国土壤污染现状及发展趋势

导　读

　　2014年4月17日环境保护部有关负责人向媒体通报,环境保护部和国土资源部发布了全国土壤污染状况调查公报。调查结果显示,全国土壤环境状况总体不容乐观,部分地区土壤污染较重,耕地土壤环境质量堪忧,工矿业废弃地土壤环境问题突出。全国土壤总的点位超标率为16.1%,其中轻微、轻度、中度和重度污染点位比例分别为11.2%、2.3%、1.5%和1.1%。从土地利用类型看,耕地、林地、草地土壤点位超标率分别为19.4%、10.0%、10.4%。从污染类型看,以无机型为主,有机型次之,复合型污染比重较小,无机污染物超标点位数占全部超标点位的82.8%。从污染物超标情况看,镉、汞、砷、铜、铅、铬、锌、镍8种无机污染物点位超标率分别为7.0%、1.6%、2.7%、2.1%、1.5%、1.1%、0.9%、4.8%;六六六、滴滴涕、多环芳烃3类有机污染物点位超标率分别为0.5%、1.9%、1.4%。

　　——生态环境部:《环境保护部和国土资源部发布全国土壤污染状况调查公报》

　　想一想:

　　(1)你对我国的土壤污染现状还了解哪些?

　　(2)你对我国土壤污染治理的发展趋势了解吗?

一、我国土壤污染的现状

　　2005年4月至2013年12月,我国开展了首次全国土壤污染状况调查。调查范围为中华人民共和国境内(未含香港特别行政区、澳门特别行政区和台湾地区)的陆地国土,调查点位覆盖全部耕地,部分林地、草地、未利用地和建设用地,实际调查面积约630万平方千米。调查采用统一的方法、标准,基本掌握了全国土壤环境质量的总体状况。

(一)总体情况

　　全国土壤环境状况总体不容乐观,部分地区土壤污染较重,耕地土壤环境质量堪忧,工矿业废弃地土壤环境问题突出。工矿业、农业等人为活动以及土壤环境背景值高是造成土壤污染或超标的主要原因。

　　全国土壤总的超标率为16.1%,其中轻微、轻度、中度和重度污染点位比例分别为11.2%、2.3%、1.5%和1.1%。污染类型以无机型为主,有机型次之,复合型污染比重较小,无机污染物超标点位数占全部超标点位的82.8%,如图6-3所示。

　　从污染分布情况看,南方土壤污染重于北方;长江三角洲、珠江三角洲、东北老工业基地等部分区域土壤污染问题较为突出,西南、中南地区土壤重金属超标范围较大;镉、汞、

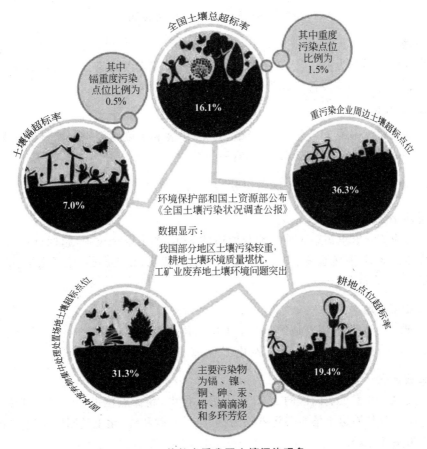

图 6-3   从数字看我国土壤污染现象

砷、铅 4 种无机污染物含量分布呈现从西北到东南、从东北到西南方向逐渐升高的态势。

（二）污染物超标情况

1. 无机污染物

镉、汞、砷、铜、铅、铬、锌、镍 8 种无机污染物点位超标率分别为 7.0%、1.6%、2.7%、2.1%、1.5%、1.1%、0.9%、4.8%。

2. 有机污染物

六六六、滴滴涕、多环芳烃 3 类有机污染物点位超标率分别为 0.5%、1.9%、1.4%。

（三）不同土地利用类型土壤的环境质量状况

1. 耕地

土壤点位超标率为 19.4%，其中轻微、轻度、中度和重度污染点位比例分别为 13.7%、2.8%、1.8% 和 1.1%，主要污染物为镉、镍、铜、砷、汞、铅、滴滴涕和多环芳烃。

2. 林地

土壤点位超标率为 10.0%，其中轻微、轻度、中度和重度污染点位比例分别为 5.9%、

1.6%、1.2%和1.3%,主要污染物为砷、镉、六六六和滴滴涕。

3. 草地

土壤点位超标率为10.4%,其中轻微、轻度、中度和重度污染点位比例分别为7.6%、1.2%、0.9%和0.7%,主要污染物为镍、镉和砷。

4. 未利用地

土壤点位超标率为11.4%,其中轻微、轻度、中度和重度污染点位比例分别为8.4%、1.1%、0.9%和1.0%,主要污染物为镍和镉。

(四) 典型地块及其周边土壤污染状况

1. 重污染企业用地

在调查的690家重污染企业用地及周边的5846个土壤点位中,超标点位占36.3%,主要涉及黑色金属、有色金属、皮革制品、造纸、石油煤炭、化工医药、化纤橡塑、矿物制品、金属制品、电力等行业。

2. 工业废弃地

在调查的81块工业废弃地的775个土壤点位中,超标点位占34.9%,主要污染物为锌、汞、铅、铬、砷和多环芳烃,主要涉及化工业、矿业、冶金业等行业。

3. 工业园区

在调查的146家工业园区的2523个土壤点位中,超标点位占29.4%。其中,金属冶炼类工业园区及其周边土壤主要污染物为镉、铅、铜、砷和锌,化工类园区及周边土壤的主要污染物为多环芳烃。

4. 固体废弃物集中处理处置场地

在调查的188处固体废弃物处理处置场地的1351个土壤点位中,超标点位占21.3%,以无机污染为主,垃圾焚烧和填埋场有机污染严重。

5. 采油区

在调查的13个采油区的494个土壤点位中,超标点位占23.6%,主要污染物为石油烃和多环芳烃。

6. 采矿区

在调查的70个矿区的1672个土壤点位中,超标点位占33.4%,主要污染物为镉、铅、砷和多环芳烃。有色金属矿区周边土壤镉、砷、铅等污染较为严重(图6-4)。

7. 污水灌溉区

在调查的55个污水灌溉区中,有39个存在土壤污染。在1378个土壤点位中,超标点位占26.4%,主要污染物为镉、砷和多环芳烃。

8. 干线公路两侧

在调查的267条干线公路两侧的1578个土壤点位中,超标点位占20.3%,主要污染物为铅、锌、砷和多环芳烃,一般集中在公路两侧150m范围内。

图 6-4 某采矿区污染现状

二、我国土壤污染的发展趋势

目前,我国土壤污染呈现如下趋势。

(1)污染面积增加明显,一些地区的土壤污染由局部趋向连续分布。

(2)污染物种类增加,复合污染的特点日益突出。

(3)污染物含量呈增加趋势,在一些传统农业区,土壤重金属镉超过国家二类土壤标准的面积达 35.9%,超过国家一类土壤标准的面积竟达 89.4%,且部分污染物来源尚未查清。

(4)城市土壤污染严重,我国西南某城市土壤中汞含量已超过国家标准 100 倍,在东北某城市的工厂废弃地,土壤镉、铅含量也严重超标达数百倍。

知识拓展

资料显示,进入人体的镉,在体内形成镉硫蛋白,通过血液到达全身,并有选择性地蓄积于肾、肝中。肾脏可蓄积吸收量的 1/3,是镉中毒的靶器官。此外,在脾、胰、甲状腺、睾丸和毛发也有一定的蓄积。镉的排泄途径主要通过粪便,也有少量从尿中排出。

在正常人的血中,镉含量很低,接触镉后会升高,但停止接触后可迅速恢复正常。镉与含羟基、氨基、硫基的蛋白质分子结合,能使许多酶系统受到抑制,从而影响肝、肾器官中酶系统的正常功能。镉还会损伤肾小管,使人出现糖尿、蛋白尿和氨基酸尿等症状,并使尿钙和尿酸的排出量增加。肾功能不全又会影响维生素 D3 的活性,使骨骼的生长代谢受阻碍,从而造成骨骼疏松、萎缩、变形等。

——中央政府门户网站:《科学生活:镉污染对人体的毒害有多大?》

第四节　土壤污染的预防

导　读

　　与发达国家和地区相比,我国土壤污染防治工作起步较晚。从总体上看,目前的工作基础还很薄弱,土壤污染防治体系尚未形成。20世纪80年代至90年代,我国科学家开始关注矿区土壤、污灌区土壤和六六六、滴滴涕农药大量使用造成的耕地污染等问题。“六五”和“七五”期间,国家科技攻关项目支持开展农业土壤背景值、全国土壤环境背景值和土壤环境容量等研究,积累了我国土壤环境背景的宝贵数据,在此基础上制订并于1995年发布了我国第一个《土壤环境质量标准》。

　　近年来,我国土壤环境问题日益凸显,引起社会广泛关注。按照党中央、国务院决策部署,有关部门和地方积极探索,土壤污染防治工作取得一定成效。一是组织开展全国土壤污染状况调查,掌握了我国土壤污染特征和总体情况;二是出台一系列土壤污染防治政策文件,建立健全土壤环境保护政策法规体系;三是开展土壤环境质量标准修订工作,完善土壤环境保护标准体系;四是制定实施重金属污染综合防治规划,启动土壤污染治理与修复试点项目;五是编制土壤污染防治行动计划,全面推动土壤污染防治工作。

　　——中华人民共和国中央人民政府网:《环境保护部就〈土壤污染防治行动计划〉答问》

　　想一想:
　　(1)土壤污染预防为什么非常重要?
　　(2)土壤污染预防的主要措施有哪些?

一、控制有害废水的超标排放和合理污灌

(一)控制污水排放

　　工业废水和生活污水的排放可污染水体和土壤。N、P含量过高,农田的排水也可能造成二次污染或加重水体富营养化。

　　在防治对策上,首先应提倡节约用水,减少排污量,降低污水处理总量。目前,我国的水资源一方面很紧张,另一方面又浪费严重。为此,在工业上应积极采用先进工艺,采用清污分流,一水多用,串级使用,闭路循环,污水回用等多种措施,提高水的重复利用率。在农业上,改进灌水技术,因地制宜发展喷灌、滴灌等高效率的灌水技术,发展节水型农业,以减少农业用水,减少伴随灌溉水进入土壤的污染物。在生活上,也应提倡节约用水,特别是减少集体用水的浪费现象。

　　其次调整工业布局,改善产品结构,对于用水量大又无治理技术的工矿企业,要采取

关停并转的措施。在引进项目时,也应考虑到污染物的种类和数量,严控排污量大的项目。

最后加强水资源的规划管理。水资源的规划,一方面要考虑供需关系,另一方面也应考虑工业废水和生活污水进入农田灌溉水源可能造成的危害。城市发展规划、工农业发展规划、给排水规划应同步进行。同时,应建立监测网络,对水体进行有计划的、定期的监测,及时发现问题,及时处理,避免灌溉用水的严重污染。

应因地制宜建立工业废水和城市污水处理系统。首先,对含有酸碱、有害重金属、有毒农药或其他污染物的工业废水,应在工厂内或车间内就地进行处理,减少污染;工业废水的排放应严格执行工业污水排放规定。其次,在有条件的城市,应积极建立城市污水处理系统,保证江河湖泊和灌溉水源的质量,使进入农田的灌溉水符合规定的农田灌溉水标准。

(二)加强污水灌溉的管理

污水灌溉是指用污水灌溉农田,达到供水、供肥、净化污水为目的的农事活动。污水灌溉农田对充分利用水资源,简化人工处理污水,节省能源和城建费用,化害为利,减少水体污染,增加农业肥源,降低农业生产成本都具有重要意义。

1972年农业部联合国家建委在石家庄召开了全国污水灌溉会议,制定了积极慎重发展污水灌溉的方针和拟定了污水灌溉暂行水质标准,力求减少污灌危害,防止土壤污染。

二、合理使用农药化肥

(一)控制农药的使用

农药包括杀虫剂、杀螨剂、杀菌剂、除草剂、灭鼠剂等,是现代农业不可缺少的生产资料,对农业高产起着十分重要的作用,它在给人类带来巨大利益的同时,也造成了对自然环境的污染,给人类带来潜在威胁。合理使用农药,减少农药用量,特别是控制高毒高残留农药的使用,成为防治土壤污染不可缺少的环节。

(1)淘汰高毒、高残留农药,发展高效低毒低残留农药和生物防治技术,是解决农药对土壤污染最根本的途径。

(2)严格施行农药的管理和监测,首先,必须实行严格的生产和销售许可证制度。其次,必须制定农药安全标准,并予以法律法规保证。我国目前已制定了《农药安全使用标准》(GB 4285—89),规定了允许使用范围、最高用药量、施药方法、最多施用次数、最后施药离收获的天数,同时还制定了配套的《农药合理使用准则》,进一步规定了实施方法和最高残留量。这些法规应加以宣传和普及,并严格执行。最后,有了合理的法规,仍须有严格的监督和检查。各地农业植物保护、卫生、环保部门应严格监督农药的合理使用。

(3)合理施用农药能减少用药量,提高防治效果,降低对土壤和农产品的污染。要做到安全、有效、经济地使用农药,第一,应掌握农药的有关知识,如农药的理化性质(挥发性、持久性、溶解性、穿透性及可吸收性能)和生物活性;第二,应掌握防治对象的生长规律、为害特点及不同生育期对药剂的敏感程度等;第三,要了解环境条件对药剂的影响。

（二）合理施用化肥

化肥可能带给土壤有毒物质,过量的化肥还能引起水体富营养化问题。因此,为提高农业生产水平,防止土壤、水体等环境要素的污染,应特别注意合理施用化肥。

（1）对化肥中的污染物质监测检查。化肥生产的原料和在生产过程常混入各种微量环境污染物,且长期施用可能在土壤中累积,对此必须加以重视。例如,用硫铁矿制造的硫酸含砷 $490\sim1200\mathrm{mg/L}$;铅室法制造的硫酸含砷也较高,以这些硫酸为原料制造的硫酸钾、过磷酸钙等化肥含砷量也较高。

（2）肥料种类合理搭配。目前不少地区偏施氮肥,易造成土壤环境的酸化,应当做到根据土壤情况和作物需要,N、P、K平衡施用,同时配施某些微量元素肥料,这样有利于提高施肥效益,减少施肥量。

（3）采用合理的施肥量和施肥方法。目前,我国已有测土配方施肥、电子计算机控制施肥等较好的科学施肥方法,采用这些方法确定施肥种类、施肥量、施肥时期,可大大减少化肥的浪费,减少对环境的污染。在施肥时期和施用方法上,应尽量考虑提高肥料的利用率,减少损失,如氮肥深施、分次施;磷肥集中施,浸种、浸根;微肥叶面喷施等。

（4）发展缓效肥料,使用硝化抑制剂等。

（5）有机、无机结合,开发生物肥料。尽量采用有机肥源,适量配施无机肥料。

（6）合理排灌,减少水土流失。

三、控制工矿企业固体废弃物的排放和使用

（一）煤灰渣

燃煤电厂发电过程中,煤炭中的灰分一部分变成粉尘进入烟气中,通过除尘器捕集而得粉煤灰;另一部分灰在燃烧过程中熔融沉至炉底,成为炉渣。两者一起称为煤灰渣,煤灰渣中含有多种微量元素硼、铂等以及有害物质 Cd、Hg、Ni、苯并芘等。

（二）高炉渣和钢渣

高炉渣是在高炉炼铁时产生的,由矿石中的脉石、燃料中的灰分和溶剂(石灰石)中的非挥发物质组成,钢渣是炼钢过程中排出的废渣。我国每炼 1 吨钢,产生 $0.6\sim0.7$ 吨高炉渣,产生 0.2 吨左右的钢渣。

（三）尾矿、废石

采矿工业中,部分矿产资源是采用露天开采的,如我国的铁矿露天开采占 90%。露天采矿对表土的剥离量很大,且有很多废石、尾矿。每生产 1 吨炼铁精矿约产生 1.5 吨尾矿。废石、尾矿不仅要占用大量的土地,而且各种金属元素,经风吹雨淋还会直接污染土壤。

（四）有毒工业废渣

有毒工业废渣可造成局部地区土壤和其他环境要素的严重污染,另外,有些废渣可能

破坏土壤的理化、生物学性质,如硫铁矿废渣对土壤的酸化和硫污染。应严格对工业有害废渣的管理,加强法制建设,对造成污染的单位或个人应给以重罚,直至追究刑事责任。

四、避免城乡垃圾污染土壤

垃圾中的渣砾会使土壤砾质砂粒明显增加,使土壤分散度和非毛管孔隙增加,降低土壤的保水保肥能力,垃圾中的玻璃、塑料、金属碎片等也不利于田间耕作管理。垃圾会导致农田重金属污染,使土壤和农作物重金属含量增加。垃圾中的细菌、病虫和寄生虫卵可通过食物传给人体或直接传给农业耕作者。

为避免农田环境和土壤污染,必须杜绝垃圾外运过程中随便倒入农田或机耕道上,垃圾农用必须有组织有计划地进行;农用垃圾应用高温好氧堆肥法进行无害化处理,在使用前应进行分析化验,只有符合国家城镇垃圾农用标准的垃圾(肥)才能用于农田。

五、防止污染大气对土壤的侵害

土壤环境是一个开放的生态系统,与大气环境紧密相连,大气的污染(图 6-5)必然会影响到土壤环境质量。通过大气进入土壤的污染物主要来源于工业排放或漏出的有害气体和粉尘,生活燃煤排出的废气、粉尘和汽车尾气等。

图 6-5　大气污染严重

在工业上,按照《中华人民共和国环境保护法》的规定,"散发有害气体、粉尘的单位,要积极采取密闭的生产设备和生产工艺,并要装通风、吸尘和净化回收设备",应大力推广原料和水的闭路循环,使有害气体和粉尘不进入大气。发展和推广无毒工艺,从根本上减少和消除污染物质。同时,加强环境管理,以管促治,控制工业有害气体和粉尘的超标排放。在生活方面,由于我国城镇燃料结构仍以煤为主,分散于千家万户的炉灶和市区的矮烟囱,是煤烟粉尘污染的主要污染源。因此,应积极改变燃料构成,推广使用天然气、液化石油气、煤气和沼气等较干净的能源。应积极推广集体或区域供热,以减少燃煤量,便于废气、粉尘的集中处理。

在交通方面,应加强车辆管理,限制不合规定标准的车辆行驶。改进发动机的燃烧设计和提高汽油、柴油质量,使油料充分燃烧,从而减少尾气。同时应积极鼓励汽车排气管装上除烟过滤装置,发展和使用无铅汽油,以减少公路两侧土壤的污染。

知识拓展

与水体和大气污染相比，土壤污染具有哪些特点？

一是土壤污染具有隐蔽性和滞后性。大气污染和水污染一般都比较直观，通过感官就能察觉。而土壤污染往往要通过土壤样品分析、农作物检测，甚至人畜健康的影响研究才能确定。土壤污染从产生到发现危害通常时间较长。

二是土壤污染具有累积性。与大气和水体相比，污染物更难在土壤中迁移、扩散和稀释。因此，污染物容易在土壤中不断累积。

三是土壤污染具有不均匀性。由于土壤性质差异较大，而且污染物在土壤中迁移慢，导致土壤中污染物分布不均匀，空间变异性较大。

四是土壤污染具有难可逆性。由于重金属难以降解，导致重金属对土壤的污染基本上是一个不可完全逆转的过程。另外，土壤中的许多有机污染物也需要较长时间才能降解。

五是土壤污染治理具有艰巨性。土壤污染一旦发生，仅仅依靠切断污染源的方法则很难恢复。总体来说，治理土壤污染的成本高、周期长、难度大。

——中央政府门户网站：《环境保护部就〈土壤污染防治行动计划〉答问》

第五节　污染土壤的治理与修复

导　读

北京化工三厂作为化工生产基地近五十年，土壤中含有四丁基锡、邻苯二甲酸二辛酯、滴滴涕和重金属铅、镉等大量有害化学物质。2005年根据北京市规划委员会文件，该场地被规划为宋家庄经济适用房项目建设用地。委托北京金隅红树林环保技术有限公司进行修复，采用水泥窑焚烧固化处理技术和阻隔填埋处理技术共处理6.5万立方土壤。修复后的北京化工三厂土壤各项指标经北京市环保局检测，符合居民土壤健康风险评价建议值标准，该工程为国内首例污染土壤修复项目。

想一想：污染土壤修复的主要技术有哪些？

一、常用的治理方案

（一）工程物理法

1. 客土法

客土法是在被污染的土壤中加入大量非污染的干净土壤，覆盖在污染土壤表层或与之混匀,使土壤中污染物浓度降低,从而减轻污染危害。客土应选用土壤有机质含量丰富的黏质土壤,这样有利于增加土壤环境容量,减少工程量。

2. 隔离法

隔离法就是用各种防渗材料,如水泥、黏土、石板、塑料等,把污染土壤就地与非污染土壤或水体分开,以阻止污染物扩散到其他土壤和水体的方法。

3. 清洗法

清洗法也称水洗法,就是采用清水灌溉稀释或洗去土壤中污染物质,污染物被冲至根外层的方法。要采取稳定络合或沉淀固定措施,以防止污染地下水,并且这种方法只适用于小面积严重污染土壤的治理。

(二)化学法

1. 施用改良剂

施用改良剂治理土壤污染的主要作用是降低土壤污染物的水溶性、扩散性和有效性,从而降低污染。

2. 电化法

电化法也称电动力学法,就是应用电动力学方法除去土壤中污染物的方法,国外已有采用电化法净化土壤中重金属及部分有机污染物的报道。这种方法适用于透水性差的黏质土壤,对砂性土壤污染不宜采用这种方法。

3. 热解法

热解法就是把污染土壤加热,使土壤中污染物分解的方法。这种方法针对能够热分解的有机污染物,如石油等。

(三)生物法

生物法就是利用生物,包括某些特定的动、植物和微生物较快地吸走或降解净化土壤中污染物质,从而使污染土壤得到治理的技术措施。在现有的土壤污染治理技术中,生物措施也称生物修复技术措施,被认为是最有生命力的方法。

(1)利用微生物作用分解降低土壤中污染物毒性土壤中的微生物具有范围很宽的代谢活性,对于被污染的土壤,可以通过提高土壤微生物的代谢条件,人为增加有效微生物的生物量和代谢活性,或添加针对性的高效微生物来加速土壤中污染物的降解过程。

(2)利用植物对污染土壤进行修复某些植物对土壤中某种或某些污染物具有特别强的吸收能力,可利用它们来降低土壤污染物浓度。根据现有的研究资料发现,禾本科、石竹科、茄科、十字花科、蝶形花科、杨柳科等植物具有这一特性。

植物修复是近年来世界公认的非常理想的污染土壤原位治理技术,它具有物理修复和化学修复所无法比拟的优势,具体表现在以下几个方面。

① 修复植物可以绿化污染土壤,使地表稳定,防止污染土壤因风蚀或水土流失而带来污染扩散问题。

② 利用修复植物的提取、挥发、降解作用可以永久性地解决土壤污染问题。

③ 修复植物的蒸腾作用可以防止污染物质对地下水的二次污染。

④ 植物修复是可靠的、对环境相对安全的技术。

⑤ 植物修复成本低,技术操作比较简单,容易大范围内实施。

⑥ 经植物修复过的土壤,其有机质含量和土壤肥力都会增加,一般适于农作物种植,符合可持续发展战略。

（3）生物法土壤中存在着蚯蚓和其他丰富的小型动物种群,如线虫纲、蜈蚣目、蜘蛛目、土蜂科等,均对土壤中的污染物有一定的吸附和富集作用,可以从土壤中带走部分污染物。

二、土壤无机污染的治理

土壤的无机污染治理中,无机毒素的治理,特别是重金属污染的治理是重中之重。

（一）镉（Cd）污染防治

土壤镉污染的防治对策重点在于防,而不在于治。因为进入土壤中的镉,常常累积于表层土壤,而很少发生输出迁移,也不可能像有机污染物那样可能发生降解作用。对被镉污染的土壤,迄今还没有发现经济有效的改造措施。这是一个严峻的事实。因此,控制镉污染源,减少镉污染物的排放是最中心和最关键的对策。对于已经发生的镉污染,常采用以下措施加以治理。

（1）客土或换土可使高背景值或污染区土壤中镉的浓度下降,但这种措施的费用太高。

（2）使用有机肥料,可以增加土壤中腐殖质含量,使土壤对镉的吸持能力增强,增加了土壤容量,从而减少植物的吸收。同时,腐殖酸是重金属的螯合剂,在一定条件下能和镉结合固定,从而降低土壤中镉元素含量和毒害。研究发现,在镉污染土壤中施入不同量的有机肥并配合淋洗措施,可使 Cr^{6+} 转化为 Cr^{3+},降低毒性。土壤中有效态镉的含量明显降低。

（3）在土壤中加入生石灰等物质,提高环境 pH,形成氢氧化镉沉淀,最终降低镉金属在土壤中的有效态含量。

（4）在镉污染的土壤中加入磷酸盐类物质使之生成磷酸镉沉淀,适用于水田镉污染治理。

（5）用清水等把污染物冲至根外层,再用含有一定配体水的化合物或阴离子与重金属形成较稳定的络合物或生成沉淀,以防止污染地表水。

（6）种植富镉植物如苋科植物,以吸收污染土壤中的镉,通过收获而带走一部分镉,为一种尝试性的镉污染防治对策。

（二）砷（As）污染防治

（1）切断污染源从引起土壤砷异常的原因着手,首先要切断土壤砷的输入途径,尤其对人为活动引起的土壤砷污染,加强各种污染源的治理,杜绝污染物进入土壤之中。

（2）提高土壤对砷的吸附和固定能力施加砷的吸附剂,促使土壤对砷的吸附,减少植物对砷的吸收。如在旱田使用堆肥，在桃树果园中施加硫酸铁，都可提高土壤吸附砷的能力；或在土壤中施加硫粉，降低土壤 pH；或加强土壤排水，采用畦田耕作，促进土壤通气等，均能提高土壤固砷能力，降低砷的活性。

（3）降低砷活性施加使砷沉淀的物质，如施 $MgCl_2$ 可使土壤污染性砷形成 $Mg(NH_4)AsO_4$ 沉淀，从而降低砷的活性。

（4）客土或换土法。客土法就是向砷污染土壤中加入大量的干净土壤，覆盖在表层或混匀，使污染物浓度降低或减少污染物与植物的接触，从而达到减轻危害的效果。换土法就是把砷污染土壤取走，换入新的干净的土壤。对换出的土壤必须深埋，妥善处理，以防止二次污染。

（三）汞（Hg）污染防治

（1）对已受汞污染的土壤，可施用石灰—硫黄合剂，其中的硫是降低汞由土壤向作物迁移的一种有效方法。在施入硫以后，汞被更加牢固地固定在土壤中。

（2）施用石灰以中和土壤的酸性，可降低作物根系对汞的吸收。当土壤 pH＞6.5 时，可形成难溶解的汞化合物——碳酸汞、氢氧化汞或水合碳酸汞。石灰的施入不仅能将汞变成难溶性的化合物，而且钙离子能与任何微量的汞离子争夺植物根际表面的交换位，从而减少了汞向作物体内的迁移量。

（3）施用磷肥由于汞的正磷酸盐较其氢氧化物或碳酸盐的溶解度小，所以施用磷肥也是降低土壤中汞化合物毒害作用的一种有效方法。

（4）施入硝酸盐，可使土壤内汞化合物的甲基化过程减弱，从而减少汞向作物体内的迁移及毒害。

（5）水田改旱田从一些地区的污染调查结果来看，土壤含汞量对水稻糙米中汞的残留量影响较大，而对一些旱田作物如小麦、大豆、麻等的影响较小。因此可以采用水田改旱田的措施进行防治。

（四）铅（Pb）污染防治

铅在土壤中的移动性差，外源铅在土壤中的滞留期可达上千年，土壤铅污染的防治已在世界各国受到了普遍重视。

（1）切断污染源土壤铅污染主要是通过空气、水等介质形成的二次污染。因加铅汽油的使用是形成全球性铅污染的重要原因，故近年来不少国家已在着手减少或区域性禁止使用加铅汽油。铅污染的另一主要来源是冶炼厂或矿区的烟囱和其他设施排放高浓度含铅尘埃。由于含铅尘埃中细微颗粒可在空中停留几小时到几天，从而使铅尘可远距离传输，扩大污染区域。严格按照空气质量标准改善并控制污染源区空气环境质量，是防止形成厂、矿区域性土壤环境铅污染的重要保证。不合理的污水灌溉可形成灌区大面积土壤铅污染，我国已颁布了农田灌溉水水质标准，严禁未经处理或处理但不符合灌溉水标准的污水灌田。

（2）换土法对于严重铅污染土壤，利用外源铅主要分布在表层的特点，国外有采取换土清污的办法。这种消除铅污染的方法，耗资太大，不宜大面积应用。

（3）调节土壤酸碱性土壤体系的酸碱度总体上对铅的吸收和迁移影响明显,土壤 pH 越低,土壤铅的有效态含量越高,越有利于植物吸收。

（4）施有机与无机肥料土壤中某些元素在生物化学作用中与铅的抗性可显著地影响植物对铅的吸收。土壤贫磷、硫时,植物对铅的吸收明显地增加。

（5）植物措施。植物对铅的吸收转化能力随植物种类而异,主要取决于植物的遗传因素。在环境铅污染监测中,已发现水生、陆生植物中均有某些属种对铅有特殊富集功能,这些植物已被成功地用作环境铅污染的"生物监测器"。

三、土壤有机污染的治理

由于化石燃料的燃烧、石油的泄漏、工业污水和污泥的农用、工农业固体废弃物的堆放以及农药的广泛使用,致使邻苯二甲酸酯、多环芳烃、有机氯和有机磷农药等有机污染物直接或间接进入土壤环境,并因其具有脂溶性易被土壤颗粒吸附,长时间残留于土壤中。这些有机物中有不少是致癌、致畸或致突变物质,存留于土壤中不仅可以使农作物减产甚至绝收,还可以通过植物或动物进入食物链,给人类生存和健康带来严重影响。因而土壤有机污染物的修复研究和治理技术开发也是当前国内外环境保护研究的热点。总结国内外近几十年来有关土壤有机污染的治理或修复方法,可归纳为物理、化学以及生物修复等 3 种,其中生物修复法因具有成本低、无二次污染、可大面积应用等特点而受到人们的重视,处理效果也相对较好。

（一）物理修复技术

有机污染的治理,除了常用的客土法、热处理法等一般的方法外,还有如下多种方法。

（1）通风去污法主要是针对石油泄漏造成的土壤污染而发展起来的一种新方法。由于有机烃类有着较高的挥发性,因此可通过在污染地区打井,并引发空气对流加速污染物的挥发而清除土壤污染。

（2）真空分离法是通过在有机污染土壤地区开挖竖井,利用压差原理和空气对污染物的吸附作用,注入空气介质,使含有污染物的混合气体从另一竖井排出,经由活性炭的处理后实现污染土壤的治理。这种方法对挥发性污染物的处理效果较好。

（3）水蒸气剥离法是一种使土壤中有机污染物脱离土壤吸附的有效方法,它是进行大规模土壤多环芳烃污染治理的基础技术的一部分。其基本实验流程为:高温水蒸气通入泥浆反应器,在水蒸气的剥离作用下,含有污染物的土壤颗粒裂解成更小的微粒,吸附在土壤上的有机污染物随即与土壤脱离。

（二）化学修复技术

（1）焚烧法是最为常用的有机污染土壤的治理方法。该方法是通过工程措施把污染土壤集中起来,并利用有机污染物高温易分解的特点,通过焚烧达到去除污染的目的。不过处理后土壤理化性质受到破坏,且处理费用高,易造成二次污染。

（2）化学清洗法是指用一定的化学溶剂清洗被有机物污染的土壤,将有机污染物从土壤中洗脱下来,从而达到去除污染物的方法。

① 表面活性剂清洗法：表面活性剂清洗法是利用表面活性剂改进疏水性有机化合物的亲水性能而促进吸附在土壤上的有机污染物的解吸和溶解，被广泛应用于土壤有机物污染的治理中。

② 有机溶剂清洗法：有机溶剂清洗法是通过萃取的原理清除土壤中的有机污染物。已有研究表明，有机溶剂清洗法治理被农药（如滴滴涕）污染的土壤效果较好，在溶剂、土壤比为 1∶6 时去除农药效果可达到 99％。

③ 超临界水蒸气萃取法：超临界水蒸气萃取法是为解决土壤中的有机污染物含量低、基体复杂、不易分析等困难而发展起来的。研究表明它对于复杂样品中的微量有机污染物的萃取显示出了高效、快速、后处理简单的优点，因而被用于土壤污染物的清除，是一种具有发展前景的技术。

（3）光化学降解法。由于光化学降解法具有高效和污染物降解完全等传统处理方法没有的优点，日益受到人们的重视。光降解用于土壤污染的治理主要集中在农药的降解上，国内这方面的工作主要集中在降解动力学及其影响因素方面的研究。

（4）化学栅防治法。化学栅是一种既能透水又具有较强的吸附或沉淀污染物能力的固体材料。能够用于去除有机污染物的是吸附栅，其材料一般有活性炭、泥炭、树脂、有机表面活性剂和高分子合成材料等。土壤有机污染的化学栅防治法是把吸附栅放置于污染土壤次表层的含水层，使污染物吸附在固体材料内，从而达到控制有机污染物的扩散并对污染源进行净化的目的。化学栅近十年来开始受到人们的重视，并逐渐应用于土壤污染防治中，不过在化学栅的实际应用中存在化学栅的老化以及化学栅模型的精度有待进一步提高等问题，因而受到一定限制。

（三）生物修复技术

生物修复技术就是利用某种特定的生物（动物、植物和微生物）的生命代谢过程，较快地吸走或降解土壤中的污染物质，以达到净化土壤的目的。生物修复法有着物理方法和化学方法无可比拟的优越性，其优点为修复时间较短，人类直接暴露在这种污染物下的机会减少；处理费用低，处理成本只是物化方法的 1/3～1/2；处理效果好，不会造成二次污染，不破坏植物生长所需要的土壤环境；处理操作简单，可以就地进行处理等。根据生物修复技术所采用的主要生物类型，生物修复法又可分为植物修复、微生物修复以及动物修复法 3 种。

1. 植物修复法

有机污染的植物修复是利用植物在生长过程中吸收、降解、钝化有机污染物的一种原位处理污染土壤的方法，是一种经济、有效、非破坏型的修复方式，被认为是一种有潜力的自然的土壤修复技术。植物对有机污染土壤的修复作用主要表现在植物对有机污染物的直接吸收、植物释放的各种分泌物或酶对有机污染物生物降解的促进作用以及植物根际对有机污染物矿化作用的强化等方面。

（1）植物对有机污染的直接吸收作用：植物可从土壤中直接吸收有机污染物。进入植物体内的有机污染物，一部分在植物根部富集或迁移到植物其他部分，并在植物的生长代谢活动中发生不同程度的转化或降解，而后转化成对植物无害的物质；一部分通过植物的蒸腾作用挥发到大气中;一部分被完全降解、矿化成二氧化碳和水。植物吸收是利用植物去除环境中等亲水性有机污染物的一个重要机制,有关有机污染的植物吸收研究,主要集中在多环芳烃、农药以及环境中的大多数 BTEX 化合物、含氯溶剂和短链的脂肪化合物的去除方面。这一方法的修复效果取决于植物的吸收效率、蒸腾速率以及污染物在土壤中的浓度等因素,因而对于不同的污染物而言所选用的植物及其他环境因素均需具体分析。

(2) 植物释放的分泌物和酶对有机污染物的直接或催化降解:植物可释放一些物质到土壤中,以利于降解有毒化学物质,并可刺激根际微生物的活性,同时为有机污染物提供大量共代谢基质。这些物质包括酶及一些有机酸,它们与脱落物(糖、醇、蛋白质等)一起为根际微生物提供重要的营养物质,促进根际微生物的生长和繁殖,从而使有机污染物的降解增加。另外,植物释放到根际的酶还可以直接降解有机污染物,如硝酸还原酶、脱卤素酶以及漆酶等对含硝基的有机污染物、农药、含氯有机物等的降解就已被一些研究所证实。

(3) 植物根际强化有机污染物的矿化作用:植物(如黑麦草、韭葱,玉米、三叶草和豇豆)根际菌根均能增加根际污染物的矿化率和强化污染土壤的修复效果。

2. 微生物修复法

微生物修复法是利用微生物的氧化、还原、分离以及转移污染物的能力使污染的土壤部分或完全恢复到原初状态。应用微生物修复有机污染的方法有 3 种:原位修复技术、异位修复技术和原位—异位修复技术。

(1) 原位修复技术是在不破坏土壤基本结构的情况下,在原位和易残留部位进行的生物处理,其修复过程主要依赖于被污染土地自身微生物的自然降解能力和人为创造的条件。该技术适用于渗透性好的不饱和土壤的生物修复,主要包括以下几种方法。

① 投菌法:直接向遭受污染的土壤中接入外源的污染物降解菌,并提供这些细菌生长所需的营养物质,如常量和微量营养元素,从而达到将污染物就地降解的目的。

② 生物培养法:通过定期向土壤投加氧或过氧化氢以及营养物作为微生物氧化的电子受体,以满足土壤中降解菌和土著微生物的代谢活动,从而将污染物完全矿化为二氧化碳和水的方法。这一方法在处理阿拉斯加海湾石油泄漏事故时得到了成功应用。

③ 生物通气法:这是一种强迫氧化的生物降解方法。在污染的土壤上打至少两口井,安装上鼓风机和抽真空机,将空气强排入土壤,然后抽出,土壤中有毒挥发物质也随之去除。在通入空气时另加入适量的氨,可为微生物提供氮源而增加其活性。早期有人利用生物通气法处理过石油对土壤所造成的污染,发现通气法带入的氧量很大,可使生物降解过程明显加快。生物通气法由于受到土壤结构的制约,因而它只适合于具有多孔结构的土壤污染的处理。

④ 农耕法:这一方法是通过对污染土壤进行耕耙,在处理过程中施入肥料,进行灌溉,用石灰调节酸度等尽可能为微生物代谢污染物提供一个良好环境,保证污染物在各个层次上的降解。该方法结合农业措施,经济易行,不过操作时污染物易发生迁移,因而只适应于土壤渗透性差,土壤污染较浅,污染物较易降解的土壤污染处理。

(2) 异位修复技术要求把污染的土壤挖出,集中它处进行生物修复处理。不过这种污染介质的移动是低限度的,一般适合于污染物含量极高、面积较小的地块。该技术主要包括以下几种方法。

① 预制床法:这一方法的基本操作流程是在不泄漏的平台上铺上石子和砂子,将受污染的土壤以 15~30cm 的厚度平铺在平台上,加上营养液和水,或加入表面活性剂,定期翻动充氧,并对渗滤液回灌,以完全清除污染物。该方法实质上是农耕法的一种延续,但是它降低了污染物的迁移。

② 堆肥法:是生物治理的重要方式,是传统堆肥和生物治理的结合,可用于受到石油、洗涤剂、多环芳烃、农药等污染土壤的修复处理。它是依靠自然界广泛存在的细菌、放线菌、真菌等微生物,有控制地促进可被生物降解的有机物向稳定的腐殖质转化的生物化学过程。一般方法是将土壤和一些易降解的有机物,如粪肥、稻草、泥炭等混合堆制,并配合机械翻动和压力系统充氧,另加石灰调节酸度,经发酵处理使大部分污染物降解。国内外利用堆肥法对多环芳烃污染以及石油烃类物质污染土壤进行的处理或研究较多,并取得了较好的效果。目前堆肥法主要包括风道式堆肥处理、好氧静态堆肥处理和机械堆肥处理 3 种,其中以机械式堆肥最易控制,可以间歇或连续运行。

③ 生物反应器法:这是用于处理污染土壤的特殊反应器,通常为卧式鼓状的、气提式、分批或连续培养,可建在污染现场或异地处理场地。生物反应器法的工艺类似于污水生物处理方法,其基本流程为把污染土壤移到生物反应器中,加 3~9 倍的水混合使其呈泥浆状,同时加必要的营养物质和表面活性剂,泵入空气充氧,剧烈搅拌使微生物与污染物充分混合,降解完成后,快速过滤脱水。有关生物反应器法对污染土壤的处理,近年来的模拟研究越来越多,尤其集中在土壤中多环芳烃和邻苯二甲酸酯污染的降解效果和调控因子方面。生物反应器法的处理效果和修复效率都优于其他方法,是污染土壤生物修复的最佳技术。因为它能满足污染物生物降解所需的最适宜条件,获得最佳的处理效果,但费用高,并且对高分子量的多环芳香烃治理效果不理想,因而仍停留在实验阶段。

④ 厌氧处理法:已有的研究证明,厌氧处理法对某些污染物如三硝基甲苯、多氯联苯、有机氯农药的处理效果更为理想。近年来,已有人把这一方法应用到土壤邻苯二甲酸酯和多环芳烃污染的修复试验和降解动力学研究上。

(3)原位—异位修复技术是为了克服单一修复技术的缺点,更大幅度地提高污染土壤修复效果而在实践中广泛采用的一种修复技术,一般保持原位修复技术的基本特征。只有原位进行修复存在有较大的难度,或者目标场所中污染物质的浓度过高,甚至可能对引入生物产生一定的毒害作用时才考虑采用的工程辅助手段,将实施修复场所中的部分污染物质引出,然后将其转移到生物反应器或其他净化设施中进行净化。

3. 动物修复法

动物修复法是利用土壤中的一些动物,如蚯蚓和某些鼠类等,对土壤中有机污染物的吸收和富集以及自身的代谢转化,使有机污染物分解为低毒或无毒产物。有关这方面的研究,主要体现在对农药污染的去除方面。此外,土壤中还存在着丰富的小型动物种群,如线虫纲、蜈蚣目、蜘蛛目、土蜂科等,均对土壤中的污染农药有一定的吸附和富集作用,可以从土壤中带走部分农药。

知识拓展

污染土壤修复技术正在向着绿色与环境友好的生物修复技术方向发展,从单一向联合修复技术的发展,从异位向原位修复技术的发展,从纯修复技术本身向土壤修复决策支持系统以及后评估技术发展。与此同时,土壤污染修复逐步与植物生长促进和植物管理相结合。注重污染修复效果评价和经济效益评估。主要利用如植物玉米、向日葵、烟草和水稻以及动物蚯蚓等评价修复效果和进行污染物的监测;经济效益评估旨在为修复技术筛选和应用等修复决策提供参考依据。以后的土壤修复技术会越来越与环境友好型进行。

本 章 小 结

本章介绍了地球上土壤的组成和性质;详细介绍了土壤污染物的主要来源及其分类;阐述了我国土壤污染的现状及发展趋势;详述了土壤污染主要的预防和治理修复技术方法。要求掌握土壤净化的概念、掌握土壤污染的主要来源,了解土壤污染防治的基本技术等重点。

思 考 题

(1) 土壤的主要组成是什么?

(2) 土壤有哪些主要性质?

(3) 什么是土壤环境背景值和土壤环境容量?

(4) 土壤污染物的主要来源有哪些?

(5) 试简述我国土壤环境质量状况。

(6) 土壤污染治理常用的方法有哪些?

拓展阅读

第七章

固体废弃物的处置与利用

固体废弃物处置是指最终处置或安全处置,是固体废弃物污染控制的末端环节,是解决固体废弃物的归宿问题。一些固体废弃物经过处理和利用,总还会有部分残渣存在,而且很难再加以利用,这些残渣可能又富集了大量有毒有害成分;还有些固体废弃物,目前尚无法利用,它们都将长期地保留在环境中,是一种潜在的污染源。为了控制其对环境的污染,必须进行最终处置,使之最大限度地与生物圈隔离。

第一节　固体废弃物的分类及危害

> **导　读**
>
> 　　2011—2012 年,在江苏省仪征市的古井、谢集、大仪等乡镇,接连发生了倾倒化工废渣的污染事件。不法之徒,乘借夜幕掩护和旷野人烟稀少之际,动用机动车辆将黑色焦油状的化工废渣,倾倒在乡村的公路两侧和荒坡上。一堆堆化工废渣,散发出强烈的刺鼻气味,造成周围土壤严重污染,农作物和草木纷纷被灼焦死亡。先后有 6 棵 10 多米高的杨树,被废渣散发的强烈气体蒸死,而行人或耕作的农民接近废渣后,立即会感到头昏眼花,皮肤上则有一种强烈的刺痛感。
>
> 　　想一想:
> 　　(1) 此起事故的发生原因是什么?
> 　　(2) 固体废弃物是如何污染环境、破坏生态的?
> 　　(3) 固体废弃物有哪些基本特征?

一、固体废弃物的概念

固体废弃物是指在生产、生活和其他活动中产生的丧失原有利用价值或者虽未丧失利用价值但被抛弃或者放弃的固态、半固态和置于容器中的气态的物品、物质以及法律、行政法规规定纳入固体废弃物管理的物品、物质。

固体废弃物的基本特征:资源和废弃物的相对性(时空性、二重性);富集终态和污染源头("宿""源");危害具有潜在性、长期性和灾难性;呆滞性大,扩散性小;最难处置的环境问题;最具综合性的环境问题;最晚得到重视的环境问题;最贴近生活的环境问题。

固体废弃物是相对某一过程或某一方面没有使用价值。在某个阶段,由于技术水平未达到能够从固体废弃物中回收有用成分,所以把固体废弃物抛弃或者放弃;当技术水平达到能够回收利用固体废弃物中的有用物质,固体废弃物就是一种资源。所以,固体废弃物具有时空性和二重性的特征。一种过程的废弃物随着时空条件的变化,往往可以成为另一种过程的原料,所以固体废弃物是一种暂时被"放错地点的原料"。

二、固体废弃物的分类

固体废弃物的分类方法很多,按其组成可分为有机废弃物和无机废弃物;按其危害状况可分为危险废弃物、有害废弃物和一般废弃物;按其形态可分为固态废弃物、半固态废弃物、气溶胶废弃物;按其来源可分为工业固体废弃物、农业固体废弃物、城市垃圾、非常规来源固体废弃物和危险固体废弃物。

危险废弃物具有腐蚀、腐败、剧毒、传染、自燃、锋刺、放射性等有毒有害,我国将危险废弃物分为50大类共480种。有毒有害危险废弃物成分复杂,对生态环境和人类健康构成了严重威胁。被称为动植物和人类生存"杀手"的废电池、废灯管和医院的特种垃圾,都列入了国家危险废弃物名录。

除了危险废弃物外,还有有害废弃物和一般废弃物。危险废弃物含有毒物质,有害废弃物含有害成分,有害成分未超标的固体废弃物归类为一般废弃物。三种固体废弃物处理处置方法不一样。

三、固体废弃物的污染途径

固体废弃物呆滞性大,扩散性小,它对环境的影响主要是通过水、气和土壤进行。侵入人体的具体途径随废弃物的丢弃方式和其性质不同而异。常因随意堆放、二次污染、雨水侵入、挥发性污染物扩散等原因产生污染。

四、固体废弃物的危害

固体废弃物产生源分散、产量大,排放(固体废弃物数量与质量)具有不确定性与隐蔽性,组成复杂、形态与性质多变。特别是含有有害成分的固体废弃物、传染性与致病性的生活垃圾、含有生物污染物富集的医院垃圾、含有难降解或难处理的物质,这些固体废弃物在其产生、排放和处理过程中对资源、生态环境、人们身心健康造成危害,甚至阻碍社会经济的持续发展。具体危害包括破坏生态、污染环境、资源大量浪费、造成人的精神伤害等问题,煤矿固体废弃物的危害、含气溶胶固体废弃物的危害还具有一定特殊性。

知识拓展

固体废弃物是指在生产、生活和其他活动过程中产生的,丧失原有的利用价值,或者虽未丧失利用价值,但被抛弃或者放弃的固体、半固体和置于容器中的气态物品。也因此,进口固体废弃物俗称"洋垃圾"。

在改革开放初期。当时,我国工商业快速发展,为了缓解原料不足,开始从境外进口可用作原料的固体废弃物。依据《固体废弃物进口管理办法》规定,我国目前进口较多的固体废弃物主要包括废塑料、废纸、有色金属、废钢铁、废五金、冶炼渣、废纺织原料、废船舶等。

但是,固体废弃物终究是环境污染源,除了直接污染,还经常以水、大气和土壤为媒介污染环境。在补充低价原料的同时,进口固体废弃物也给我国生态环境带来了不小的压力。

2021年1月1日起,我国将禁止以任何方式进口固体废弃物,禁止我国境外的固体废弃物进境倾倒、堆放、处置。

第二节　固体废弃物污染的综合处理和处置

导读

在《中华人民共和国固体废弃物污染环境防治法》中,对处置作了明确定义:处置是指将固体废弃物焚烧和用其他改变固体废弃物的物理、化学、生物特性的方法,达到减少已产生的固体废弃物数量、缩小固体废弃物体积、减少或者消除其危险成分的活动,或者将固体废弃物最终置于符合环境保护规定要求的填埋场的活动。固体废弃物处理则没有明确的定义,处理更多是强调过程和方法,处置更多的是强调活动及最终的消纳。

想一想:有哪些处置常见固体废弃物的方法呢?

一、控制固体废弃物污染的途径

一是减少排放量;二是科学合理处理处置。固体废弃物处置是指当前技术条件下,无法继续利用的固态污染物终态,由于其自行降解能力微弱,可长期停留在环境中,为防止这些固体污染物对环境的影响,把它们置于安全可靠的场所活动。

固体废弃物处置原则:分类处置危险废弃物、有害废弃物、一般废弃物;有毒有害废弃物最大限度与生物圈相隔;固体废弃物集中处置。

固体废弃物如果含有害成分不超标,一般不需要预处理,可直接处置。如矿山尾矿直接堆存在尾矿库;城市生活垃圾直接压实填埋;危险废弃物则不然,必须经过化学预处理或固化预处理,才能最终填埋处置。

压实是一种通过对固体废弃物实行减容化、降低运输成本、延长填埋场寿命的预处理技术。压实是一种普遍采用的固体废弃物的预处理方法,如报废汽车、易拉罐、塑料瓶等适于压实减少体积,便于运输或进一步处置。某些可能引起操作问题的废弃物,如焦油、污泥或液体物料,不宜作压实处理。

二、控制固体废弃物污染的技术政策

我国固体废弃物处理利用的发展趋势是从无害化走向资源化,资源化以无害化为前提,无害化和减量化则应以资源化为条件,并在相当长的时间内以无害化为主。

(一)资源化

回收利用是对固体废弃物进行资源化的重要手段之一,利用是对固体废弃物的再循环利用,回收能源和资源。对工业固体废弃物的回收,必须根据具体的行业生产特点而定,还应注意技术可行、产品具有竞争力及能获得经济效益等因素。

固体废弃物资源化包括三方面内容:物质回收——从固体废弃物回收二次资源;物质转换——利用废弃物制取新形态的物质;能量转换——从废弃物处理过程中回收能量,生产热能或电能。

(二)减量化

减量化是对已经产生的固体废弃物进行分选、破碎、压实浓缩、脱水等,使固体废弃物数量大大减少。通过适宜的手段减少固体废弃物产生量和排放量,使固体废弃物的容积降到最低值,减低处理成本,减少对环境的污染。

通过两种手段实现减量化:一是从生产源头减少固体废弃物产生,通过清洁生产工艺实现资源综合利用和减少固体废弃物排放;二是对已产生的固体废弃物进行末端处置以实现减容。如通过压缩、打包、焚烧和资源化利用达到减容目的。

减量化是防止固体废弃物污染环境优先考虑的措施,即在"三化"中,首先要考虑如何减量化。

(三)无害化

固体废弃物的无害化处置是指经过适当的处理或处置,使固体废弃物或其中的有害成分无法危害环境,或转化为对环境无害的物质。常用的方法有焚烧法、堆肥法、热解气化法等。

各种无害化处理手段的通用性有限,其优劣往往不是由技术、设备本身所决定。固体废弃物无害化处理手段的选择,根据当地的城市发展水平、垃圾的成分组成等因素,因地制宜综合考虑。

依据上述原则,可以将固体废弃物从产生到处置的全过程分为五个连续或不连续的环节进行控制。其中,各种产业活动中的清洁生产是第一阶段,在这一阶段,通过改变原材料、改进生产工艺和更换产品等控制减少或避免固体废弃物的产生;在此基础上,对生产过程中产生的固体废弃物,尽量进行系统内的回收利用,这是管理体系的第二阶段;对于已产生的固体废弃物,则通过第三阶段,系统外回收利用;第四阶段,无害化、稳定化处理;第五阶段,进行固体废弃物的最终处置。

知识拓展

在《中华人民共和国固体废弃物污染环境防治法》中，对处置作了明确定义：处置是指将固体废弃物焚烧和用其他改变固体废弃物的物理、化学、生物特性的方法，达到减少已产生的固体废弃物数量、缩小固体废弃物体积、减少或者消除其危险成分的活动，或者将固体废弃物最终置于符合环境保护规定要求的填埋场的活动。固体废弃物处理则没有明确的定义，处理更多是强调过程和方法，处置更多是强调活动及最终的消纳。

——《中华人民共和国固体废弃物污染环境防治法》

第三节 常见固体废弃物的处置方法

导 读

上海市固体废弃物处置中心（二期）工程项目以最高标准、最高水平打造刚性填埋库智慧填埋作业系统，计划 2022 年建成。

作为上海环境"十四五"开局的首个工程项目，该工程由上海市固体废弃物处置有限公司投资建设，设计规模 25 万吨/年，总库容 505 万立方米，计划投资 10.7 亿元。工程将开创性建设国内首座半地下双层刚性填埋库，单位面积库容达到 10 立方米/平方米远高于国内平均水平 3～4 立方米/平方米，实现土地资源的充分利用。

——新民晚报：《上海固体废弃物处置中心二期 2022 年建成为国内首座半地下双层刚性填埋库》

想一想：

(1) 题目中如何处置固体废弃物的？

(2) 除此之外，还有哪些方法可以处置固体废弃物？

一、焚烧法

固体废弃物处理的基本思想是采取资源化、减量化和无害化的处理，对固体废弃物产生的全过程进行控制。

固体废弃物处理和固体废弃物处置原则上没有什么区别，如固体废弃物焚烧，既是处理，也是处置。焚烧处置了大部分固体废弃物，使其转化为灰渣、飞灰，灰渣和飞灰需要固化或稳定化处理后再填埋处置。所以，焚烧是处置，填埋也是处置，固化或稳定化是预处理。

焚烧是热处理方法之一，热处理是利用高温破坏或改变固体废弃物的组成和结构的过程，包括焚烧、热分解、湿法氧化和烧结等。用热处理法处理固体废弃物可同时达到减容、无害化和综合利用的目的。对于含可燃成分较多或所含成分热值较高的固体废弃物更为适用。

二、化学法

化学法即采用化学方法破坏固体废弃物中有害成分的结构，使之达到无害化，或将其转变成适于进一步处理或处置的形态。通过固体废弃物发生化学转换回收有用物质和能源。煅烧、焙烧、烧结、溶剂浸出、热分解、焚烧、电离辐射等，都属于化学处理方法。

由于化学反应过程复杂，影响因素较多，通常只用在所含成分单一，或几种成分化学性质相近的废弃物处理方面。对于混合废弃物，化学处理方法一般难于达到预期目的。化学处理方法包括氧化、还原、中和、化学溶出和化学沉淀等。有些有害废弃物经过化学处理后，可能会产生富含有害成分的残渣，应对其进行无害化处理或安全处置。

三、分选法

分选法的目的是将有用的成分选出来，加以利用；将有害的成分分离出来；防止损害处理，利用其他处理设施或设备。如利用选矿重选设备可以分离高密度有用物质；利用选矿磁选设备，可以分离磁性物料。

固体废弃物分选是实现固体废弃物资源化、减量化的重要手段，通过分选将有用物质充分选出来加以利用。根据固体废弃物不同性质，可设计制造各种机械对固体废弃物进行分选。

四、固化法

固化处理是用物理、化学方法，将有害废弃物掺合并包容在密实的惰性基材中，使其稳定化的一个过程。固化过程有的是将有害废弃物，通过化学转变或引入某种稳定的晶格中的过程；有的是将有害废弃物用惰性材料加以包容的过程；有的兼有上述两种过程。如水泥固化、沥青固化和玻璃固化等。固化处理的对象主要是有害废弃物和放射性废弃物。由于处理过程中需加入固化基材，因而固化处理后所得固化体的容积比原来废弃物容积要大，但对环境的危害性大为减少，因而能较为安全地运输和处置。

固化/稳定化处理是利用水泥、沥青等胶结材料，将松散的废弃物胶结包裹起来，减少有害物质从废弃物中向外迁移、扩散，使得废弃物对环境的污染减少。

五、生物法

生物处理是利用微生物分解固体废弃物中可降解的有机物，达到无害化或综合利用的目的。经过生物处理的固体废弃物在组成、形态和容积等方面均发生很大变化，更适于运输、储存、利用和处置。与化学处理相比，生物处理在经济上一般更合理，但处理过程所需时间较长，处理效率有时不够稳定。生物处理方法有好氧处理，如堆肥法；厌氧处理，如厌氧发酵制沼气；还有兼性厌氧处理、纤维素糖化和细菌浸出等。

堆肥法是利用微生物对有机废弃物进行分解腐熟作用，将不稳定的有机质转变为较为稳定的有机质而形成肥料，并利用生物发酵过程产生的温度杀死有害微生物，达到无害化卫生标准的垃圾处理技术。堆肥是我国农村处理垃圾采用较多的方法。这是因为一方面我国农村数千年来有着堆肥的习惯；另一方面农村需要有机肥料。垃圾中的有机物经过堆肥过程的生物代谢，成为较为稳定的有机残渣，不会再腐败发臭。在堆肥过程中，达到杀菌灭卵，实现无害化、减量化。堆肥处理技术有厌氧、好氧和静态、动态之分，一般都采用好氧动态和好氧静态等方法。堆肥处理农村垃圾，对环境的影响远比填埋、焚烧小，但要注意的是重金属含量必须加以控制，以防止污染土壤。

随着经济的发展，产生的废弃物越来越多。作为可利用和回收的资源，采用堆肥技术处理固体废弃物和污泥正变得越来越广泛。据报道，美国采用堆肥技术处理污泥的厂家越来越多。堆肥法是一项资源回收与利用的技术，可以处理城市固体废弃物、沼泥、农业废弃物、动物粪便、食品废弃物和庭院废弃物。

大体积垃圾露天堆肥是处理垃圾达到无害化的一种方法，但露天堆放可使垃圾造成多次污染，使环境质量变差。目前，在我国北方、南方等不同地区普遍推广的处理新鲜垃圾的规范化高温厌氧堆肥技术，是解决我国城市垃圾的重要途径之一。

六、典型固体废弃物（污泥、城市垃圾）的处置

填埋是固体废弃物经过无害化、减量化处理的废弃物残渣集中到填埋场进行处置。但禁止将有毒有害废弃物现场填埋，填埋场要利用天然或人工屏障，尽量使需处置的废弃物与环境隔离，并注意废弃物的稳定性和长期安全性。

（一）污泥处置

1. 海洋处置
海洋处置是基于海洋对固体废弃物进行处置的一种方法，它包括深海投弃和远洋焚烧两类。深海投弃是选择距离和深度适宜的处置场，把废弃物倒入海洋。远洋焚烧是近些年新发展起来的一项海洋处置方法，该法是用焚烧船在远海对废弃物进行焚烧破坏，主要用来处置卤化废弃物。焚烧过程产生的冷汗液和焚浇残渣可直接排入海中。我国对海洋处置法基本持否定态度。

2. 陆地处置
陆地处置是基于土地对固体废弃物进行处置，根据废弃物的种类及其处置的地层位置（地上、地表、地下和深地层）选择处置方式。陆地处置可分为土地耕作、土地填埋、工程库或贮留池储存和深井灌注处置等。

目前应用较广的是土地填埋处置。土地填埋处置是从传统的堆放和填地处置发展起来的一项最终处置技术。它是为了保护环境，按照工程理论和土工标准，对固体废弃物进行有控管理的一种科学工程方法，具有工艺简单、成本较低、适于处置多种类型固体废弃物的优点，目前已成为固体废弃物最终处置的一种主要方法。采用较多的是卫生土地填埋、安全土地填埋和浅地层埋藏法。

（二）城市垃圾处置

1. 垃圾填埋
填埋技术的关键是在固体废弃物进行处理的过程中，通过采取防渗、压实以及渗沥水

等措施,实现对环境的有效保护。

2. 垃圾焚烧

在城市固体废弃物的处理过程中,焚烧法也是一种比较常用的处理方式。垃圾焚烧具有许多优势:①速度快,焚烧处理是一种快速处理方法,使得垃圾很快变成稳定状态;②能源化,垃圾焚烧所产生的高温蒸气可以用来供热、发电,进行二次性能源利用;③资源化,垃圾焚烧后的剩余灰渣经磁性设备回收废铁后,筛分细渣可以用来改善土壤、铺路。粗渣可用作建筑材料以及无害化处理的覆盖用土,从而变废为宝;④便利性,焚烧处理操作方便,不受天气影响,是全天候的,可确保垃圾流的畅通并及时处理,而填埋、堆肥等方式易受阻于气候影响,导致垃圾滞留;⑤低成本性,垃圾焚烧处理厂可以建在接近垃圾源的地方,节约运输费用;而填埋、堆肥等场所设在离城市较远的郊县。

固体废弃物处置是指最终处置或安全处置,是固体废弃物污染控制的末端环节。有些固体废弃物经过处理和利用后,余下部分难以利用的残渣,还有些固体废弃物由于经济条件或技术水平的原因,目前尚无法利用,它们中间有的还含有有毒有害成分,是一种潜在的污染源。

固体废弃物的处置是一个既包括处理又包括处置的综合过程。其基本方法是通过多重屏障(天然的或人工的),实现有害物质同生物圈的有效隔离。天然屏障有处置场地所处的地质构造和周围的地质环境,从处置场到达生物圈的各种途径对有害物质的阻滞作用;人工屏障有使废弃物转化为具有低浸出性和适当机械强度的稳定的物理化学形态;盛废弃物的容器和处置场地内各种辅助性工程屏障。

知识拓展

固体废弃物对人类环境的危害表现在以下五个方面。

一、侵占土地。固体废弃物产生以后须占地堆放,堆积量越大、占地越多。据估算,每堆积104t渣约须占地1亩,我国许多城市利用市郊设置垃圾堆场,也侵占了大量的农田。

二、污染土壤。废弃物堆置,其中的有害组分容易污染土壤。如果直接利用来自医院、肉类联合厂、生物制品厂的废渣作为肥料施入农田,其中的病菌、寄生虫等会使土壤污染,人与污染的土壤直接接触或生吃此类土壤上种植的蔬菜、瓜果极易致病。

三、污染水体。固体废弃物随天然降水或地表径流进入河流、湖泊,会造成水体污染。

四、污染大气。一些有机固体废弃物在适宜的温度下被微生物分解,会释放出有害气体,固体废弃物在运输和处理过程中也会产生有害气体和粉尘。

五、影响环境卫生。我国工业固体废弃物的综合利用率很低,城市垃圾、粪便清运能力不高,严重影响城市容貌和环境卫生,对人的健康构成潜在威胁。

——深圳政府在线:《固体废弃物对环境的五大危害》

第四节 危险废弃物

导　读

　　2021 年 5 月 11 日国务院办公厅印发了《强化危险废弃物监管和利用处置能力改革实施方案》(国办函〔2021〕47 号),要求各省、自治区、直辖市人民政府,国务院各部委、各直属机构贯彻执行。

　　近年由危险废弃物导致的环境安全事故时有发生,而且危险废弃物资源化利用和处置能力不足,社会资源浪费较多,《方案》的出台便是防控风险,提升危险废弃物的应对和处置能力,推进资源化进程。其目的与意义落脚在三个方面:推进生态文明、改善环境质量、保障公众健康。

　　以习近平生态文明思想为指引,通过改善环境质量来保障公众安全和健康,体现了执政为民的思想。

一、危险废弃物的概念、种类和来源

　　危险废弃物是指列入国家危险废弃物名录或根据国家规定的危险废弃物鉴别标准和鉴别方法认定的具有危险特性的废弃物。

(一)危险废弃物的毒性

　　由于危险废弃物通常具有腐蚀性、急性毒性、浸出毒性、反应性、传染性、放射性等,如不经及时有效的处理而随意排放,不仅会引起短期急性行为,带来安全隐患,也会对自然环境造成长期的、严重的影响和破坏,其表现的慢性毒性和致癌性会对人身健康与安全构成直接威胁。所以,危险废弃物的收集、储存、利用、处置的经营活动必须严格按照国家要求进行。

　　有害废弃物是未被列入国家危险废弃物名录,相对于危险废弃物,它们对人类和环境危害稍微轻微的有害物质。

　　有毒必有害。有毒有害废弃物是指存有对人体健康有害的重金属、有毒的物质或者对环境造成现实危害或者潜在危害的废弃物,包括废电池、废荧光灯管、废灯泡、废水银温度计、废油漆桶、废家电类、过期药品、过期化妆品等。某些有毒有害废弃物虽然没有被列入国家危险废弃物名录,但只要对人体健康有害或对环境存在危害的有毒有害废弃物都应该归为危险废弃物。

　　危险固体废弃物来源广、种类多,可能同时具有毒性、腐蚀性、易燃性、反应性、感染性等一种或多种成分。各国根据危险废弃物的危害特性制定了自己的鉴别标准和危险废弃物名录,美国已列表确定 96 种加工工业废弃物和近 400 种化学品,德国确定 570 种。我国的《国家危险废弃物名录》将危险废弃物确定为 50 大类别 480 种。

（二）危险废弃物的种类和来源

危险废弃物的种类包括剧毒化学品，列入重点环境管理危险化学品名录的化学品，以及含有上述化学品的物质；含有铅、汞、镉、铬等重金属的物质；《关于持久性有机污染物的斯德哥尔摩公约》附件所列物质；其他具有毒性，可能污染环境的物质。

危险废弃物主要来源于制药、化工和石化行业。从危险废弃物的种类来看，数量较大的主要是有机废渣、废金属渣、废酸、碱渣、药渣和污泥。在城市生活垃圾中，也混有大量如废电池、废日光灯管、废油漆罐、废杀虫剂、医疗临床废弃物之类的危险废弃物。

危险废弃物是固体废弃物中的重点管理对象，因为一旦处理不当，将造成严重后果。为此，对有害废弃物应进行稳定化、无害化处理。如将有害固体废弃物进行焚烧、热解、氧化还原等，使废弃物中有害物转化为无害物，或使其中有害物含量达到国家规定的排放标准，或将其进行安全填埋处置。

二、危险废弃物的处置

处理处置上述固体废弃物方法同样可以用于处理处置危险废弃物，只是处理过程更复杂，处置要求更严格。例如，同样是填埋法处置，填埋危险废弃物之前，必须预处理，而处理城市垃圾则不需要预处理，直接压实填埋即可。

对于某种危险废弃物选择哪种最佳的、实用的预处理处置方法与诸多因素有关，如危险废弃物的组成、性质、状态、气候条件、安全标准、处理成本、操作及维修等条件。有许多方法都能成功地用于预处理危险废弃物，常用的预处理方法归纳为物理预处理、化学预处理、生物预处理、固化/稳定化预处理、热处理。危险废弃物经过预处理后，最终处置方法是填埋。

（一）预处理固体废弃物方法与原理

物理预处理是通过浓缩或相变化改变固体废弃物的结构，使之成为便于运输、储存、利用或处置的形态，包括压实、破碎、分选、增稠、吸附、萃取等方法。化学预处理是采用化学方法破坏固体废弃物中的有害成分，从而达到无害化，或将其转变成为适于进一步处理、处置的形态。其目的在于改变处理物质的化学性质，从而减少它的危害性。这是危险废弃物最终处置前常用的预处理措施，其处理设备为常规的化工设备。产生的底泥需要进一步处置。

生物预处理是利用微生物分解固体废弃物中可降解的有机物，从而达到无害化或综合利用。

生物处理方法包括好氧处理、厌氧处理和兼性厌氧处理，产生的底泥同样需要进一步处置。与化学处理方法相比，生物处理在经济上一般比较便宜，应用普遍，但处理过程所需时间长，处理效率不够稳定。

固化预处理是采用固化基材将废弃物固定或包覆，以降低其对环境的危害，是一种较安全的运输和处置废弃物的处理过程。固化/稳定化预处理后的危险废弃物，最终的处置方法是填埋。

热处理是通过高温破坏和改变固体废弃物的组成和结构，同时达到减容、无害化或综合利用的目的。其方法包括焚烧、热解、湿式氧化以及焙烧、烧结等。热值较高或毒性较大的废弃物采用焚烧处理工艺进行无害化处理，并回收焚烧余热，产生的废渣需要填埋。

各种预处理方法都有其优缺点和对不同废弃物的适用性，由于各危险废弃物所含组分、性质不同，很难有统一模式。针对各危险废弃物的特性可选用适用性强的处理方法。

1. 氧化还原法预处理含高价铬危险废水

高价铬比低价铬毒性大，氧化还原预处理的目的，是将高价铬转为比低价铬，降低铬的毒性。

预处理步骤：①含高价铬危险废水流入还原反应池，加入硫酸亚铁和盐酸，硫酸亚铁与六价铬反应；②废水流入中和池，调节 pH 值，重金属和三价铬与氢氧化钠生成氢氧化物沉淀形成底泥；③底泥脱水压滤；④固化/稳定化预处理后填埋处置。

2. 氧化还原＋微生物综合法预处理含高价铬危险废水

危险废水含有大量的铬、汞、锌、钡、铅等重金属离子，同时也含有一定的油类及有机污染物，这类废水危害性强、处理难度较大。氧化还原处理工艺可以有效去除包括六价铬在内的重金属离子，生化处理工艺可以有效去除污水中的有机污染物，二者组合的处理工艺出水可以达到回用水的水质要求，从而实现污水"零排放"。

处理处置步骤：①初期雨水、厂区生产废水汇入调节池。水利停留时间为 1～3h；②调节池初步沉淀后，废水流入气浮池；③然后流入还原反应池，加入硫酸亚铁和盐酸，硫酸亚铁与六价铬反应，将铬还原成三价铬。硫酸亚铁与六价铬物的质量比为(16～20)：1；④废水流入中和池，加入氢氧化钠调节 pH 至中性，重金属和三价铬与氢氧化钠生成氢氧化物沉淀去除；⑤废水进入絮凝沉淀池，加入聚合氯化铝和聚丙烯酰胺絮凝剂，加速重金属氢氧化物和悬浮颗粒的沉降；⑥沉淀池溢流水进入中间水池，与生活污水混合，然后流入串联的两个曝气生物滤池，去除 COD 和氨氮。曝气生物滤池的气水比为(2～6)：1；⑦生化反应后废水进入集水池，沉淀一部分悬浮物，然后进入沙滤池、活性炭过滤器，进一步去除悬浮物和各种污染物，最后流入观察池；⑧观察池内通入二氧化氯消毒杀菌，出水水质各项检测指标达到污水排放标准的限值，才能外排或回用。

3. 固化/稳定化预处理危险废弃物

固化/稳定化预处理就是将有害废弃物固定或包封在惰性固体基材中，使危险废弃物中的所有污染物组分呈现化学惰性或被包容起来，减小废弃物的毒性和迁移性，同时改善处理对象的工程性质，便于运输、利用和处置。危险废弃物固化/稳定化处理是危险废弃物安全填埋前的必要步骤，通常用作填埋前的预处理。

固化过程的技术要求：材料和能耗低，增容比低；固化工艺过程简单、便于操作；固化剂来源丰富，价廉易得；处理费用低。

各种固化/稳定化预处理技术优缺点如表 7-1 所示。

表 7-1　各种固化/稳定化预处理技术优缺点比较

技　术	适用对象	优　　点	缺　　点
水泥固化	重金属、废酸、氧化物	水泥搅拌技术已相当成熟;对废弃物中化学性质的变动具有相当的承受力;可由水泥与废弃物的比例来控制固化体的结构强度和不透水性;无须特殊的设备,处理成本低;废弃物可直接处理,无须前处理	废弃物中若有特殊的异类,会造成固化体破裂;有机物的分解造成裂解,增加渗透性,降低结构强度;大量水泥的使用增加固化体的体积和重量
石灰固化	重金属、废酸、氧化物	所用物料价格便宜,容易购得;操作不需要特殊的设备及技术;在适当的处置环境,可维持波索来反应的持续进行	固化体强度较低,且需较长的养护时间;有较大的体积膨胀,增加清运和处置难度
塑性材料固化	处理部分非极性有机物、废酸、重金属	固化体的渗透性较其他固化法低;对水溶液有良好的阻隔性	需要特殊的设备及专业操作人员;废污水中若含氧化剂或挥发性物质,加热时可能会着火或逸散;废弃物需先干燥、破碎后才能进行操作
熔融固化	处理不挥发的高危害性废弃物、核能废料	玻璃体的高稳定性,可确保固化体的长期稳定;可利用废玻璃霄屑作为固化材料	对可燃或具挥发的危险废弃物并不适用;高温热熔需消耗大量能源;需要特殊的设备及专业操作人员
自胶结法	处理含有大量硫酸钙和亚硫酸钙的废弃物	烧结体的性质稳定,结构强度高,烧结体不具生物反应性及着火性	应用面较为狭窄;需要特殊的设备及专业操作人员

固化处理实例:水泥固化处理电镀污泥和油泥,石灰固化处理重金属污泥,塑性材料固化处理少量剧毒废弃物,沥青固化放射性废弃物,自胶结固化处理含有 $CaSO_4$ 的危险废弃物,玻璃固化/陶瓷固化处理铬渣和被污染的土壤,有机聚合物固化危险废弃物。

(二) 焚烧处理处置危险废弃物

焚烧技术是实现危险废弃物减量化、无害化的最快捷、最有效的方法,能够彻底破坏废弃物中有毒有害的有机物,有利于废弃物的最终安全处置。

焚烧时要控制的参数:焚烧温度、搅拌混合程度、气体停留时间、过剩空气率。焚烧处理流程为危险物预处理—加燃料焚烧—排出废气和灰渣—焚烧产生的废渣最终填埋处置。

不准焚烧处理的危险物:高压气瓶或液体容器盛装的物质、放射性废弃物、爆炸性废弃物、含汞废弃物、多氯联苯含量超过 $50mg/L$ 的废弃物、含二噁英的废弃物、集尘器所收集的飞灰、重金属含量高的废弃物。

焚烧法的优点是能迅速而大量地减少废弃物体积,消除有害微生物,破坏毒性有机物并回收热能。

焚烧法的缺点是焚烧比填埋需要的一次性投资比较高,同时焚烧尾气的二次污染处理工艺复杂,操作和控制的技术要求高。焚烧车间的烟气、炉渣、飞灰、臭气和噪声等是关键控制技术。

（三）填埋法处置危险废弃物

填埋法实质是废弃物铺成有一定厚度的薄层后，加以压实并覆盖土壤的方法。处理液态危险废弃物，填埋之前必须预处理，可选择氧化还原或高温高压预处理工艺，将危险废弃物中的剧毒化学成分，通过化学反应预处理，把剧毒化学成分转化为低毒的底泥，底泥脱水压滤后再固化/稳定化处理，最后去填埋场填埋；处理固态危险物，直接固化/稳定化预处理后，去填埋场填埋。

填埋处置原理是废弃物屏障系统＋密封屏障系统＋地质屏障系统＝多重保障，如图 7-1 所示。

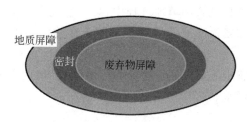

图 7-1　多重保障示意

填埋法处置危险废弃物的技术关键是利用填埋场防渗漏系统，将废弃物永久、安全地与周围环境隔离。

填埋法处置危险废弃物的作业程序是危险废弃物化学成分分析—相容性分析—同意接纳定量定容—指定位置处理—渗滤液监测。

（1）危险废弃物填埋场填埋危险废弃物的填埋场，设计施工与垃圾填埋场不同，垃圾填埋场规模很大，防渗要求比危险废弃物填埋场标准低，具体设计施工标准参考有关设计手册。

危险废弃物填埋场容易出现的最大问题，是填埋场的底部防渗和渗滤液的处理。所以，危险废弃物填埋场需要采用二层人工防渗膜技术、并使用高密度聚乙烯膜作为防渗材料，以防止渗滤液对土壤和地下水造成污染。同时，填埋场需要建立渗滤液危险废水处理系统，危险废水经二级混凝沉降去除重金属，出水重新回用于生产车间，不外排。

危险废弃物的最终处置技术，是土地安全填埋技术。填埋处理的预处理是固化/稳定化处理，以使危险废弃物中的所有污染组分呈现化学惰性或被包容起来。危险废弃物经过焚烧处理产生的残渣、烟气净化产生的飞灰以及经固化/稳定化处理后的废渣，都要送往填埋场进行安全填埋，才能完成整个处置过程。

（2）填埋处置技术包括：①共处置，将难处置的废弃物有意识地与生活垃圾或同类废弃物一起处置；②单组分处置，将物理、化学形态相同的废弃物一起处置；③多组分处置，前提条件是处置混合时，确保组分之间不能发生反应而产生更毒的废弃物或更严重的污染，如高浓度的有毒废气；④预处理后填埋，对于那些物理、化学性质不适合于直接填埋的废弃物，必须预处理后，才能填埋。

影响填埋场实际容量及使用年限的主要因子：填埋场理论容量、固体废弃物组分与可压缩性、覆盖层物质的体积、废弃物降解和负重高度的作用。

填埋场封场后，经营者仍需做以下工作：对最终覆盖层系统进行修复，收集并处理渗滤液、地下水监测,填埋气监测。

(3)填埋技术与焚烧技术比较,如表7-2所示。

表 7-2　填埋技术与焚烧技术比较

填 埋 技 术	焚 烧 技 术
选址较困难,要防止地质渗漏,如果发生渗漏,会对土壤、大气和水环境造成污染;远离市区,运输距离远;适合处理含无机物的废弃物;填埋产生的沼气可回收;适合土地成本低的地区	选址容易,可产生轻微二噁英,无害化程度高;可在近郊区,运输距离近;初期投资大,运营成本高;焚烧适合处理热值高的废弃物,产生的热量可以发电,剩余残渣必须填埋

对危险废弃物进行物化处置和填埋过程中,会产生大量的废水,其中含有酸碱、重金属以及高有机浓度的填埋场渗滤液,同时场区也会产生生活污水,这些废水必须经过处理达标后才能排放或回用。

因此危险废弃物处置中心需要建设配套的污水处理厂,用来处理危险废弃物处置过程中产生的各种类型的污水。

(四)放射性污染危险废弃物处置

放射性污染是指人类由于活动造成物料、人体、场所、环境介质表面或者内部出现超过国家标准的放射性物质或者射线。

放射性危险废弃物处理基本途径是将气载或液体放射性危险废弃物作必要的浓缩及固化处理后,在与环境隔绝的条件下长期安全地存放。净化后的废弃物则有控制地排放,使之在环境中进一步弥散和稀释,固体废弃物则经去污、装备后处置。污染物料有时可经去污后再循环利用。

(1)放射性固体危险废弃物处置放射性固体危险废弃物种类繁多,可分为湿固体(蒸发残渣、沉淀泥浆、废树脂等)和干固体(被污染劳保用品、工具、设备、废过滤器芯、活性炭等两大类)。为了减容和适于运输、储存和最终处置,要对放射性固体废弃物进行焚烧、压缩、固化或固定等处理。

固化技术是在放射性危险废弃物中添加固化剂,使其转变为不易向环境扩散的固化的过程,固化产物是结构完整的整块密实固体。固化的途径是将放射性核素通过化学转变,引入到某种稳定固体物质的晶格中去,或者通过物理过程把放射性核素直接掺入惰性基材中。

固化的目标是使放射性固体危险废弃物转变成适宜最终处置的稳定的废弃物体,固化材料及固化工艺的选择应保证固化体的质量,应能满足长期安全处置的要求和进行工业规模生产的需要,对废弃物的包容量要大,工艺过程及设备应简单、可靠、安全、经济。

对固化工艺的一般要求是高放废弃物的固化应能进行远距离控制维修;低、中放废弃物的固化操作过程应简单,处理费用低廉。

理想的废弃物固化体要具有阻止所含放射性核素释放的特性,要求低浸出率、高热导率、高耐辐射性、高生化稳定性和高耐腐蚀性、高机械强度、高减容比。例如,焚烧减少放射性固体废料体积、重量,深埋300米以防止二次污染;洗涤去污被放射性污染的设备物品,废水需再处理。

去污技术包括化学去污、人工和机械去污、电抛光去污和超声波去污。化学去污方法又包括浸泡法、循环冲洗、可剥离膜去污法、泡沫去污和化学凝胶去污法。

（2）放射性危险废液处置核工业放射性工艺废液一般需要多级净化处理,低、中放废液常用的处置方法有絮凝沉淀、蒸发、离子交换(吸附)、膜技术(电渗析、反渗透、超滤膜);高放废液比活度高,一般只经过蒸发浓缩后,储存在双壁不锈钢储槽中,或固化处理后埋入地下。

（3）放射性危险废气处置技术包括挥发性放射性气体分子筛吸附;活性炭吸附预处理,高效过滤;扩散稀释高空排放;对放射性气溶胶,采用除尘技术(洗涤、过滤、静电除尘)。放射性废弃物产生和管理间的相依性:必须适当考虑放射性废弃物产生和管理的各个阶段间的相互依赖关系。

（五）危险废弃物集中处理处置技术方案

危险废弃物集中处理处置技术方案的选择原则是经济合理、先进实用、高效节能、无二次污染。

危险废弃物处理处置技术方案:危险废弃物进场后,经登记、称重、取样、分类储存。①危险废水化学预处理,危险固体废弃物固化/稳定化后填埋;②医院产生的危险固体废弃物需要焚烧。焚烧过程产生的烟气经烟气净化系统进行处理,余热被用于供热;③填埋场产生的渗滤液与生产废水(包括稳定化/固化车间、焚烧车间、重金属及有机溶剂回收车间等废水)混合后,经二级物化处理,去除有毒有害的重金属物质,出水回用于生产车间和填埋场洒水;④生产废水和渗滤液处理后的污泥,经板框压滤机脱水、固化后填埋。

危险废弃物的有毒有害性决定了其必须妥善处置,《中华人民共和国固体废弃物污染环境防治法》规定:产生危险废弃物的单位,必须按照国家有关规定处置危险废弃物,不得擅自倾倒、堆放;不处置的,由地县级环境保护行政管理部门责令限期改正;逾期不处置或者处置不符合国家有关规定的,由所在地县级以上地方人民政府环境保护行政主管部门指定单位,按照国家有关规定代为处置,处置费由产生危险废弃物的单位承担。

我国对危险废弃物的处置采用经营许可证制度,有些城市由于没有统一集中处理场,产生的危险废弃物处置情况一定程度上主要取决于企业的环保意识。目前从标记、分类到处置还显得混乱,环保意识好的企业可自行处理,但是技术水平较低,不同程度上造成二次污染,而有些企业则直接将危险废弃物交给无危险废弃物经营许可证的单位或个人处置,在转移、交换过程中个体行为依然很多,缺乏组织性,这些都对生态环境造成直接或间接的危害。

危险废弃物的管理及其污染防治是废水、废气污染防治的最终环节。对废水、废气进行治理的过程,其实就是把大部分污染物转化为固态和半固态(如污泥、粉尘等),成为固体废弃物或危险废弃物。如生活垃圾焚烧厂产生的焚烧飞灰中含有重金属等有害污染物,必须依靠危险废弃物处置场进行固化后填埋。否则将使废水、废气治理前功尽弃。

危险废弃物的危险特性决定了并非任何单位和个人都可以从事危险废弃物的收集、储存、处理、处置等经营活动。必须由具备达到一定设施、设备、人才和专业技术能力并通过资质审查获得经营许可证的单位才能进行危险废弃物的收集、储存、处理、处置等经营活动。

处理处置危险废弃物是一项技术要求高、管理系统复杂严密、对污染物排放控制严格的工程,既要投入大量资金和物力,也要有强大的技术力量做后盾。只有集中财力、物力,建设有相当规模、技术先进可靠、管理系统严密、有完善的污染防治配套设备的大型集中处置中心,才能降低投资和运行成本,使危险废弃物的处置费用维持在易为工厂接受的较为合理的水平。加快建设危险废弃物处置场是城市安全的需要。

　　随意排放、储存的危险废弃物将造成大量土地污染而最终废弃;危险废弃物焚烧,会使大量有毒有害污染物(如二噁英/呋喃等)排放入大气之中,影响居民身体健康,所以必须研究可行的处理处置技术方案,妥善处置。近年来,外贸进出口危险废弃物,国际上普遍实施 ISO 14000 制度。

知识拓展

　　2019 年度,全国危险废弃物(含医疗废弃物)许可证持证单位实际收集和利用处置量为 3558 万吨(含单独收集 81 万吨),其中,利用危险废弃物 2468 万吨,占 70%;采用填埋方式处置危险废弃物 213 万吨,占 6%;采用焚烧方式处置危险废弃物 247 万吨,占 7%;采用水泥窑协同方式处置危险废弃物 179 万吨,占 5%;采用其他方式处置危险废弃物 252 万吨,占 7%;处置医疗废弃物 118 万吨。

本 章 小 结

　　本章系统阐述了固体废弃物的概念、分类及危害,详细介绍固体废弃物处置的方法。通过学习,学生要了解固体废弃物的概念、分类;掌握固体废弃物的特点及危害。了解常见固体废弃物的综合处理、处置方法。掌握固体废弃物资源化利用的途径。了解危险废弃物的概念、主要种类与来源;熟悉危险废弃物主要的处理处置办法。

思 考 题

(1) 固体废弃物的定义及分类?

(2) 常见的固体废弃物处置方法有哪些? 各有什么特点?

(3) 我国固体废弃物污染现状如何?

(4) 如何实现固体废弃物资源化利用?

拓展阅读

当今,环境污染问题日益增多,人们所居住的环境正接受着越来越多的挑战,人们所感受到环境污染,已经远不止前面所讲的水污染、大气污染、固体废弃物污染,由于人们的不当活动,使得人们生活中的声音、光、电、射线等生活要素发生了改变,产生了噪声污染、光污染、电磁污染、放射性污染等,破坏了正常的环境秩序,干扰到人们的生活,损害了人们的身心健康。而且这些污染有日益加剧的趋势,我们应予以高度重视。

第一节　噪声污染及防治

导　读

1981年,在美国举行的一次现代派露天音乐会上,当震耳欲聋的音乐声响起后,有300多名听众突然失去知觉,昏迷不醒,100辆救护车到达现场抢救。这就是骇人听闻的噪声污染事件。

1960年11月,日本广岛市的一男子被附近工厂发出的噪声折磨得烦恼万分,以致最后刺杀了工厂主。无独有偶,1961年7月,一名日本青年从新泻来到东京找工作,由于住在铁路附近,日夜被频繁过往的客货车的噪声折磨,患了失眠症,不堪忍受痛苦,终于自杀身亡。同年10月,东京都品川区的一个家庭,母子3人因忍受不了附近建筑器材厂发出的噪声,试图自杀,未遂。

——杨传龙.令人厌烦的声音——噪声[J].中学生数理化:八年级物理(人教版),2011(7):2.

想一想:

(1)上述案例中的污染源是什么?

(2)噪声对人体健康有哪些危害?

一、概述

我们所生活的环境是一个充满声音的世界,有大自然的风声雨声、虫鸣鸟叫,也有人们社会生活中的言语交流,还有让人身心愉悦的歌曲音乐。声音让我们的世界充满了活力。但是若声音超过了人们的需求和忍受力,使人们感到嘈杂和厌烦,影响到了人们的身心健康,妨碍了人们正常的工作和学习,这种声音我们称为噪声。当然,噪声的概念具有一定的相对性,除了取决于声音的物理性质,还与声音发出的时间、地点及人们的情绪状态。例如,悦耳动听的音乐可以给人们带来美好的精神享受,但是对于学习、工作或休息时,也许就会成为让人厌烦的噪声。

简单地来说,噪声只是一种不受欢迎的声音,它具有一切声学的特性和规律。但是人们对噪声的感受又与主观感觉和心理因素有关,所以,噪声的度量不仅与其物理性质有关,也与人们的听觉有关。噪声的客观度量用声压、声强和声功率等物理量表示,主观评价用响度、声级等单位衡量。

(1) 频率、波长与声速声音是由物体的振动产生的,并通过弹性介质(气体、液体、固体)以波的形式进行传播的一种物理现象。声波的频率等于造成该声波的物体振动的频率(f,单位为 Hz)。声音频率的高低,反映声调的高低,频率越高,声调越尖锐。人耳能听到的声波的频率范围是 20~20000Hz,最敏感的范围是 2000~5000Hz,20Hz 以下称为次声,20000Hz 以上称为超声。声音在介质中的传播速度称为声速(c),由于传播的介质性质及状态的不同,声速亦不同。例如,在 0℃时,声波在空气中的传播速度为 331.36m/s,温度每升高 1℃,声速则增加 0.6m/s,声波在水中的传播速度约为 1500m/s,在钢板中的速度则为 5000m/s。声速与频率及波长的关系为

$$f \times \lambda = c$$

(2) 声压和声压级声波在空气中传播时,空气分子在其平衡位置的前后也沿着波的前进方向前后运动,使空气密度发生改变,进而导致空气压力稍许变化。这种相对大气压力的变化值,称为声压,其单位为 Pa。

声压级是表示声压强度相对大小的指标。声压级的单位是分贝(dB)。声压级等于某个声音的声压与基准声压($0.2\mu Pa$)之比的常用对数乘以 20。其计算公式为

$$L_p = 20 \lg \frac{P}{P_0}$$

式中:L_p——声压级,dB;

P——声压,Pa;

P_0——基准声压,$0.2\mu Pa$;

使用声压级这个指标,容易得到声音大小的概念。例如,普通谈话的声压为 0.02~0.07Pa,声压级为 60~70dB。载重汽车行走声压为 0.1~1Pa,声压级为 80~90dB。

(3) 声强、声强级和声功率声强就是声音的强度,即单位时间内通过与声音前进方向垂直的单位面积上的能量称为声强(J),其单位是瓦每平方米(W/m^2),人能听见声音的最低声强是 $10 \sim 12 W/m^2$,声强与声压的平方成正比,其关系式为

$$J = P^2 / \rho c$$

式中:ρ——介质密度,kg/m^3;

c——声速,m/s。

声强级时表示声音强度大小的相对指标。一个声强级等于这个声音的声强与基准声强之比的常用对数乘以 10,单位分贝。计算式为

$$L = 10\lg\frac{I}{I_0}$$

式中：L——声强级，dB；

I——声强，W/m^2；

I_0——基准声强，$10^{-12}\,W/m^2$。

声功率是声源在单位时间内向外辐射的总声能，单位是瓦（W）或微瓦。

二、噪声来源、分类和危害

（一）噪声来源与分类

噪声本质上是一种声音，是由于物体的振动而产生的。根据物体振动的物理特性，可将噪声分为两大类，即机械振动噪声和气体动力噪声。例如，有齿轮、轴承等机械零件运动产生的机械振动噪声，也有喷气发动机、鼓风机、空气压缩机等空气急速膨胀产生的气体动力噪声。就人们生活的环境而言，噪声来源（图 8-1）主要有三种：交通噪声、工业噪声和社会噪声。

图 8-1 噪声污染

（1）交通噪声主要是由交通工具在运行时发出来的，如汽车、火车、飞机运动时所产生的噪声。许多国家的调查结果表明，城市环境噪声 70％ 来自汽车噪声。在这些车辆中，如载重汽车、公共汽车、拖拉机等重型车辆的噪声在 89～92dB，而轿车、吉普车等轻型车辆噪声约有 82～85dB（以上均为距车 7.5m 处测量）。汽车速度与噪声大小也有较大关系，车速越快，噪声越大，车速提高 1 倍，噪声增加 6～10dB。目前最严重的是鸣喇叭而产生的噪声，汽车喇叭声大约在 105～110dB（距行驶车辆 5m 处测量）。除喇叭产生噪声外，发动机、冷却风扇等也是汽车噪声。在交通噪声中，飞机场及附近的飞机噪声也是十分严重的噪声源。飞机噪声主要来自喷气发动机高速排气作用。由于排出的热气流与周围的空气急剧混合，在飞行中还会产生啸叫声，特别是当飞机起飞和往上爬升需要较大动力时，啸声更为强烈。最严重的飞机噪声是喷气飞机以超音速飞行时，因航速超过音速而产生空气冲击波，这种冲击波所产生的噪声能量很大，因此更增加了危害性。

（2）工业噪声主要来自生产和市政施工等过程中的振动、摩擦、撞击以及气流振动等产生的声音。此类噪声中，电子工业和轻工业的噪声在 90dB 以下，纺织厂噪声为 90～

106dB,机械工业噪声为 80～120dB,凿岩机、大型球磨机达 120dB,风铲、风镐、大型鼓风机在 130dB 以上。工厂噪声是造成职业性耳聋,甚至是年轻人脱发秃顶的主要原因。它不仅给生产工人带来危害,而且对周围居民和城市环境形成污染。

(3) 社会噪声主要指生活中各种设施、人群活动等产生的声音,如室内儿童哭闹,播放收音机、电视、音响设备,户外或街道人声喧哗,宣传或广告用的高音喇叭等。这些噪声一般在 80dB 以下,对人体没有直接生理危害,但能干扰人们交谈、工作学习和休息,使人心烦意乱。

(二)噪声的危害

噪声的主要危害对象是人,卫生标准指出 40dB 的声音就有可能干扰到人们的正常生活,不过在过于安静的环境中人们也会感觉到不适。噪声带来的危害主要在于以下几个方面。

(1) 影响休息,干扰生活噪声影响人的睡眠质量和时间,老年人和病人对噪声干扰更敏感。当睡眠受干扰而辗转不能入睡时,就会出现呼吸频繁、脉搏跳动加剧、神经兴奋等现象,第二天会觉得疲倦无神,影响工作效率。久而久之,就会引起失眠、耳鸣多梦、疲劳无力、记忆力衰退,这在医学上称为神经衰弱症。在高噪声环境下,这种病的发病率可达 50%～60%。

(2) 损伤听力噪声可以使人造成暂时性或持久性的听力损失,后者即耳聋。一般说来,85dB 以下的噪声不至于危害听觉,但超过 85dB 则可能发生危险。表 8-1 列出在不同噪声级下长期工作时,耳聋发病率的统计情况。

表 8-1　工作 40 年后噪声性耳聋发病率

噪声级(A)值/dB	美国统计发病率/%	国际统计发病率/%
80	0	0
85	10	8
90	21	18
95	29	28
100	41	40

(3) 噪声能诱发多种疾病因为噪声通过听觉器官作用于大脑中枢神经系统,以致影响到全身各个器官,故噪声除对人的听力造成损伤外,还会给人体其他系统带来危害。由于噪声的作用,会产生头痛、脑涨、耳鸣、失眠、全身疲乏无力以及记忆力减退等神经衰弱症状。长期在高噪声环境下工作的人与低噪声环境下的情况相比,高血压、动脉硬化和冠心病的发病率要高 2～3 倍。噪声也可导致消化系统功能紊乱,引起消化不良、食欲不振、恶心呕吐,使肠胃病和溃疡病发病率升高。此外,噪声对视觉器官、内分泌机能及胎儿的正常发育等方面也会产生一定影响。长期在高噪声中工作和生活的人们,可能会出现一般健康水平逐年下降,对疾病的抵抗力减弱,诱发一些疾病,但这也和个人的体质因素有关,不可一概而论。

(4) 对动物的影响噪声对动物的行为有一定的影响,可使动物失去行为控制能力,出现烦躁不安、失去常态等现象,强噪声会引起动物死亡。鸟类在噪声中会出现羽毛脱落,影响产卵率等。

三、噪声控制的基本途径

我国心理学界认为,控制噪声环境,除了考虑人的因素之外,还须兼顾经济和技术上的可行性。充分的噪声控制,必须考虑噪声源、传播途径、受音者所组成的整个系统。控制噪音的措施可以针对上述三个部分或其中任何一个部分。噪声控制的内容如下。

(1)控制噪声源:降低声源噪声,工业、交通运输业可以选用低噪声的生产设备和改进生产工艺,或者改变噪声源的运动方式(如用阻尼、隔振等措施降低固体发声体的振动)。

(2)阻断噪声传播:在传音途径上降低噪声,控制噪声的传播,改变声源已经发出的噪音传播途径,如采用吸音、隔音、音屏障、隔振等措施,以及合理规划城市和建筑布局等。

(3)在人耳处减弱噪声:受音者或受音器官的噪声防护,在声源和传播途径上无法采取措施,或采取的声学措施仍不能达到预期效果时,就需要对受音者或受音器官采取防护措施,如长期职业性噪声暴露的工人可以戴耳塞、耳罩或头盔等护耳器。

噪声控制在技术上现在已经成熟,但要采取噪声控制的企业和场所为数甚多,因此在防止噪声问题上,必须从技术、经济和效果等方面进行综合考虑。

四、城市噪声的综合防治

(一)合理调整城市工业布局,制定环境噪声区划

对现有的噪声污染严重、群众反映强烈而短期内又无法治理的企业,应坚决实行关停并转迁。新建企业必须考虑所在地的环境,不在文教、旅游、居住区内增加新的噪声污染源,在建筑布局上除考虑噪声源的位置外,还要考虑利用地形和已有建筑物作屏蔽。制定科学合理的城市规划和城市区域环境规划,划分每个区域的社会功能,加强土地使用和城市规划中的环境管理,规划建设专用工业园区,组织并帮助高噪声工厂企业实施区域集中整治,对居民生活地区建立必要的防噪声隔离带或采取成片绿化等措施,缩小工业噪声的影响范围,使住宅、文教区远离工业区或机场等高噪声源,以保证要求安静的区域不受噪声污染。为了减少交通噪声污染,应加强城市绿化,必要时,在道路两旁设置噪声屏障。

(二)加强立法和行政监督

实行噪声超标收费或罚款等管理制度,用法律手段促进企业治理噪声污染。加强现场实时监测分析技术,对工业企业进行必要的污染跟踪监测监督,及时有效地采取防治措施,并充分发挥社会和群众的监督作用,大幅度消除噪声扰民矛盾。严格贯彻执行《中华人民共和国环境噪声污染防治法》和有关环境噪声标准、劳动保护卫生标准、有关工业企业噪声污染防治技术政策,积极采用现有的、成功的控制技术,限期治理。

(三)强化管理,增强服务

一方面,有组织有计划地调整、搬迁噪声污染严重的中小企业,严格执行有关噪声环境影响评价和项目的审批制度,以避免产生新的噪声污染。另一方面,建立有关研究和技术开发、咨询的机构,为各类噪声源设备制造商提供技术指导,以便在产品的设计、制造中

实现有效的噪声控制,如开发运用低噪声新工艺、高阻尼减振新材料、包装式整机隔声罩设计等,有计划、有目的地推动新技术。

(四) 以科技为指导,防治和利用相结合

首先,对不同的噪声源机械设备实施必要的产品噪声限制标准和分级标准。其次,提高吸声、消声、隔声、隔振等专用材料的性能,以适应通风散热、防尘防爆、防腐蚀等技术要求。最后,多途径合理利用噪声。

知识拓展

根据生态环境部数据,2020年各类噪声中,生活噪声比例(65.4%),其次是交通噪声(19.7%)、工业噪声(11.0%)、施工噪声(3.8%)。与此同步的是噪声举报量,全国省辖县级市和地级及以上城市的生态环境、公安、住房和城乡建设等部门受理的噪声投诉举报案件中,社会生活噪声投诉举报最多。

最高人民法院于2015年12月29日发布了十大环境侵权典型案例,其中一起环境侵权案件中,中铁五局(集团)和中铁五局集团路桥工程有限责任公司在施工期间产生噪音,导致临近养殖场蛋鸡大量死亡的诉讼案引起广泛关注,最终被告企业被判赔偿原告45万余元。

第二节 放射性污染及防治

导 读

1986年4月26日当地时间凌晨1时23分,苏联乌克兰加盟共和国境内的切尔诺贝利核电站突然发生大爆炸,31人当场死亡,共有8吨多的强辐射物泄漏,释放了大约2.6亿居里的辐射量,由于这次事故,核电站周围30km范围被划为隔离区,庄稼被全部掩埋,周围7km内的树木都逐渐死亡。在之后长达半个世纪的时间里,10km范围以内将不能耕作、放牧;10年内100km范围内被禁止生产牛奶。

想一想:
(1) 你知道的放射性物质有哪些?
(2) 我们应该如何防治放射性污染带来的危害?

一、放射性污染来源

1986年法国科学家贝克勒尔首先发现了某些元素的原子核具有天然的放射性,能自

发地放出各种不同的射线。在科学上，把不稳定的原子核自发地放射出一定动能的粒子（包括电磁波），从而转化为较稳定结构状态的现象称为放射性。这些射线各具特定能量，对物质具有不同的穿透能力和间离能力，从而使物质或机体发生一些物理、化学、生化变化。

放射性污染主要来自放射性物质，随着放射性物质的大量生产和应用，就不可避免地会给我们的环境造成放射性污染。就人为因素而言，目前放射线污染主要有以下来源。

（1）核工业的废水、废气、废渣的排放是造成环境放射性污染的重要原因。此外铀矿开采过程中的氡和氡的衍生物以及放射性粉尘造成对周围大气的污染，放射性矿井水造成水质的污染，废矿渣和尾矿造成了固体废弃物的污染。

（2）核试验造成的全球性污染要比核工业造成的污染严重得多。1970 年以前，全世界大气层核试验进入大气平流层的锶-90 达到 $5.76 \times 1017GY$，其中 97％已沉降到地面，这相当于核工业处理厂排放锶-90 的 1 万倍以上。因此全球严禁一切核试验和核战争的呼声也越来越高。

（3）核电站目前全球正在运行的核电站有 400 多座，还有几百座正在建设之中。核电站排入环境中的废水、废气、废渣等均具有较强的放射性，会造成对环境的严重污染。

（4）核燃料的后处理核燃料后处理厂是将反应堆废料进行化学处理，提取钚和铀再度使用，但是处理厂排出的废料依然含有大量的放射性核素，如锶-90、钚-239，仍会对环境造成污染。目前对其废料处理有 3 种意见：深埋于地下 500～2000km 的盐矿中；用火箭送到太空或其他星球上；储存于南极冰帽中。

（5）人工放射性核素的应用人工放射性同位素的应用非常广泛。在医疗上，常用放射治疗以杀死癌细胞；有时也采用各种方式有控制地注入人体，作为临床上诊断或治疗的手段；工业上可用于金属探伤；农业上用于育种、保鲜等。但如果使用不当或保管不善，也会造成对人体的危害和对环境的污染。

二、放射性物质的危害

放射性物质的危害在于其对人类机体和生态环境具有严重的破坏性。放射性核素释放的辐射被生物体吸收以后，要经历物理、物理化学、化学和生物学 4 个辐射作用阶段。先在分子水平发生变化，引起分子的电离和激发，尤其是生物大分子的损伤。分子大分子的变化，有的发生在瞬间，有的需经物理的和化学的以及生物的放大过程才能显示组织器官的损伤，因此需时较久，甚至延迟若干年后才表现出来。

（一）对人类机体的危害

放射性核素通过外照射与内照射两种途径危害人类健康（图 8-2）。外照射是由大量辐射体直接对人体进行照射，人体内造血器官、神经系统、消化系统均会遭受伤害而致病，造成的伤害表现为急性伤害，其中的辐射生物效应立即呈现出来，我们称为急性效应。进入人体的放射性核素，不同于体外照射，这种照射直接作用于人体细胞内部，称这种辐射方式为内照射。内照射难以早期觉察，体内核素难以清除，照射无法隔离，照射时间持久，即使小剂量，长年累月之后也会造成不良后果。内照射远期效应的结果会出现肿瘤、白血

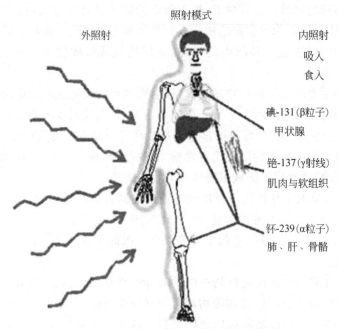

图 8-2　外照射与内照射对人体的不同危害

病和遗传障碍等疾病。

（二）对生态环境的影响

　　放射性核素排入环境后，可造成对大气、水体和土壤的污染，由于大气扩散和水流输送可在自然界稀释和迁移。放射性核素也可被生物富集，一些动物、植物，特别是一些水生生物体内放射性核素的浓度比环境浓度增高许多倍（图 8-3）。

图 8-3　放射性污染对生态环境的破坏

三、放射性污染的防治

　　放射性污染的防治重点是对放射性废弃物进行安全处理和处置，以及对来自人体外的 X 射线、γ 射线、β 射线、中子流等对机体照射的防护。

（一）放射性废水的处理

放射性废水按放射性强度可分为：高放射性废水，放射性浓度在 $3.7 \times 10^6 Bq/L$ 以上；中放射性废水，放射性浓度在 $3.7 \times 10^2 \sim 3.7 \times 10^6 Bq/L$ 之间；低放射性废水，放射性浓度在 $3.7 \times 10^2 Bq/L$ 以下。不同放射性浓度的废水处理方法有所不同。

对浓度较高的放射性废液一般用固化法处理或在地下池储存。固化法是把浓缩的放射性废液加入到沥青、水泥、塑料或玻璃原料中，使放射性物质与这些物质均匀混合，并被包容其中，固化产物再按固体废弃物处理，多数是埋入地下储存。对中、低浓度的放射性废液常用化学沉淀法、离子交换法和蒸发法处理。

（二）放射性废气的处理

放射性废气存在的形态有两类，一类是以挥发性放射性气体形式存在；另一类是以放射性气溶胶形式存在。这两类放射性废气的处理方法是不一样的。

对挥发性放射性气体可用吸附法或扩散稀释的办法处理。最常用的吸附法是用分子筛吸附或活性炭吸附。对于放射性气溶胶可用除尘技术来处理净化。例如，洗涤法、过滤法、静电除尘法等。

（三）放射性固体废弃物的处理

放射性固体废弃物是指被放射性物质污染而不能再利用的各种物品和废料。处理方法有以下几种。

1. 焚烧

如果放射性物质存在于可燃固体废弃物中，通过焚烧的办法，减少其体积和重量，为地下填埋提供方便条件。焚烧时应建立良好的燃烧装置和废气净化系统，避免造成二次污染。被放射性物质沾染的防护衣具、塑料、过滤器滤料等都可以用焚烧法处理。

2. 洗涤

去污对于被放射性物质沾染的某些设备、仪器、器材，可用洗涤剂反复清洗去污，而后分别处理。例如，金属设备、器材去污后能利用的可重新利用，不能利用的可重熔或回收、洗涤废水一般按放射性废水处理。

3. 深埋

对于放射性水平较高的废弃物，一般将其深埋在 300m 以下的地层中或投放到深海床，深埋的地点应选在远离居民区和地下水源的地方，投放的海域应该远离水生生物大量繁殖的近海区。目前，有人认为，把放射性废弃物投放到南极或把它用火箭送往宇宙空间比较安全，但至今尚未实施。多数放射性废弃物还是深埋到地下。至于高水平放射性物质的最终处理，仍是核国家探索的课题。放射性废弃物安全填埋场典型结构如图 8-4 所示。

四、外辐射防护

外辐射对人体的照射，主要发生在各种封闭性放射性源的工作场所，其防护有以下几

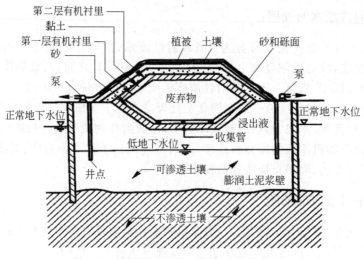

图 8-4　放射性废弃物安全填埋场典型结构

种形式。

（1）时间防护人体所接受的剂量与受照射时间成正比，所以就要求在辐照环境中作业，应操作准确、敏捷，以减少受照时间，达到防护目的。也可以增配工作人员轮流操作，以减少每人的受照时间。

（2）距离防护点状放射源周围的剂量率与离放射源的距离平方成反比。因此，尽可能在远距离操作，以减轻辐射对人体的影响。

（3）屏蔽防护在放射源与人体之间放置能吸收或减弱射线的屏蔽材料，屏蔽材料和厚度与射线的性质及强度有关。

为防止人们受到不必要的照射，在有放射性物质和射线的地方，如在铀矿开采、选矿、水冶工艺（湿法冶金）及伴有天然放射性物质的企业中，应设置明显的危险标记。

知识拓展

　　2018 年 3 月 1 日中新社电：据日媒报道，福岛县在核事故后以县内所有儿童约 38 万人为对象实施了甲状腺检查。迄今已诊断 159 人患癌，34 人疑似患癌。其中被诊断为甲状腺癌并接受手术的 84 名福岛县内患者中，约一成的 8 人癌症复发，再次接受了手术。

　　2 月 28 日通过支援甲状腺癌患者的 NPO 法人"3·11 甲状腺癌儿童基金"（位于东京）的调查获悉，东京电力福岛第一核电站核事故后被诊断为甲状腺癌并接受手术的 84 名福岛县内患者中约一成的 8 人癌症复发，再次接受了手术。

　　——北京晚报：《日本福岛核事故患癌复发 8 人在事故发生时仅 6 至 15 岁》

第三节 电磁污染

导读

　　我国通信基站产生的辐射是什么样的水平？据了解，目前国际非电联辐射委员会(ICNIRP)给出的限制为 $1000\mu W/cm^2$，而我国的标准为 $40\mu W/cm^2$。因此，我国电磁辐射的标准要比国际标准严格得多。

　　国家规定的基站辐射标准功率密度是小于 $40\mu W/cm^2$，现在移动通信基站建设时执行的都是小于 $8\mu W/cm^2$，实际使用中，这个数字可能还会更小。

　　　　　　　　　　　　　——人民网：《移动基站电磁辐射认识有几何？》

　　想一想：生活中还有哪些常见的电磁辐射？

一、电磁波来源

　　电磁污染是指天然的和人为的各种电磁波的干扰及对人体有害的电磁辐射。从环保角度考虑，电磁辐射达到一定强度后会对人体产生损害。原因是部分辐射能量被人体吸收转换成热量引起过热损伤。随着科技的进步与社会的发展，电子、电气设备与仪器已经进入人们的日常生活当中，以及生产、科学研究和医疗卫生等各个领域。电子仪器、设备的广泛应用而造成的电磁辐射对环境的污染与危害已越来越为人们所认识。减少电磁辐射污染，保障居民与操作人员的身心健康，已经成为环境保护工作的重要组成部分。

　　影响人类生活环境的电磁污染源可分为天然的和人为的两大类。相应的电磁污染也分为两大类。

（一）天然的电磁污染

　　天然的电磁污染是由某些自然现象引起的，又叫宇宙辐射。最常见的雷电，除了可能对人体、电气设备、飞机、建筑物等直接造成危害外，而且从几千赫到几百兆赫以上的极宽频率电磁波辐射会在广大地区产生严重的电磁干扰。此外，如火山爆发、地震和太阳黑子活动引起的磁暴等都会产生电磁干扰。天然的电磁污染对短波通信的干扰特别严重。

（二）人为的电磁污染

　　人为的电磁污染(图8-5)是由人们使用的电子仪器和电气设备产生的。根据其产生的原理不同，主要分为以下三个方面。

　　（1）脉冲放电例如切断大电流电路时产生的火花放电，其瞬时电流变化率很大，会产生很强的电磁干扰。

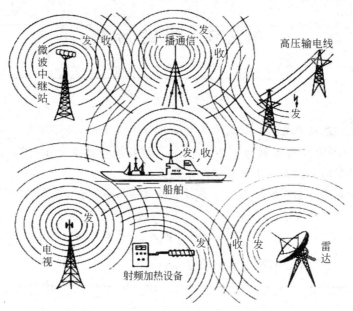

图 8-5　电磁辐射的重要污染源

（2）工频交变电磁场，例如在大功率电机、变压器以及输电线等附近的电磁场，它并不以电磁波形式向外辐射，但在近场区会产生严重的电磁干扰。

（3）射频电磁辐射发射频率为 $1 \times 10^5 \sim 3 \times 10^{11}$ Hz 的电磁波，通常称为射频电磁辐射。如无线电广播、电视、微波通信、高频加热等各种射频设备的辐射，对周围近场地区造成不同程度的射频辐射污染，严重时可影响人体健康。

目前，射频电磁辐射已经成为电磁污染的主要方面。

二、电磁污染的传播途径

从污染源到受体，电磁污染主要通过两个途径进行传播。

（一）空间直接辐射干扰

空间直接辐射是各种电气装置和电子设备在工作过程中，不断地向周围空间辐射电磁能量，每个装置或设备本身都相当于一个多向发射的天线。这些发射出来的电磁能，在距场源不同距离的范围内，是以不同的方式传播并作用于受体的。一种是在以场源为中心、半径为一个波长的范围内，传播的电磁能以电磁感应的方式作用于受体，如日光灯发光；另一种是在以场源为中心、半径为一个波长的范围之外，电磁能是以空间发射方式传播并作用于受体。

（二）线路传导干扰

线路传导是指借助于电磁耦合由线路传导。当射频设备与其他设备共用同一电源，或它们之间有电气连接关系时，那么电磁能即可通过导线传播。此外，信号的输出、输入电路和控制电路等,也能在强电磁场中拾取信号,并将所拾取的信号进行再传播。通过空间辐射和线路传导均可使电磁波能量传播到受体,造成电磁辐射污染。有时通过空间传播与线路传导所造成的电磁污染同时存在,这种情况称为复合传播污染。

三、电磁辐射的危害

电子设备运行过程中产生的电波实质就是电磁辐射,电磁辐射对人体的危害程度随波长而异,波长越短,对人体的作用越强,微波作用最为突出。射频电磁场的生物学活性与频率的关系为:微波＞超短波＞短波＞中波＞长波。不同频段的电磁辐射在大强度与长时间作用下,对人体产生下述病理危害。

（1）处于中、短波频段电磁场(高频电磁场)的操作人员或居民,经受一定强度与时间的暴露,身体将产生不适感,严重者可引起神经衰弱症与反映在心血管系统的神经失调。但是脱离电磁辐射作用一段时间后,身体机能恢复,症状消失,不会造成永久性损伤。

（2）处于超短波与微波电磁场中的作业人员与居民,其受伤害程度要比中短波严重,尤其是微波的伤害更大。微波的频率在 3×10^8 Hz 以上,在其作用下,机体内分子与电解质偶极子产生强烈射频振荡。媒质间的摩擦作用转化为热能,从而引起机体升温。微波的功率、频率、波形、环境温度与湿度以及辐射的部位等因素对伤害的程度都有一定的影响。这种危害的主要病理表现为引起严重的神经衰弱症状,最突出的是造成神经机能紊乱。在高强度与长时间作用下,会对视觉器官造成严重损伤,同时对生育机能也有显著不良影响。微波对生物危害的一个显著特点是具有累积性,如在一次伤害未得到恢复前再次受辐射,伤害将积累,多次累积,则伤害不易恢复。

四、电磁辐射污染的防护

预防或减少电磁辐射的伤害,其根本出发点是消除或减弱人体所在位置的磁场强度,其主要措施包括屏蔽和吸收。

（一）电磁辐射的屏蔽

对于不同的屏蔽对象和要求,应采用不同的电磁屏蔽装置或措施。其主要有:①屏蔽罩:对小型仪器或器件适用,一般为铜制或铝制的密实壳体。对于低频电磁干扰,则往往用铁或钹钼合金等铁磁性材料制作壳体,以提高屏蔽的效果。在低温条件下进行精密电磁测量,用超导材料可以起到完满的电磁屏蔽作用。②屏蔽室:对大型机组或控制室等适用,一般为铜板或钢板制成的六面体。当屏蔽要求较低时,可用一层或双层金属细网来代替金属板。③屏蔽衣、屏蔽头盔和屏蔽眼罩用于个人防护,主要保护微波工作人员。屏蔽衣和屏蔽头盔内夹有铜丝网或微波吸收材料。屏蔽眼罩通常为 3 层结构,中间一层为铜丝网。凡进行屏蔽防护时,必须有良好接地,防止屏蔽体成为二次辐射源,以保证高效率的屏蔽作用。

（二）电磁辐射的吸收

电磁辐射的吸收是指利用特定的吸收材料将电磁辐射能量吸收掉以降低其强度。吸收材料主要是电的良导体和较强的铁电性,大致可分为谐振性吸收材料和匹配性吸收材料两大类。如金属纤维,金属镀层纤维,涂覆金属盐的纤维等。另外,将屏蔽材料与吸收材料叠加制成防护板或防护罩,既可防止电磁辐射的定向传播,又可以进行吸收以免反射产生二次污染,大大地降低了电磁辐射的能量,起到良好的防护作用。

(三)控制电磁波源的建设和规模

在建设有强大电磁场系统的项目时,应组织专家充分论证,通过合理布局使电磁污染源远离居民稠密区,以加强损害防护;另外,限制电磁波发射功率,制定职业人员和居民的电磁辐射安全标准,避免人员受到过度辐射。尤其是在位于市区或市郊的卫星地面站、移动通信、无线寻呼及大型发射台站和广播、电视发射台等项目,要建立健全有关电磁辐射建设项目的环境影响评价及审批制度。

知识拓展

在我们的日常生活中,电磁辐射其实是广泛存在的。除了被大家"口诛笔伐"的移动通信基站辐射,现代家庭中广泛使用的一些电子产品,例如计算机、电视、微波炉、电磁炉、收音机等,都是电磁辐射的典型源头,更有意思的是,它们所产生的辐射还不一定比移动通信基站小。

以电吹风为例,其功率一般在 1000W 以上,由于使用时和人体的距离很近,其实际辐射可以达到 $100\mu W/cm^2$ 的水平,而另外一个知名的辐射高手——电磁炉,因为功率常在 2000～3000W 的水平,在使用过程中对 0.5m 以内的人产生的辐射量更是可以达到惊人的 $580\mu W/cm^2$,至于现在城市家庭常见的无线路由器,在 1m 的范围内产生的辐射量也有 $60\mu W/cm^2$ 以上。

——人民网:《移动基站电磁辐射认识有几何?》

第四节　其他污染类型及其防治

导　读

事件 1:夜幕降临后,商场、酒店的广告灯、霓虹灯令人眼花缭乱。有些强光束甚至直冲云霄,使夜晚如同白天一样。在这样的"不夜城"里,夜晚难以入睡,人体正常的生物钟被扰乱,导致白天工作效率低下。此外,城市内部生物多样性的消亡,在很大程度上也是拜"不夜城"所赐。人工白昼还可伤害昆虫和鸟类,因为强光可破坏夜间活动昆虫的正常繁殖过程,破坏植物体内的生物钟节律,妨碍其生长。

事件 2:一枝黄花是一种危害极大的外来入侵植物,该花具有超强的繁殖力,在生长过程中会与其他植物争水、争肥、争空间,造成其他植物连片死亡,严重破坏生物的多样性,故又被称为"霸王花""植物杀手"。

——唐明灯. 光明! 不夜的城市,如何仰望星空? ——光污染 美丽外衣下的环境杀手[J]. 中国国家地理, 2012(3): 12.

想一想:

(1) 你知道以上两个事件说的是哪种环境污染类型吗?

(2) 你还知道哪些其他类型的环境污染问题?

一、废热污染

(一)定义

热污染是指现代工业生产和生活中排放的废热使局部环境或全球环境升温,对人类和生态环境造成直接或间接、即时或潜在的危害,也称废热污染。

(二)废热污染产生的原因

废热污染形成的原因主要有三种。

(1) 大气组成的改变:由于人们大量使用化石燃料,使得大气中二氧化碳含量增加,温室效应增强,地表温度上升。

(2) 地表形态的改变:森林树木的过度砍伐,土地沙化严重,改变了环境的热平衡,同时城市建设规模的扩大,人口数量的增加,城市与农村产生显著的温度差异。

(3) 直接向环境放热:随着人口和能量消耗的增长,城市排入大气的热量日益增多,包括工厂生产、交通、日常生活排出的废热,发电厂或一些工厂生产产生的废热通过冷却水排入湖泊海洋,造成局部水体升温,形成水体热污染(图 8-6)。

图 8-6 工厂向大气中排放含有热量的气体

(三)热污染的危害

热污染对人类的危害大多是间接的,其主要表现为对全球性或区域性的自然环境热平衡的影响,这种影响有可能会破坏原有的生态平衡,造成难以估量的后果。就目前情况看,以下两种危害还是比较直观的。

1. 热岛效应及其对环境的影响

在城市地区,由于人口密集、工业集中,造成温度高于周围地区的现象称为热岛效应。美国洛杉矶市区年平均温度比周围农村大约高出 $0.5\sim1.5℃$。这样可造成局部区域的对流型环流,使得城市的污染源进入农村生态环境。同时热岛效应还会使得城市上空云量增加,降水量增加。

2. 水体的热污染

热污染首当其冲的受害者是水生生物,水温升高使水中溶解氧减少,同时又使水生生物代谢率增高而需要更多的氧,造成一些水生生物在热效力作用下发育受阻或死亡,从而影响环境和生态平衡。此外,河水水温上升给一些致病微生物造成一个人工温床,使它们得以滋生、泛滥,引起疾病流行,危害人类健康。

(四) 热污染的防治

(1) 废热的综合利用充分利用工业的余热,是减少热污染的最主要措施。生产过程中产生的余热种类繁多,这些余热都是可以利用的二次能源。

(2) 加强隔热保温,防止热损失在工业生产中,有些管道要加强保温、隔热措施,以降低热损失,如水泥窑筒体用硅酸铝毡、珍珠岩等高效保温材料,既减少热散失,又降低水泥熟料热耗。

(3) 寻找新能源利用新能源,既是解决,又是防止和减少热污染的重要途径。特别是在太阳能的利用上,各国都投入大量人力和财力进行研究,取得了一定的效果。人类对热污染的研究尚属初级阶段,许多问题还在探索中。例如,电厂排放的温水废热利用问题,不仅仅是一个单纯的技术问题,而且涉及土地使用、生态环境保护、农业生产等方面,只有把经济、社会和环境三方面效益统一起来,才能形成共识,做出符合当地实际情况的决定。

二、光污染

(一) 光污染的定义及特点

由于光源使用不当,对人们的生活、工作环境以及身体健康产生危害,我们称为光污染。光污染属于物理性污染,在环境中不会存在残留物,且其污染范围是局部性的,随着离光源距离的增加而减弱。

(二) 光污染分类

依据不同的分类原则,光污染可以分为不同的类型。国际上一般将主要光污染分成3类,即白亮污染、人工白昼和彩光污染。

1. 白亮污染

当太阳光照射强烈时,城市里建筑物的玻璃、釉面砖墙、磨光的大理石等装饰反射光线,明昼白亮、炫眼夺目。

2. 人工白昼

夜幕降临后,商场、酒店上的广告灯、霓虹灯闪烁夺目,令人眼花缭乱。有些强光束甚至直冲云霄,使得夜晚如同白天一样,即所谓人工白昼。

3. 彩光污染

黑光灯、旋转灯、荧光灯以及闪烁的彩色光源构成了彩光污染。据测定,黑光灯所产生的紫外线对人体有害影响持续时间长。如果长期接受这种照射,可诱发流鼻血、脱牙、白内障,甚至导致白血病和其他癌变。

(三)光污染的危害

光污染的危害主要体现在对人类健康和对生态环境的影响两个方面。

1. 影响人类健康

(1)损害眼睛。20世纪30年代,科学研究发现,荧光灯的频繁闪烁会造成眼部疲劳。如果长时间受强光刺激,会导致视网膜水肿、模糊,严重的会破坏视网膜上的感光细胞,甚至使视力受到影响。

(2)诱发癌症。多个研究指出,夜班工作与乳腺癌和前列腺癌发病率的增加具有相关性。2001年美国《国家癌症研究所学报》发表文章称,夜班妇女患乳腺癌的概率比常人高60%。

(3)产生不良情绪。光害可能会引起头痛、疲劳、性能力下降,增加压力和焦虑。动物模型研究已证明,当光线不可避免时,会对情绪产生不利影响和焦虑。

2. 对生态环境的影响

光污染影响了动物的自然生活规律,受影响的动物昼夜不分,使得其活动能力出现问题。此外,其辨位能力、竞争能力、交流能力及心理皆会受到影响,更甚的是猎食者与猎物的位置互调。

有研究指出光污染使得湖里的浮游生物的生存受到威胁,如水蚤。因为光害会帮助藻类繁殖,制造赤潮,结果杀死了湖里的浮游生物及污染水质。光污染还会破坏植物体内的生物钟节律,有碍其生长,导致其茎或叶变色,甚至枯死;对植物花芽的形成造成影响,并会影响植物休眠和冬芽的形成。

(四)光污染的防治

(1)将光污染纳入环境防治范畴,加强规划控制城市玻璃幕墙的管理从环境、气候、功能和规划要求出发,对目标建筑物是否采用玻璃幕墙做充分认证,实施总量控制和管理。针对防止玻璃幕墙反光的问题,首先,选材要选用材质粗糙的毛玻璃等;其次,要注意玻璃幕墙安装的角度,尽量不要在凹形、斜面建筑物使用玻璃幕墙;最后,可以安装双层玻璃,在内侧的玻璃贴上黑色的吸光材料,这样能大量地吸收光线,避免反射光影响市民。

(2)加强夜景照明的生态设计,减少人工白昼污染夜间灯光的主要功能是照明,其次是美化,照明有一定的光线强度即可。夜景照明应根据需要而设计,并且充分考虑生态环境因素。应在综合考虑城市的功能属性、环境特征和景观资源的基础上,对城市区域进行照明区划。例如,将区域亮度进行等级划分,这有利于城市照明的亮度控制和节能。

(3)改善固定光源的照射,减少反射比如在道路照明中,尽量采用截光型灯具和密闭式固定光源。垂直于地面向上的光线很快消失在大气层中,用截光型灯具可以减少其他角度的光散射,是减少光污染的重要方法之一。密闭式的固定光源可减少光线泄漏。此外,改善光源的发射方法及方向使得所有光线皆可控,可以降低漫辐射、提高效率并减少照明系统的开启。

(4)改善光源的种类,使得光波不容易产生光害问题。很多天文学家向其所在的地方推荐使用低压钠蒸气灯,这是因为低压钠蒸气灯功率高、成本低,而且单波长的特性使其释出的光线极易隔滤。

(5)扩大绿地面积,实施绿化工程,可以减少城市区域光污染绿色植物可以将反射光转变为漫反射,从而达到防治光污染的目的。合理的城市色彩规划也可以起到减轻光污染的作用。例如,在装饰高楼大厦的外墙面、室内环境时,用米黄、浅蓝代替刺眼的颜色会给人们带来视觉上的舒适感,从而减轻光污染对人眼的伤害。

此外,重新评估或设计现在的照明计划,只在真正需要照明的地方设置光线照射,其他地方则尽可能去除光源,既可节能又能减少光污染。增强个人防护意识,按需及时采取个人防护措施,如戴防护眼镜和防护面罩等。

三、居住环境与装修污染

(一)居住环境与装修污染的来源

随着生活水平的提高,人们对居住环境生活质量要求越来越高,在对室内空间进行装修过程中出现一种新的环境污染。由于人们使用了不合格装修材料,使得室内引入能够释放有害物质的污染源或不合理的设计,加之室内空气通风不佳而导致空气中有害物质不论是从数量上还是种类上不断增加,并引起人的一系列不适症状的现象。

(二)装修污染的分类

依照不同的分类标准,可以对室内装修污染作不同的分类,且每种分类有着不同的意义。

(1)根据污染的表现形式可以分为空气污染、噪声污染、各种废弃物污染以及视觉污染和设计污染。这一分类有助于人们对室内装修活动可能造成的污染进行分门别类地控制,并采取合理的防范措施。

(2)依照污染物种类可以分为甲醛污染、苯污染、氨气污染、氡污染、铅污染。这些污染物主要是针对室内空气污染而言,这些物质是看不见摸不着的,它们混合在空气中,通过呼吸道进入人体,对人体产生各种不良影响(图8-7)。

(3)依照室内装修污染发生的场所可以分为居所污染、办公场所污染及公共场所污染。在不同的场所其污染防范措施是不同的,居所具有很大的私密性,而办公场所以及公共场所,则具有很强的开放性,因此,居室空间环境与公共空间应当采用不同的防范措施。

图 8-7　甲醛气体对人体的危害

（三）居住环境与装修污染的主要危害

居住环境与装修污染的主要危害是来自使用了含有能够释放有毒气体的不合格的装修材料，常见的有来自石材的氡，氡是一种放射性惰性气体，无色无味，存在于水泥、砂石、天然大理石中，室内污染物氡污染仅次于吸烟，列肺癌诱因第二。还有主要来自板材及由其加工制作成的产品的甲醛，甲醛具有刺激性气味。室内装修用到的材料、家具和涂料，尤其是人造板材、胶黏剂是甲醛污染的主要来源。甲醛污染对人体的危害开始主要表现在嗅觉异常、刺激（刺鼻、流眼泪）、过敏、肺功能异常，长期接触可引起各种慢性呼吸道疾病，引起鼻咽癌、结肠癌、新生儿染色体异常，甚至可以引起白血病，青少年记忆力和智力下降。还有来自油漆、胶、涂料的苯，苯是一种无色、具有特殊芳香气味的液体。长期吸入苯能导致再生障碍性贫血。还有总挥发性有机化合物（TVOC），主要来源于涂料、黏合剂等，TVOC 能引起头晕、头痛、嗜睡、无力、胸闷等症状。此外还有氨气，其极易溶于水，对眼、喉、上呼吸道作用快，刺激性强。长时间接触低浓度氨，可引起喉炎、声音嘶哑、肺水肿。上述物质，在室内空气中的含量超过一定标准就会危害人体健康。

（四）居住环境与装修污染的防治措施

（1）在室内装修选择装饰材料时，贵的、天然的材料不一定最好，比如在室内大面积使用天然石材可能导致放射性气体超标，影响人的生育及体质。

（2）房屋要经常通风换气。刚装修完或购买新家具的时候，要注意进行适当的通风处理、新装修的家具中存储的衣物要经常取出进行晾晒，防止家具中有害物质挥发出来吸附在衣物上，对身体造成损害。

（3）要注意装饰材料的使用。一般来讲简单实用的更环保，如果装修过于复杂，室内的装饰材料超出一定的量时，即使全部材料都是环保材料，室内空气指标也可能超标。

（4）装修竣工后要及时处理剩余的装饰材料，特别是人造板、涂料、油漆、胶黏剂等些材料中的有害物质挥发出来影响身体健康。

（5）合理选择一些环保产品，如选择竹炭、椰维炭、改性活性炭等活性炭用来消除甲醛等有害气体带来的危害。为了避免二次污染,消费者购买之前应该了解每个产品的原理,选择适合自己的产品。

四、生物污染

(一)生物污染的定义

生物污染是由各种生物特别是寄生虫、细菌和病毒等,致使环境(大气、水、土壤)污染,破坏生态稳定,引发人体疾病,危害人类健康。例如,未经处理的生活污水、医院污水、工厂废水、垃圾和人畜粪便及大气中的漂浮物和气溶胶等排入水体或土壤,可使水、土环境中虫卵、细菌数和病原菌数量增加,威胁人体健康。污浊的空气中病菌、病毒大增,食物受霉菌或虫卵感染都会影响人体健康。生物入侵也是生物性污染的一种,是指一种生物经自然或人为的途径进入一个新的区域,并迅速繁殖、扩散,最终对当地的生物和生态系统造成严重危害(图8-8)。

图8-8　世界十大恶性入侵杂草之一水葫芦

(二)生物污染的特点

生物污染与化学污染、物理污染的不同之处在于污染源是活的、有生命的生物,这些生物能够逐步适应新环境,不断增殖并占据优势,从而危及本地物种的安全。生物污染的特点如下。

(1)预测难。人们对外来生物在什么时候、什么地方入侵难以作出预测。

(2)潜伏期长。一种外来生物侵入之后,其潜伏期长达数年,甚至数十年,因此,难以被发现,难以跟踪观察。

(3)破坏性大。外来生物的侵入,在破坏了当地生态环境的同时,也破坏了该生态系统中各类生物的相互依存关系,可能造成严重的后果。

(三)生物污染的分类

生物污染污染源很广,按照污染源物种的不同,可以分为3类。

（1）动物污染主要为有害昆虫、寄生虫、原生动物、水生动物等。

（2）植物污染，杂草是最常见的污染物种，还有某些树种和海藻等。

（3）微生物污染包括病毒、细菌、真菌等。

（四）生物污染的危害

生物污染的危害主要分为 3 个方面。

（1）危害生物多样性。例如，尼罗河鲈鱼被引进非洲维多利亚湖之后，导致了湖中 200 多种地方鱼种的灭绝。

（2）危害人类健康。例如，巴西圣保罗大学的研究人员引进一些非洲蜂种，不料非洲蜂与当地巴西蜂交配后，生成了一种繁殖力很强、毒性很大的杂种蜂。据不完全统计，因此蜂致死的人数已达 200 多人，牛马等牲畜的损失更是难以计数。

（3）危害生产和经济的发展。美国自然保护协会认为，迄今美国约有 6300 多种动植物为非本地物种，虽然大多数并未造成不良影响，但是其中 79 个种类在 1906—1911 年期间，造成了高达 970 亿美元的直接经济损失。

（五）生物污染的防治

造成生物污染有大自然的因素，但更多的是人为的因素。由于人类商贸往来、旅游活动和其他交流活动的增多，增大了生物污染防治的难度，因此必须坚持以防为主，积极采取有效的应对措施。

（1）要进一步严格进口货物的动植物检疫及微生物检疫工作，防止外来生物随货侵入。

（2）要减少对外来物种的引进，引进前必须经过充分论证。

（3）要加强有关生物污染的基础理论研究，建立国家级监控体系和数据库。

（4）要提高人口的整体素质，增强环境保护、物种保护、生物多样性保护和防止生物污染的意识。

（5）要对已经发生的生物污染积极进行治理，防止其继续传播扩散，造成更大的危害。

（6）要严格控制污染源，加强对病原生物在环境中传布途径的研究，以便采取适当的方法（物理的、化学的或生物的）进行防治。

（7）要注意工业的合理布局以及生产过程的消毒和检验措施；如植物种子的消毒浸种、拌种；有机肥料的无害化处理，食品生产的严格卫生检验等。

知识拓展

银河浩瀚璀璨，给人类带来多少想象。但 2016 年发表的一项国际研究说，由于光污染问题，现在地球上已有三分之一的人口看不到夜空中的这条明亮"星河"。

"光污染不再仅仅是职业宇航员的烦恼，"这篇发表在新一期美国《科学进展》杂志上的研究写道："夜空人为增亮意味着人类的一个基本经历——每一个人在夜空下观察、思考的机会——发生了深刻改变。"

　　根据高精度卫星成像数据,并结合全球 2 万多个地面站点的观测,来自意大利、德国、美国和以色列的研究人员制成了迄今最精确的全球光污染影响评估地图集。结果显示,80％的地球人生活在受人工光线污染的天空下,北美近 80％的人口与欧洲 60％的人口无法看到银河。

——观察者网:《光污染令世界三分之一人口看不到银河》

本 章 小 结

　　本章主要介绍了除水污染、大气污染、固体废弃物污染三大污染之外的一些常见环境污染问题。分别介绍了噪声污染、放射性污染、电磁污染以及一些常见的污染类型,详细阐述了污染的来源、给环境和人们身心健康带来的危害以及相应的防护措施。强调了人们的不当行为对环境造成的危害,并呼吁人们要规范自身行为,加强环保意识。

思 考 题

(1) 什么是噪声污染?有哪些危害?

(2) 我国关于噪声污染有哪些相关法律法规?

(3) 什么是电磁污染?带来的危害有哪些?

(4) 什么是废热污染?会产生哪些危害?

(5) 什么是光污染?应该如何防治光污染?

(6) 外来生物入侵带来哪些危害?你能列举出关于生物入侵的一些案例吗?

拓展阅读

2021年4月22日晚,国家主席习近平在领导人气候峰会重要讲话中指出,"绿水青山就是金山银山。保护生态环境就是保护生产力,改善生态环境就是发展生产力。我们要摒弃损害甚至破坏生态环境的发展模式,摒弃以牺牲环境换取一时发展的短视做法,让良好生态环境成为全球经济社会可持续发展的支撑。"若要实现这样的目标,环境监测与评价是不可或缺的重要环节。通过环境监测与评价,对污染物的性质、含量、状态进行分析测定,以环境监测的方法和手段得到环境污染数据,评价环境质量受损程度,探讨污染的起因和变化趋势,才能明确与我们制定的环境管理目标的差距,即找出控制方法,改善环境质量,最终实现人类社会的可持续发展。

第一节　环境监测

导读

环保部通报的《2020中国环境状况公报》数据显示,淡水环境方面,全国地表水国控断面水质优良(Ⅰ～Ⅲ类)断面比例为83.4%,同比上升8.5个百分点;劣Ⅴ类断面比例为0.6%,同比下降2.8个百分点。在监测的112个重要湖泊(水库)中,Ⅰ～Ⅲ类水质湖泊(水库)比例为76.8%,同比上升7.7个百分点;劣Ⅴ类比例为5.4%,同比下降1.9个百分点。自然资源部门在10171个地下水水质监测点(平原盆地、岩溶山区、丘陵山区基岩地下水监测点分别为7923、910、1338个)中监测到,Ⅰ～Ⅲ类水质监测点占13.6%,Ⅳ类占68.8%,Ⅴ类占17.6%,主要超标指标为锰、总硬度和溶解性总固体。

——新华网:《〈2020中国生态环境状况公报〉发布》

想一想:以上监测数据是如何得来的呢?

一、环境监测概述

(一)环境监测的概念

环境监测(environmental monitor)就是运用各种分析、测试手段,间断或连续地对影响环境质量的代表值进行测定,监控环境质量及其变化趋势,取得反映环境质量或环境污染程度的各种数据的过程。

环境是一个复杂的体系,只有不断获取大量的信息,了解污染物的产生原因,掌握污染物的数量和变化规律,才能制定切实可行的环境污染防治规划,完善各类环境标准,使环境管理逐步实现从定性到定量的转变,而这些定量化的环境信息,只有通过环境监测才能得到。可见,环境监测是实现环境保护的不可或缺的重要环节。

(二) 环境监测的目的

环境监测能为制订环境治理计划和对策提供依据,因此被比喻为环境保护工作的"耳目"。环境监测在人类防治环境污染,协调人类和环境的关系中起着举足轻重的作用。

(三) 环境监测的分类

环境监测可按监测目的进行分类,也可按监测对象进行分类。

1. 按照监测目的进行分类

(1) 监视性监测。监视性监测是指对有关项目进行定期的、长时间的监测,以确定环境质量及污染源状况。这是监测工作中应用最广泛、最为常见的工作。

监视性监测包括对污染源的监督监测(污染物浓度、排放总量、污染趋势等)和环境质量监测(所在地区的空气、水质、噪声、固体废弃物等)。

(2) 特定项目监测。根据特定的目的可分为污染事故监测、仲裁监测、考核验证监测和咨询服务监测四种。

2. 按照监测对象进行分类

按监测对象分类可分为水质监测、空气监测、土壤监测、固体废弃物监测、生物与生态因子监测、噪声和振动监测、电磁辐监测、放射性监测、热监测、光监测、卫生监测等。

知识拓展

我们怎样监测国家地表水?

我国主要采取手工监测和自动监测相结合的模式,通过监测主要物理和化学指标,反映江河湖泊的"健康状态"和对大家身体健康的影响程度如表 9-1 所示。

表 9-1　手工监测与自动监测表

监测方式	手 工 监 测	自 动 监 测
监测指标	五参数(水温、pH、溶解氧、电导率和浊度)、高锰酸盐指数、化学需氧量、五日生化需氧量、氨氮、总磷、总氮、铜、锌、氟化物、挥发酚、石油类、阴离子表面活性剂和硫化物,湖库点位增加叶绿素 a 和透明度	五参数(水温、pH、溶解氧、电导率和浊度)氨氮、高锰酸盐指数、总氮和总磷、湖库点位增加叶绿素 a 和藻密度

二、环境监测程序与方法

（一）环境监测程序

环境监测的程序因监测目的不同而有所不同,但是其基本的工作程序是一致的,如图 9-1 所示。

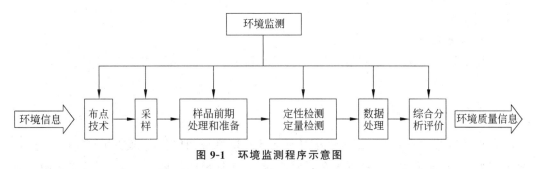

图 9-1 环境监测程序示意图

1. 现场调查

调查该区域内污染源及排放情况、各种自然环境与社会环境特征,收集相关信息和资料。

2. 监测计划设计

依据环境保护法规和环境质量标准、污染物排放标准中国家、行业和地方的相关规定,全面规划和合理布局。

3. 优化布点

充分考虑所在区域环境状况,按照相应的监测技术规范要求确定监测范围。

4. 样品采集

按规定的操作程序和确定的采样时间、频率获得代表性样品,并如实记录采样实况。

5. 运送保存

样品采集后,除了在现场测定的项目外,一般需要运输与保存,必须严格按环境标准运输和保存。

6. 分析测试

按照国家规定的分析方法和技术规范进行。

7. 数据处理

由计算机和网络自动进行环境监测信息的传输和存储以及数据的解析与模拟。

8. 综合评价

对各种污染因素、环境因素的监测信息进行解析、综合,写出综合研究报告。

（二）环境监测方法

环境监测中有物理量的测定,但更多的是污染物组分测定,其测定方法主要包括化学分析法、仪器分析法和生物技术法。

1. 化学分析法

以化学反应为基础,分为重量分析法和容量分析法两种。

2. 仪器分析法

以物理和物理化学方法为基础,一般需要使用精密仪器,广泛用于对污染物进行定性和定量的测定。

3. 生物技术法

利用生物个体、种群或群落对环境污染及其随时间变化所产生的反应来显示环境污染状况。

三、环境监测质量保证

环境监测所涉及的工作对象是十分复杂的环境系统,时间、空间量级上分布广泛,且随机多变,不易准确测量。特别是在区域性、国际大规模的环境调查中,常需要在同一时间内,由许多实验室同时参加、同步测定。这就要求各个实验室从采样到结果所提供的数据有规定的准确性和可比性,以便作出正确的结论。

(一)质量保证的作用

质量保证是环境监测的生命线,是对整个监测过程的全面质量管理。它可以提高监测分析质量,确保分析数据的准确度和精密度且具有可比性,将由于人员的技术水平、仪器设备及地域差异等各种影响因素导致的数据损失降至最低限度。因此,一个实验室或一个国家是否开展质量保证活动是表征该实验室或国家环境监测水平的重要标志。

(二)质量保证的内容

质量保证包括制订计划,根据需要和可能确定监测指标及数据的质量要求,规定相应的分析监测系统。

四、环境监测新技术

目前环境监测技术发展很快,日新月异。监测手段从单一到综合,监测范围也从点污染发展到面污染以及区域性污染。从国内外的发展来看,环境监测新技术主要表现在以下几个方面。

(1) 在发展传统的化学分析技术基础上,发展高精密度、高灵敏度,适用于痕量、超痕量分析的新仪器、新设备,同时发展了适用于特定任务的专属分析仪器。

(2) 多机联用技术广泛采用,扩大仪器的应用、使用效率和价值,如 GC-AAS(气相色谱—原子吸收光谱)联用仪、GC-MS(气相色谱—质谱)联用仪等。

(3) 环境中污染物质的分布和浓度是不断改变的,连续自动监测技术使数据的传输、处理等更加迅速准确,在极短时间内获取污染物质的变化信息,预测预报未来环境质量等。

(4) 广泛采用遥测遥控技术,逐步实现监测技术的智能化、自动化和连续化。主要方法包括摄影、红外扫描、相关光谱和激光雷达探测等。

(5) 小型便携式仪器和现场快速监测技术的研究也发展较快,如在污染突发事故的现场,污染物浓度的变化十分迅速,这时便携式和快速测定仪就显得十分重要。同样在野外的监测中,这种便携、快速测定仪也是十分必要的。

知识拓展

(1) 什么是排污许可制度? 排污许可证中规定什么内容?

排污许可证是排污单位(企业、事业单位)生产运营期排放行为的唯一行政许可,是管理部门依据排污许可制度管理要求,核发给排污单位的凭证。

排污许可证中规定的内容包括基本信息、对污染物排放情况的许可事项、对自行监测及信息记录与报告的管理要求。

(2) 如果发现企业非法排污或怀疑企业公开的监测数据有问题,应如何反馈、举报?

可通过以下三种方式。

① 拨打环境保护举报热线电话。

② 进入网络举报平台提交相关信息。

③ 直接联系当地生态环境主管部门进行监督举报。

第二节 环境质量评价

导 读

自 20 世纪 70 年代以来,世界各国都开始注意环境质量的研究工作。

美国制定的 1977—1981 年环境科学研究规划中曾多处提出要进行环境质量评价的研究。

1977 年,美国科协在费城主持召开了"环境质量指示物"讨论会。

1977 年,我国在成都召开的区域环境学讨论会上,也检阅了自 1973 年以来北京西郊环境质量评价、南京市环境质量评价、官厅流域水环境质量评价、渤海环境质量评价的研究成果,有力地推动了我国环境质量评价工作的开展。

1979 年 10 月,在南京成立了中国环境科学学会环境质量评价委员会,并组织编写了环境质量评价方法提要。此后,各城市分别编制了环境质量报告书,作为环境管理的依据。

想一想:什么是环境质量评价?

一、环境质量评价的概念

环境质量是指在一个具体的环境中,环境的总体或某些要素对人类的生存繁衍及社会经济发展的适宜程度,反映了环境状态品质的优劣。

环境质量包括环境的整体质量和各环境要素的质量,环境质量参数通常用环境介质中物质的浓度来加以表述。

环境质量评价是按照一定的评价标准和评价方法,对一定区域内的环境质量进行说明、评价和预测。环境评价的目的在于查明环境质量的历史和现状,确定影响环境质量的污染源及污染物的污染水平,掌握环境质量的变化规律并预测环境质量的变化趋势,为保护和改善环境质量提供行动依据和技术保障。

二、环境质量评价程序

环境质量评价的程序如图 9-2 所示。

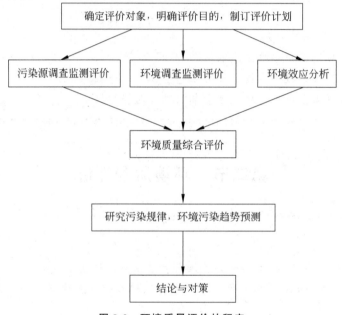

图 9-2　环境质量评价的程序

1. 确定评价目的与范围

进行环境质量现状评价首先要确定评价目的,划定评价区的范围,制定评价工作大纲及实施计划。

2. 收集与评价有关的背景资料

评价的目的和内容不同,所收集的背景资料也要有所侧重。例如,以环境污染为主,要特别注意污染源与污染现状的调查;以生态环境破坏为主,要特别进行人群健康状况的回顾性调查。

3. 环境质量监测

对不同环境要素进行监测,为评价提供数据。

4. 环境质量评价

筛选评价参数,确定评价标准,利用评价模式计算环境质量指数。

5. 环境污染趋势预测研究

运用模式计算,结合未来区域经济发展的规模及污染治理水平,预测地区未来环境污染的变化趋势。

6. 评价结论与对策

对环境质量状况给出总的结论,提出区域环境保护的近期治理、远期规划布局、综合防治方案及建设性意见。

三、环境质量评价的基本内容

环境质量评价因对象、要求、目的、方法不同,评价的内容也不同。其基本内容包括以下内容。

(1)各种污染源的调查、监测、分析和评价。找出各种污染源、污染物及其运动规律,来进行环境污染现状评价。

(2)环境自净能力的调查和分析。找出污染物在自然环境中的迁移规律和自然环境对污染物的净化能力。

(3)对人体健康与生态系统的影响评价。研究污染物、环境与生态系统的因果关系,掌握环境污染对生态系统的影响。

(4)建立环境污染数学模型。通过建立数学模型及数值模拟方法,对环境系统内的污染物进行定量描述。

(5)环境污染趋势预测研究。预测各类污染物的总量、浓度及分布,预测可能出现的新污染种类和数量。

(6)环境经济学评价。分析改善环境和综合利用带来的经济效益和环境效益,以及损失、费用和效益之间的关系。

(7)区域环境污染综合防治措施的确定。针对主要污染源和污染物,提出相应的控制方案和治理措施。

四、环境质量评价方法

环境质量现状评价较成熟的方法大体上可以分为四类:环境质量指数法、概率统计法、模糊数学法、生物指标法,如表 9-2 所示。这四类方法相互有区别,但是没有明确的界限,可互相渗透,灵活运用。

表 9-2　环境质量评价的方法类型

评价方法	细　目	逻辑概念	评价因子特点	备　注
环境质量指数法或监测评价法	单因子指数法 多因子指数法	在一定时空条件下环境质量是确定性的、可推理的	理化指标	这三类方法可以互相渗透,综合运用
概率统计法		在一定时空条件下环境质量是随机变化的	通过民意测验或专家咨询取得的评分值	
模糊数学法	模糊定权法 模糊定级法 区域环境单元模糊聚类法	环境质量等级的界限是模糊的;环境质量变化的界限也是模糊的	理化指标 通过民意测验或专家咨询取得的评分值	
生物指标法	指示生物法 生物指数法 其他	生物及生存环境是统一整体;生物对其生活环境质量变化非常敏感	生物的生理反应指标;环境中生物的种、群变化	生物指标也可用概率统计和模糊数学方法进行分级和聚类;生物指数也是一种环境指数

五、污染源调查与评价

凡以不适当的浓度、数量、速率、形态进入环境系统而产生污染或降低环境质量的物质和能量即为环境污染物。污染源是指污染物来源的场所、设备和装置。

污染源调查就是要了解、掌握污染物的种类、数量、排放方式、途径及污染源的类型和位置以及其影响对象、范围、程度等问题,为污染治理、总量控制、循环经济提供科学依据。

(一)污染源调查的内容

(1) 工业污染源调查,包括生产和管理调查、污染物排放与治理调查和发展规划调查。

(2) 农业污染源调查,包括农药使用情况、化肥使用情况、农业废弃物处置、水土保持以及农业机械使用情况调查。

(3) 生活污染源的调查,包括城镇居民人口调查、居民供排水状况、民用燃料、城市污水和垃圾的处置方法。

除上述污染源调查外,还有交通运输污染源调查、噪声污染调查、电磁辐射调查和放射性污染源调查等。

(二)污染源评价

1. 污染源评价的概念

污染源评价是制定区域污染控制规划和污染源治理规划的依据,是指对污染源潜在污染能力的鉴别和比较。潜在污染能力是指污染源可能对环境产生的最大污染效应。

2. 评价方法

污染源评价有类别评价和综合评价两类方法。类别评价方法是根据各类污染源中某一种污染物的排放浓度、排放总量(体积或质量)、统计指标(检出率、超标倍数、标准差)等评价污染程度;综合评价方法不仅要考虑污染物的种类、浓度、排放量、排放方式等污染源性质,还要考虑排放场所的环境功能。

六、我国城市空气质量评价

随着城市化进程的不断推进,近年来,全国各大城市均频频出现"雾霾"天气,空气质量问题愈发严重。目前主要污染物是降尘和总悬浮颗粒,其次是二氧化硫,主要源于冬季取暖、工业生产废气等,汽车废气的污染近年来呈快速上升趋势。

(一)空气质量指数

空气质量指数(air quality index,AQI)是将常规监测的几种空气污染物的浓度简化成为单一的概念性数值形式,并分级表征空气质量状况与空气污染的程度。参与空气质量评价的主要污染物为细颗粒物、可吸入颗粒物、二氧化硫、二氧化氮、臭氧、一氧化碳六项。针对单项污染物还规定了空气质量分指数。空气质量的好坏取决于各种污染物中危害最大的污染物的污染程度。若空气质量指数大于50,空气质量分指数最大的空气污染物为首要污染物;若空气质量分指数最大的污染物为两项或两项以上时,则并列为首要污染物。

(二)环境空气质量

空气质量按照 AQI 大小分为六级,如表9-3所示,指数越大说明污染情况越严重,对人体的健康危害也就越大。

表 9-3 空气质量指数(AQI)及相关信息

空气质量指数	空气质量指数级别	空气质量指数类别及表示颜色	对健康影响情况	建议采取的措施
0~50	一级	优/绿色	空气质量令人满意,基本无空气污染	各类人群可正常活动
51~100	二级	良/黄色	空气质量可接受,但某些污染物可能对极少数异常敏感人群健康有较弱影响	极少数异常敏感人群应减少户外活动
101~150	三级	轻度污染/橙色	易感人群症状有轻度加剧,健康人群出现刺激症状	儿童、老年人及心脏病、呼吸系统疾病患者应减少长时间、高强度的户外锻炼
151~200	四级	中度污染/红色	进一步加剧易感人群症状,可能对健康人群心脏、呼吸系统有影响	儿童、老年人及心脏病、呼吸系统疾病患者避免长时间、高强度的户外锻炼,一般人群适量减少户外运动
201~300	五级	重度污染/紫色	心脏病和肺病患者症状显著加剧,运动耐受力降低,健康人群普遍出现症状	儿童、老年人和心脏病、肺病患者应停留在室内,停止户外运动,一般人群减少户外运动

续表

空气质量指数	空气质量指数级别	空气质量指数类别及表示颜色	对健康影响情况	建议采取的措施
>300	六级	严重污染/褐红色	健康人群运动耐受力降低,有明显强烈症状,提前出现某些疾病	儿童、老年人和病人应当留在室内,避免体力消耗,一般人群应避免户外活动

知识拓展

环境质量现状综合评价

　　环境质量综合评价是为环境规划、环境管理提供依据,同时也是为了比较不同区域受污染的程度。其综合性特征表现在:综合认识自然环境的承载能力与人为活动的环境影响之间的关系;综合了解不同环境单元构成的区域环境质量的总体状况;综合表达气、水、土等多种环境要素组成的全环境特征;综合判断不同时间尺度内环境质量的变化趋势。环境质量的综合评价实质是不同时间尺度、不同空间尺度、不同科学领域、不同研究内容的综合。因此,环境质量指数的原理和方法在环境质量综合评价中具有特殊的应用价值。

　　在区域环境质量的综合评价中应注意环境现状与经济社会的综合、生态稳定性与脆弱性的关系和环境物质的地球化学平衡。从而,满足区域环境质量综合评价的基本目标:为控制污染、环境管理和国土整治提供科学依据;为工业布局、环境规划和经济开发提供优化方案。

第三节　环境影响评价

导　读

　　为了防止在经济发展中造成重大生态环境损失和破坏,20 世纪 90 年代以后,我国的环境和资源保护步入了快速的立法发展时期。

　　1993—2002 年,制定、修改并正式实施的环境与资源法律有 22 部。这些环境与资源保护的立法行动,清晰地展示了我国环境与资源保护正转向环境与资源的可持续利用,并最终朝着构筑可持续发展法律体系的方向迈进。

　　为了从决策的源头防止环境污染和生态破坏,必须要从项目评价进入战略评价,《环境影响评价法》是我国到目前为止环境保护最重要的制度建设之一。

　　《环境影响评价法》把国民经济的主要规划纳入了环境影响评价范围。评价制度要求改变政府拟定规划的常规方式和程序,确立起更加公开和民主的决策方式和程序,推动各项事业朝着可持续性发展的方向发展。

　　想一想:什么是环境影响评价?

一、环境影响评价概述

（一）环境影响评价概念

环境影响评价是指对拟议中的建设项目、区域开发计划、规划和国家政策实施后可能对环境产生的影响或后果进行的系统性识别、预测和评估，并从经济、技术、管理、社会等各方面提出预防或减缓不良环境影响的对策和措施。

（二）环境影响评价的基本功能

1. 判断功能

通过环境影响评价确定人类某项活动对环境影响的性质及程度，判断评价目标引起环境状态的改变是否会影响人类的需求和发展的要求。

2. 预测功能

在人类某项活动实施之前，对可能产生的环境效应做出预判。

3. 选择功能

选择功能实质就是通过评价为决策或选择提供依据，从而以人的需要为尺度选择最有利的结果。

4. 导向功能

导向功能是建立在前三种功能的基础上，对拟议中的活动进行的导向和调控。

（三）环境影响评价制度

环境影响评价制度是指把环境影响评价工作以法律法规或行政规章的形式确定下来从而必须遵守的制度。美国是世界上第一个建立环境影响评价制度的国家，之后环境影响评价在全球迅速普及和发展起来。目前已有100多个国家建立了环境影响评价制度。

1979年颁布的《中华人民共和国环境保护法（试行）》首次确立了我国实施环境影响评价的法律地位。2002年颁布并于2003年9月1日实施的《中华人民共和国环境影响评价法》，用法律把环境影响评价从项目环境影响评价拓展到规划环境影响评价，标志着我国环境影响评价制度发展到了一个新的阶段。

二、环境影响评价的工作程序

环境影响评价工作大体分为三个阶段。

第一阶段为准备阶段，主要工作为研究有关文件，进行初步的工程分析和环境现状调查。分析拟议的规划目标、指标、规划方案与相关的其他发展规划、环境保护规划的关系，调查、分析规划涉及范围内的环境现状和历史演变，识别敏感的环境问题以及制约拟议规划的主要因素，拟定或确认环境目标，选择量化和非量化的评价指标，确定各单项环境影响评价的工作等级，确定规划环境影响评价的具体范围、指标、内容等，编制评价大纲。

第二阶段为正式工作阶段，其主要工作为详细的工程分析和环境现状调查。预测和评价包括替代方案在内的不同规划方案对环境目标、环境质量和可持续性的影响,拟定环境保护对策和措施,推荐环境可行的规划方案,开展公众参与调查和信息公开,拟定环境监测和跟踪评价计划,编制监测分析、参数测定、野外试验、室内模拟、数据处理、仪器校正等质保大纲,进行环境影响预测和评价。

第三阶段为环境影响报告书编制阶段,其主要工作为汇总、分析第二阶段工作所得的各种资料、数据,给出评价结论,完成环境影响报告书的编制。

三、环境影响评价的方法

环境影响评价方法是指在环境影响评价的实际工作中,按照评价工作的规律,为解决某些环境问题而创造和发展的一类方法,可分为识别、预测和评估三类。

1. 识别

环境影响识别是定性地判断开发活动可能导致的环境变化以及由此引起的对人类社会的效应,要找出所有受影响(特别是不利影响)的环境因素,以使环境影响预测减少盲目性、环境影响综合分析增加可靠性、污染防治对策具有针对性。环境影响识别的内容包括影响因子、影响类型、影响程度(包括建设期、运营期、服务期满后)等,常用的方法是核查表法,当影响类型复杂时,也可采用矩阵法、网络图法等。

2. 预测

环境影响预测是对识别出的主要环境影响开展定量预测,以明确给出各主要影响因子的范围和大小,常用数学模型预测或实验模拟预测。在这两种手段都无法实现时,尤其是对社会、文化等难以定量的影响开展预测时,也可采用社会学调查方法,包括公众意见调查和专家调查。

3. 评估

环境影响综合评估是将开发活动可能导致的各主要环境影响综合起来,即对定量预测的各影响因子进行综合,从总体上评估环境影响的大小,可采用指数法、矩阵法、网络图法、图形叠置法等。

四、环境影响报告书的主要内容

环境影响报告书是环境影响评价程序和内容的书面表现形式之一,是环境影响评价项目的重要技术文件。

(一)环境影响报告书编写遵循原则

(1)环境影响报告书应该全面、客观、公正,概括地反映环境影响评价的全部工作;评价内容较多的报告书,其重点评价项目另编分项报告书;主要的技术问题另编专题报告书。

(2)文字应简洁、准确,图表要清晰,论点要明确,大型项目或比较复杂的项目,应有主报告和分报告(或附件)。主报告应简明扼要,分报告应把专题报告、计算依据列入。

（二）环境影响报告书编制内容

根据国家《环境影响评价技术导则》，环境影响报告书的编制内容如下。

1. 前言

2. 总则

(1)编制依据；(2)评价因子与评价标准；(3)评价工作等级和评价重点；(4)评价范围及环境敏感区；(5)相关规划及环境功能区划。

3. 建设项目概况与工程分析

4. 环境现状调查与评价

5. 环境影响预测与评价

6. 社会环境影响评价

7. 环境风险评价

8. 环境保护措施及其经济、技术论证

9. 清洁生产分析和循环经济

10. 污染物排放总量控制

11. 环境影响经济损益分析

12. 环境管理与环境监测

13. 公众意见调查

14. 方案比选

15. 环境影响评价结论

16. 附录和附件

五、环境影响评价的新进展

环境影响评价是一门交叉性和综合性十分强的学科，内涵十分丰富，它涉及自然、社会、经济、技术等多个学科领域，同时它又是一项直接应用于社会的环境管理制度。全球有100多个国家和地区在实施该项制度，不可避免地印上了各个国家的政治、经济体制的烙印。我国的环境影响评价就经历了从引入并借鉴国外经验到实践中形成独特体系的过程，并且还在若干前沿领域不断地发展出环境影响评价的新兴分支，如战略环境影响评价、累积环境影响评价、景观及视觉环境影响评价、环境影响后评价及环境健康影响评价等。

> **知识拓展**
>
> 1. 战略环境影响评价（SEA）
>
> SEA 是 EIA 在战略层次上的应用，是指对政策、计划或规划及其替代方案的环境影响进行系统的评价过程。
>
> 2. 生命周期评价（LCA）
>
> 生命周期评价是指对产品从最初的原材料采掘到原材料生产、产品制造、产品

使用及用后处理的全过程进行跟踪和定量分析与定性评价。当前生命周期评价已形成基本的概念框架和技术框架,成为产业生态学的主要理论和方法。

3. 环境风险评价(ERA)

环境风险是指可能对环境构成危害后果的概率事件。

4. 累积影响评价(CIA)

累积影响评价是指对累积影响的产生、发展过程进行系统地识别和评价,并提出适当的预防或减缓措施的过程。

本 章 小 结

通过本章的学习,要求了解环境监测的概念、目的、内容与分类;熟悉环境监测程序与方法;了解环境监测质量保证及新技术发展情况;掌握环境质量评价的概念、程序、内容和方法;了解污染源调查与评价;了解我国城市空气质量评价的相关内容;掌握环境影响评价的概念、程序、方法及发展情况;认识环境影响评价的重要性以及环境影响报告书的主要内容。

思 考 题

(1) 环境监测是环境保护工作的重要组成部分,环境监测的目的及其分类是什么?

(2)《中华人民共和国环境影响评价法》何时在何会议上通过? 该法的颁布有何意义?

(3) 什么是环境影响评价? 目前主要分哪几种类型?

(4) 环境影响评价报告书的主要内容有哪些?

拓展阅读

第十章

环境管理、法规及环境标准

建设生态文明是中华民族永续发展的千年大计,我们既要绿水青山,也要金山银山。因此,必须加大环境治理力度,着力解决突出环境问题。党的十九大报告明确指出,要提高污染排放标准,强化排污者责任,健全环保信用评价、信息强制性披露、严惩重罚等制度,构建政府为主导、企业为主体、社会组织和公众共同参与的环境治理体系。

第一节 环 境 管 理

导 读

人们对环境管理的认识是从 20 世纪 90 年代开始的。

在此之前,环境问题往往被单纯看成是一种孤立的污染事件。世界各国花费大量费用,运用工程技术手段进行治理,运用法律、行政手段限制排污,但并没有阻止污染的继续扩大。

于是,人们认识到,环境问题不仅仅是污染治理问题,也是人类社会经济发展与环境保护发生矛盾的问题。因此,开始了环境管理问题的研究,并发展成为环境科学的一个重要分支。

实践证明,在人类的发展过程中,没有正确处理经济与环境的关系并制定和实施完善的环境规划是造成环境污染和生态破坏的根源。环境管理就是利用各种手段,鼓励引导甚至强迫人们保护环境。

想一想:我们该如何认识环境管理?

一、环境管理的含义及内容

(一) 环境管理的含义

环境管理就是指管理主体运用经济、法律、技术、行政、教育等手段,预防与禁止人类损害环境质量的行为,通过全面规划使经济发展与环境相协调,达到既要发展满足人类的基本需要,又不超出环境的容许极限、不危及后代人满足其需求能力的发展。

（二）环境管理的基本内容

环境管理的内容涉及人类社会经济活动的各个方面，主要包括人、物、资金、信息和时空等。"人"是社会经济活动的主体，即个人、企业、政府；"物"即物质资源，包括开发利用资源、保护环境资源、维护环境资源的持续利用；"资金"是指运用资金去补偿环境资源的损失；"信息"是指能够反映管理内容的、可以传递和加工处理的文字、数据或符号等；"时空"则是指管理活动发生在不同的空间区域，就会产生不同的管理效果，而空间区域的差别往往是环境容量和功能区划的基础。

环境管理要求把握好这些管理对象，对其进行合理、科学地管理。环境管理的基本内容通常从两个角度划分。

1. 从对象角度

（1）政府行为的环境管理：政府作为社会经济活动的主体，可以为社会提供公共消费品和服务，还可对市场进行宏观调控，会对环境产生好的或坏的影响。要解决政府行为所造成和引发的环境问题，关键是要促进、把握宏观决策的科学化和正确性。

（2）企业行为的环境管理：企业生产过程中，必须要向自然界索取自然资源，并将其作为原材料投入生产活动中，同时向自然界排放出污染物，这会对环境产生不利影响。因此企业行为也是环境管理的重要对象。

（3）个人行为的环境管理：个人消费行为会对环境的产生不良影响，必须唤醒公众的环境保护意识、采取各种先进的技术和管理措施消除个人行为对环境的不良影响。

2. 从环境目标角度

（1）环境质量的管理：环境质量管理是环境管理的核心内容，包括环境标准的制定、环境质量监控、编写环境质量报告书等。近年来，环境质量管理的内容从浓度管理逐渐转变为以总量控制为中心内容。环境质量管理根据环境要素的不同，分为大气环境管理、水环境管理、声学环境管理、土壤环境管理、固体废弃物环境管理；根据区域类型的不同，分为城市环境管理、农村环境管理；根据产业部门不同，分为农业环境管理、工业环境管理、商业、服务业环境管理等。

（2）生态环境的管理：生态环境管理主要是指对自然资源的管理。按照自然资源的种类，将自然资源管理的内容划分为水资源管理、土地资源管理、矿产资源管理、生物资源管理等。

实际工作中，上述对环境管理内容的划分常常相互交叉、结合在一起，政府虽然也是环境管理的对象，但更重要的却是它同时扮演着主要环境管理者的角色，对环境管理的各项内容进行综合规划、统筹管理。

二、环境管理的基本职能

环境管理的基本职能通常指的是各级人民政府的环境保护主管部门的基本职能，主要有以下几个方面。

（一）计划

计划是环境管理的首要职能。所谓计划职能，是指对未来的环境管理目标、对策和措施进行规划和安排,即在开展环境管理工作或行动之前,预先拟定出具体内容和步骤,包括确立短期、长期管理目标以及选定实现管理目标的对策和措施。

(二)协调

组织协调是环境管理的一个非常重要的职能。从宏观上讲,环境管理就是要协调环境保护与经济建设和社会发展的关系,实现国家的可持续发展;从微观上讲,环境管理就是要协调社会各个领域、各个部门、不同层次人们的各种需求和经济利益关系,以适应环境准则。环境管理涉及范围广,综合性强,需要各部门分工协作,各尽其责。环境机构组织的内、外部管理均需协调。

(三)监督

监督是环境管理活动中的一个最基本、最主要的职能。环境监督是指对环境质量的监测和对一切影响环境质量行为的监察,前者由各环境监测机构实施,后者指对危害环境行为的监察和对保护环境行为的督促。环境监督可分为内部管理监督和外部管理监督。内部管理监督是指环境管理部门从执法水平和执法规范两方面开展的系统内部监督,从而加强环保执法人员的政策水平。外部监督是环境保护部门开展环境管理的主要监督内容和形式,是指环境管理部门依据国家的环境法律法规和标准以及行政执法规范对一切经济行为主体开展的环境监督。

(四)指导

指导是环境管理的一项服务性职能,可促进监督职能的发挥。它是指环境管理者在实现管理目标过程中对有关部门具有的业务指导职能,包括纵向指导和横向指导两个方面,即上级环境管理部门对下级环境管理部门的业务指导和同一级政府领导下的环境管理部门对同级相关部门开展环境保护工作的业务指导。

三、我国环境管理制度

我国在多年的环境管理实践中,围绕环境保护的三项基本原则,根据国情制定了八项环境管理制度。这八项制度可分三组:①按"预防为主"的原则,主要包括环境影响评价制度、"三同时"管理制度;②按"谁污染,谁付费"的原则,主要包括排污收费、排污申报登记及排污许可制度,污染集中控制以及限期治理制度;③按"强化环境管理"的原则,主要包括环境保护目标责任制和城市环境综合整治定量考核制度。

(一)环境影响评价制度

环境影响评价制度是指把规划和建设项目等的环境影响评价工作以法律法规或行政规章的形式法定化,体现了"预防为主"的环境管理原则。它要求把对环境影响的考虑体现在规划和建设项目的拟定、决策和实施过程中。对环境有影响的新建、改建、扩建、技术改造项目以及一切引进项目,包括区域建设项目都必须执行环境影响报告书审批制度。

（二）"三同时"管理制度

一切新建、改建和扩建的基本建设项目、技术改造项目、自然开发项目以及可能对环境造成损害的其他建设项目,其中需要配套建设的防治污染和其他公害的环境保护设施,必须与主体工程同时设计、同时施工、同时投产使用。

（三）排污收费制度

企业事业单位向环境排放污染物或超过规定的标准排放污染物,依照国家法律和有关规定需按标准交纳费用。排污收费制度是"谁污染、谁付费"原则的体现,使污染防治责任与排污者的经济利益直接挂钩,促使排污者加强经营管理,节约和综合利用资源,治理污染,改善环境。

（四）排污申报登记与排污许可证制度

排污申报登记是指凡是向环境排放污染物的企事业单位和其他生产经营者,必须按规定程序向环境保护行政主管部门申报登记所拥有的排污设施、污染物处理设施及正常作业情况下排污的种类、数量和浓度。

（五）污染物集中控制制度

治理污染的根本目的不是追求单个污染源的处理率和达标率,而应当是谋求整个环境质量的改善,同时讲求经济效率,以尽可能小的投入获取尽可能大的效益。基于我国的国情和制度优势,对于点污染源应采取以集中控制为主的发展方向。

（六）限期治理污染制度

限期治理污染制度是以污染源调查、评价为基础,以环境保护规划为依据,对污染严重的项目、行业和区域,由有关国家机关依法限制治理时间、治理内容以及治理效果的强制性措施,是人民政府为了保护人民的利益对排污单位采取的法律手段。

（七）环境保护目标责任制

环境保护目标责任制是依据国家法律规定,通过签订责任书的形式,具体落实地方各级政府和有关造成污染的单位对环境质量负责。环境保护目标是根据环境质量状况及经济技术条件,在经过充分研究的基础上确定的。环境保护目标责任书中明确规定了一个单位、一个部门乃至一个区域环境保护的目标、主要责任者和责任范围。环境保护目标责任书层层签订,使改善环境质量的任务能够得到层层分解落实,达到既定的环境目标。

（八）城市环境综合整治定量考核制度

所谓城市环境综合整治,就是把城市环境作为一个系统或一个整体,运用系统工程的理论和方法,采取多功能、多目标、多层次的综合战略、手段和措施,对城市环境进行综合规划、综合管理、综合控制,以最小的投入换取城市质量优化,做到经济建设、城乡建设、环境建设同步规划、同步实施、同步发展,从而使复杂的城市环境问题的得以解决。

知识拓展

　　宏观环境管理一般指从总体、宏观及规划上对发展与环境的关系进行调控,研究解决环境问题。主要内容包括对经济与环境协调发展的协调度进行分析评价;促进经济与环境协调发展的协调因子分析;环境经济综合决策,建立综合决策的技术支持系统;制定与可持续发展相适应的环境管理战略;研究制定对发展与环境进行宏观调控的政策法规等。

　　微观环境管理指以特定地区或工业企业环境等为对象,研究运用各种手段控制污染或破坏的具体方法、措施或方案。其主要内容有:运用法律手段和经济手段防止新污染的产生,控制污染型工业在工业系统中的比重;运用环境法律制度激励和促进经济管理工作者和企业领导人积极采取减少排污和防治污染的措施;研究在市场经济条件下将环境代价计入成本等具体措施,促进企业合理利用资源、减少排污,降低经济再生产过程对环境的损害;选择对环境损害最小的技术、设备及生产工艺,降低或消除对环境的污染和破坏等。

第二节　环境保护法规

导读

　　我国西周时期颁布的《伐崇令》规定"毋坏屋、毋填井、毋伐树木、毋动六畜。有不如令者,死无赦"。这大概是我国古代最早颁布的关于保护水源、动物和森林的法令。此后,我国历代封建王朝都曾颁布过类似的法令。

　　据1956年在湖北云梦县睡虎地出土的秦墓竹简记载,《秦律·田律》规定,禁止在春天砍伐林木和堵塞河道;不到夏季不准烧草为肥⋯⋯

　　在我国较完备的封建法典《唐律》中,专门设有"杂律"一章,更具体、更详细地规定:"诸部内,有旱、涝、霜、雹、虫、蝗为害之处,主司应言而不言,及妄言者,杖七十。"⋯⋯唐代以后的法律多沿《唐律》,都有关于自然环境保护的法律规定。此外,自殷商时期开始,我国历代法律中还有关于生活环境保护的规定。

　　想一想:我们该如何利用法律保护环境?

一、环境保护法的基本概念

(一)环境保护法的含义

环境保护法是由国家制定或认可,并由国家强制保证执行的关于保护与改善环境、合理开发利用与保护自然资源、防治污染和其他公害的法律规范的总称。

这个定义包含三点主要含义。

(1)环境保护法是由国家制定或认可,并由国家强制力保证执行的法律规范。

(2)环境与资源保护法的目的是通过防止自然环境破坏和环境污染来保护人类的生存环境,维护生态平衡,协调人类同自然的关系。

(3)环境保护法所要调整的是社会关系的一个特定领域,这是环境保护法区别于其他部门法律规范的最重要的特征。这个特定领域即人们(包括组织)在生产、生活或其他活动中所产生的同保护和改善环境、合理开发利用与保护自然资源有关的各种社会关系。

(二)环境保护法的目的和任务

《中华人民共和国环境保护法》第一条规定:"为保护和改善环境,防治污染和其他公害,保障公众健康,推进生态文明建设,促进经济社会可持续发展,制定本法。"该条明确规定了环境保护法的目的和任务。

环境保护法的目的是保护人的健康,促进经济社会可持续发展;其任务包括三项。

(1)合理地利用环境与资源,防治环境污染和生态破坏。

(2)建设一个清洁适宜的环境,保护人民健康。

(3)协调环境与经济的关系,促进现代化建设的发展。

(三)环境保护法的作用

环境保护法的基本作用是环境保护,同时兼具促进经济社会持续发展的作用。

(1)环境保护法是实施可持续发展战略的推进器。

环境保护法通过调整和规范人们在开发、利用、保护、改善环境的活动中所发生的各种社会关系,对不符合可持续发展的高投入、高消耗、低产出、低效益的粗放型经济增长方式予以禁止和制裁。对符合可持续发展的低能耗、低物耗的集约型经济增长方式予以促进和鼓励。同时,要求对污染控制从源头抓起,推行"预防优先"原则,采取清洁生产方式,实现废弃物无害化、资源化。此外,还要求把对环境的负荷减少到最低限度,实行综合的环境整治计划,以确保当代人及其子孙后代均能"以与自然相和谐的方式过健康而富有生产成果的生活"。环境法这一作用的充分发挥,使得可持续发展战略得以顺利实施。

(2)环境保护法是执行各项环境保护政策的有力工具。

环境保护法将环境保护的基本对策和主要措施以法律形式予以固定,从而使环境保护工作更加规范化、制度化,有力地推动了环境保护工作的有序进行。

(3)环境保护法是全面协调人与环境关系的强大法律武器。

环境保护法通过法律形式保证合理开发自然环境和自然资源,保护和改善生活环境和生态环境,防治环境污染、环境破坏及其他环境问题,保护其他生命物种,从而成为协调人与环境的关系和人与人的关系的有效手段。

(4)环境保护法是增强全民环境意识的教材。

环境意识是衡量社会进步和文明程度的重要标志。为了人类自身的生存和发展,必须在全社会展开环境法制宣传,普及环境科学知识和环境保护政策,倡导良好的环境道德风尚,促进公众参与环境管理。而环境法规定了环境保护的行为规范和政策措施,以法律形式规定了环境保护的是非善恶标准,是提高全体公民环境意识的最好教材。

(5)环境保护法是加强国际环境保护合作、维护我国环境权益的重要手段。

环境是无国界的,为此,必修加强国际环境保护的合作,共同对付对全球构成危害的环境问题,才能使地球成为人类赖以生存和发展的永恒场所。而环境保护法正是以规定国家的环境权利和应履行的环境保护义务为主要内容的,从而成为国际环境保护合作、维护我国环境权益的有效手段。

二、我国环境保护法律体系

环境保护法律体系是指在一定的范围内,按其内在的联系由有关开发、利用、保护和改善环境,防治污染和其他公害的全部法律规范构成的一个有机的整体。环境保护法体系的建立有助于各种法律规范间相互配合、有层次而又相互协调,从而更好地发挥环境保护法的作用。环境保护法体系是我国法律中的一个子体系。

我国环境保护法律法规体系由下列八个部分构成。

(一)宪法关于环境保护的规定

《中华人民共和国宪法》(以下简称《宪法》)是我国最高法律和根本大法,《宪法》关于环境保护的规定是国家关于环境保护的根本性要求,是环境保护法的立法基础和立法依据。《宪法》第五条规定:"一切法律、行政法规和地方方法规不得同宪法相抵触。"

《宪法》第九条规定:"国家保障自然资源的合理利用,保护珍贵的动物和植物。禁止任何组织或者个人用任何手段侵占或者破坏自然资源。"第十条规定:"一切使用土地的组织和个人必须合理地利用土地。"第二十二条规定:"国家保护名胜古迹、珍贵文物和其他重要历史文化遗产。"第二十六条规定:"国家保护和改善生活环境和生态环境,防治污染和其他公害。国家组织和鼓励植树造林,保护林木。"这些条款都为我国其他各项环境法律法规的确立打下了基础,体现了国家环境保护的总体政策。

(二)环境保护基本法

《中华人民共和国环境保护法》是我国环境保护的基本法。1979年9月第五届全国人大常委会第十一次会议通过了该法的试行版本,1989年12月26日第七届全国人大常委会第十一次会议通过了该法的第一次修订,2014年4月24日第十二届全国人民代表大会常务委员会第八次会议审议通过了再次修订的《中华人民共和国环境保护法》(以下简称《环境保护法》)。《环境保护法》确立了经济建设、社会发展与环境保护协调发展的基本方针,规定了各级政府、一切单位和个人保护环境的权利和义务。

（三）环境保护单行法

环境保护单行法是以宪法和环境保护法为依据，针对特定的污染防治领域和特定保护对象而制定的单项法律，是宪法和环境保护法的具体化。目前，我国环境保护单行法在环境保护法律法规体系中数量最多，占有重要的地位。目前已颁布的环境保护单行法包括污染防治法（《中华人民共和国水污染防治法》《中华人民共和国大气污染防治法》《中华人民共和国固体废弃物污染防治法》《中华人民共和国环境噪声污染防治法》《中华人民共和国放射性污染防治法》等）、生态保护法（《中华人民共和国水土保持法》《中华人民共和国野生动物保护法》《中华人民共和国防沙治沙法》等）、《中华人民共和国海洋环境保护法》和《中华人民共和国环境影响评价法》等。

（四）环境保护相关法

环境保护相关法是指一些自然资源保护和其他与环境保护关系密切的法律，如《中华人民共和国农业法》《中华人民共和国森林法》《中华人民共和国草原法》《中华人民共和国渔业法》《中华人民共和国矿产资源法》《中华人民共和国水法》《中华人民共和国土地管理法》《中华人民共和国防洪法》《中华人民共和国节约能源法》《中华人民共和国电力法》《中华人民共和可再生能源法》《中华人民共和国清洁生产促进法》等。

（五）环境保护行政法规

环境保护行政法规是由国务院制定并公布或经国务院批准有关主管部门发布的环境保护规范性文件。包括两部分内容：一是根据法律授权制定的环境保护法的实施细则或条例，如《水污染防治法实施细则》《大气污染防治法实施细则》《噪声污染防治条例》《森林法实施条例》等；二是针对环境保护的某个领域而制定的条例、规定和办法，如《建设项目环境保护管理条例》《排污费征收使用管理条例》《矿产资源开采登记管理办法》《报废汽车回收管理办法》等。

（六）环境保护部门规章

环境保护部门规章是指国务院环境保护行政主管部门单独发布或与国务院有关部门联合发布的环境保护规范性文件以及国务院各部门依法制定的环境保护规范性文件。部门规章是以环境保护法律和行政法规为依据而制定的，或者是针对某些尚未有相应法律和行政法规调整的领域做出相应规定。例如《环境保护行政处罚办法》《环境标准管理办法》《报告环境污染与破坏事故的暂行办法》《产业结构调整指导目录》《清洁生产审核暂行办法》《公用建筑节能管理规定》《外商投资产业指导目录》等。

（七）环境保护地方性法规和地方政府规章

环境保护地方性法规和地方政府规章是享有立法权的地方权力机关和地方政府机关依据宪法和相关法律制定的环境保护规范性文件，是根据本地实际情况和特定环境问题制定的，并在本地区实施，有较强的可操作性。如《北京市防治大气污染管理暂行办法》

《太湖水源保护条例》《湖北省环境保护条例》《贵阳市建设循环经济生态城市条例》《太原市清洁生产条例》等。

（八）环境标准

环境标准是具有法律性质的技术标准，是国家为了维护环境质量、实施污染控制而按照法定程序制定的各种技术规范的总称。环境标准是环境保护法律法规体系的重要组成部分，是环境执法和环境管理工作的技术依据。

（九）国际环境保护公约

《环境保护法》第四十六条规定："中华人民共和国缔结或者参加的与环境保护有关的国际条约，同中华人民共和国的法律有不同规定的，适用国际条约的规定，但中华人民共和国申明保留的条款除外。"这就是说，我国缔结或参加的国际条约，较我国的国内环境法有优先的权利。目前我国已经签订、参加了60多个与环境资源保护有关的国际条约，如《联合国气候变化框架公约》《京都议定书》《关于消耗臭氧层物质的蒙特利尔议定书》《关于在国际贸易中对某些危险化学品和农药采用事先知情同意程序的鹿特丹公约》等。

三、环境保护法的法律责任

环境法律责任是指环境保护法主体因违反其法律义务而应当依法承担的法律后果。《环境保护法》和其他的环境保护单行法、相关法中均规定了违反法律和法规的相应责任，按期承担方式分为行政责任、民事责任和刑事责任三种。

（一）行政责任

环境行政责任是指违反了环境保护法，实施破坏或者污染环境的单位或者个人所应承担的行政方面的法律责任。承担行政责任的方式有行政处罚和行政处分两种。

（1）行政处罚是指环境保护行政机关依照环境保护法，对犯有一般环境违法行为的个人或组织做出的具体的行政制裁措施。环境行政处罚的种类主要有警告、罚款、没收违法所得、责令停止生产或者使用、吊销许可证或者其他具有许可性质的证书、拘留等。

（2）行政处分是指国家机关、企事业单位依照法律和有关规章，给所属有轻微违法或违纪行为人员的一种制裁，包括警告、记过、记大过、降级、降职、撤职、留用察看、开除等。

（二）民事责任

环境民事责任是指单位或者个人因污染、危害环境而侵害了公共财产或者他人的人身、财产所应承担的民事方面的责任。其种类主要有排除侵害，消除危险，恢复原状，返还原物，赔偿损失，收缴、没收非法所得及进行非法活动的器具，罚款，停业及关、停、并、转等。

（三）刑事责任

环境刑事责任是指行为人故意或过失实施了严重危害环境的行为，并造成了人身伤亡或公私财产的严重损失，已经构成犯罪要承担刑事制裁的法律责任。环境刑事责任的形式同一般的刑事责任的形式没有区别,主要分为主刑和附加刑。主刑的种类包括:管制、拘役、有期徒刑、无期徒刑、死刑。附加刑的种类包括:罚金、剥夺政治权利、没收财产。附加刑可以独立适用。我国《刑法》中规定了与环境有关的犯罪活动,如非法处置进口的固体废弃物罪,擅自进口固体废弃物罪,非法捕捞水产品罪,非法猎捕、杀害珍贵、濒危野生动物罪,非法收购、运输、出售珍贵、濒危野生动物制品罪,非法狩猎罪,非法占用耕地罪,非法采矿罪,非法采伐、毁坏珍贵树木罪,滥伐林木罪等。

知识拓展

中国环境保护法的基本原则

1. 协调发展原则

协调发展原则是指经济建设和环境保护协调发展的原则。

2. 预防为主、防治结合原则

预防为主、防治结合原则是指采取多种预防措施,防止环境问题的产生和恶化,或者把环境污染和破坏控制在能够维持生态平衡、保护人体健康和社会物质财富及经济、社会持续发展的限度之内。

3. 环境责任原则

环境责任原则是指在生产和其他活动中造成环境污染和资源破坏的单位和个人,应承担治理污染、恢复环境质量的责任。

4. 公众参与原则

公众参与原则是目前世界各国环境保护管理中普遍采用的一项原则。

第三节　环境标准

导　读

环境标准是环境保护法规系统的一个重要组成部分。环境标准的建立和发展在一定程度上是与一个国家的经济、科技和法制的发展水平密切相关。

从世界范围看,英国1863年为防止大气污染而制定的《碱业法》可视为环境标准的最早代表。随着工业不断发展,环境污染日趋严重,环境标准问题也日益引起广泛重视,特别是20世纪50年代后,很多发达国家(如美国、日本、苏联、德国、瑞典等)相继制定了各种环境法规和标准。

我国有关环境标准的工作起步相对较晚,但在政府有关部门的密切配合下,现已逐渐形成完整体系,在实际环境保护工作中起到了应有作用。

想一想:什么是环境标准?

环境标准是对某些环境要素所做的统一的、法定的和技术的规定。环境标准是我国环境法律体系的一个独立的、特殊的、重要的组成部分,是环境保护工作中最重要的工具之一,同时也是进行环境规划、环境管理、环境评价和城市建设的依据。

一、环境标准及其作用

(一) 环境标准的概念

环境标准是指为保护人体健康、生态环境及社会物质财富,由法定机关对环境保护领域中需要规范的事物所做的统一的技术规定。环境标准是国家环境保护法律体系中重要而特殊的组成部分,具有公益性、强制性、技术性和科学性四个方面的特点。

(二) 环境标准的作用

(1) 环境标准是制定环境规划、计划的重要依据。环境标准是一定时间内环境政策目标的具体体现。为保护人民群众的身体健康,促进生态良性循环和保护社会财物不受损害制订环境保护规划、计划,需要有一个明确的目标,这个目标就是根据环境质量标准提出的。

(2) 环境标准是环境执法的尺度。环境标准是用具体数字体现环境质量和污染物排放应控制的界限。超出这些界限,污染了环境,即违背了环境保护法。

(3) 环境标准是科学管理环境的技术基础。环境的科学管理,包括环境方法、环境政策、环境规划、环境评价和环境监测等方面。

二、环境标准体系

环境标准包括多种内容、多种形式、多种用途的标准,充分反映了环境问题的复杂性和多样性。标准的种类、形式虽多,但都是为了保护环境质量而制定的技术规范,可以形成一个有机的整体;建立科学的环境标准体系,对于更好地发挥各类标准的作用、做好标准的制定和管理工作有着十分重要的意义。

我国环境保护标准自 1973 年创立以来,经过 40 余年的发展和完善,已形成了"三级五类"环境标准体系(图 10-1)。"三级"是指国家环境标准、地方环境标准和环境保护行业标准,"五类"是指环境质量标准、污染物排放标准、环境基础标准、环境监测方法标准和环境标准样品标准。其中,环境质量标准和污染物排放标准是环境标准体系的主体,环境基础标准是环境标准体系的基础,环境监测方法标准、环境标准样品标准构成环境标准体系的支持系统。

国家环境标准和行业标准由国家质检总局和国务院环保行政主管部门制定,是对共性或重要的事物所作的统一规定,在全国范围内统一执行,是制定地方环境标准的依据和指南。地方环境标准是由地方各级人民政府制定,对局部的、特殊性的事物所作的规定,适用于本地区的环境管理,是对国家环境标准的补充和完善,地方环境标准优先于国家环境标准执行。地方环境标准只有环境质量标准和污染物排放标准两种。

(一) 环境质量标准

环境质量标准是指为了保护自然环境、人体健康和社会物质财富,促进生态良性循环,

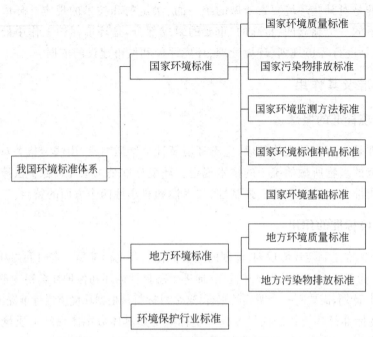

图 10-1　我国的环境标准体系

对环境中的有害物质和因素在一定时间和空间内的允许含量所作的限制性规定。环境质量标准规定了环境质量目标，反映了人群、动植物和生态系统对环境质量的综合要求，是制定污染物排放标准的主要依据，是衡量一个国家、一个地区环境是否受到污染的尺度。我国环境质量标准一般按照环境要素分大气、水质、土壤、噪声、放射性等分别制定质量标准。

（二）污染物排放标准

污染物排放标准是指为实现环境质量标准，结合技术经济条件和环境特点，对排入环境中的污染物的浓度或数量或对环境造成危害的其他因素而做出的限制性规定。污染物排放标准是国家环境管理的重要手段，制定该标准是为了控制污染物的排放量，从而达到环境质量的要求。

（三）国家环境基础标准

环境基础标准是对环境质量标准和污染物排放标准所涉及的技术术语、符号、代号（含代码）、制图方法及其他通用技术要求所作的技术规定，是制定其他环境标准的基础和依据。目前我国的环境基础标准主要包括：①管理标准，如环境影响评价和"三同时"验收技术规定等；②环境保护名词术语标准；③环境保护图形符号标准、环境信息分类和编码标准等。

（四）国家环境监测方法标准

环境监测方法标准是指为统一环境保护工作中的各项试验、检验、分析、采样、统计、计算和测定方法所作的技术规定，是实现环境质量标准、污染物排放标准的重要手段。环境监测方法标准与环境质量标准和污染物排放标准紧密联系,每一种污染物的测定均需有配套的方法标准,而且必须全国统一才能得出正确的标准数据和测量数值,只有大家处在同一水平上,在进行环境质量评价时才有可比性和实用价值。环境监测中最常见的是分析方法、测定方法、采样方法。

(五)国家环境标准样品标准

环境标准样品是指用于标定仪器、验证测量方法、进行量值传递或质量控制的材料或物质。标准样品在环境管理中起着甄别的作用,它可用来评价分析方法、分析仪器、鉴别其灵敏度和应用范围,还可评价分析者的水平,使操作技术规范化。在环境监测站的分析质量控制中,标准样品是分析质量考核中评价实验室各方面水平、进行技术仲裁的依据。我国标准样品的种类有水质标准样品、气体标准样品、生物标准样品、土壤标准样品、固体标准样品、放射性物质标准样品、有机物标准样品等。标准样品标准是实现上述各类环境标准的基本物质条件。

除上述环境标准外,国家对尚需统一的技术要求也制定了标准,包括各项环境管理制度、检测技术、环境区划、规划的技术要求、规范、导则等。例如,为了规范环境影响评价技术和指导开展环境影响评价工作,从1993年起,国家陆续发布了一系列环境影响评价技术导则。环境影响评价技术导则在环境保护法律法规体系中,属于环境标准中的行业标准。

三、环境标准的管理、实施与监督

(一)环境标准的管理

1999年4月《环境标准管理办法》规定环境标准由国家环保总部统一管理。国家环保总部负责制定国家和行业环境标准并具有解释权,同时负责地方环境标准的备案审查,指导地方环境标准的管理工作;省、自治区、直辖市政府负责地方环境标准的制定,县级以上人民政府环境保护行政主管部门负责本行政区域内的环境标准管理工作,负责组织实施国家环境标准、行业环境标准。

(二)环境标准的实施与监督

环境标准的实施与监督是环境标准化工作的重要内容。环境标准只有通过实施,其作用和效果才能实现。

环境标准的实施主要是针对强制性标准的执行情况而开展的监督、检查和处理。环境标准的实施包括环境质量标准的实施、污染物排放标准的实施、环境监测方法标准的实施、环境标准样品标准的实施、环境基础标准的实施、行业环境标准的实施。县级以上地方政府环境保护行政主管部门是环境标准的实施主体,各级环境监测站和有关的环境监测机构负责对环境标准的具体实施。

环境标准发布后,各有关部门都必须严格执行,任何单位不得擅自更改或降低标准。各级环境保护行政主管部门,要为实施环境标准创造条件,制定实施计划和措施,充分运用环境监测等手段,监督、检查环境标准的执行。对因违反标准造成不良后果或重大事故者,要依法追究法律责任。

> **知识拓展**
>
> 　　绿色壁垒,是指在国际贸易领域,发达国家凭借其经济技术优势,以保护环境和人类健康的名义,通过立法或制定严格的强制性技术法规,对发展中国家商品进入国际市场进行限制。
>
> 　　表现形式主要有绿色关税、绿色市场准入、绿色反补贴、绿色反倾销、强制性绿色标志、烦琐的进口检验程序等。
>
> 　　作为发展中国家,我国的环境标准与发达国家相差甚远,绿色壁垒对我国对外贸易的制约越来越大。
>
> 　　针对绿色壁垒,我们要充分利用世贸组织的规则,维护对外贸易的正当权益。要想从根本上扭转对外贸易的这种不利局面,就必须尽快完成向生态文明的转型,走绿色崛起道路。

本 章 小 结

　　本章介绍了环境管理的含义、内容及基本职能,阐述了我国环境管理制度,便于了解我国环境管理现状。讲解了环境保护法的概念,详述了我国环境保护法律体系的构成及其基本原则,违反环境保护法应承担哪些法律责任。阐明了我国环境标准的作用、环境标准体系的构成和制定环境标准的原则及监督实施。

思 考 题

　　(1) 什么是环境管理? 环境管理的基本职能是什么? 我国的环境管理制度有哪些?

　　(2) 环境保护法的定义是什么? 其作用有哪些? 我国环境保护法律体系包括哪几个方面?

　　(3) 违反我国环境保护法应承担哪几种责任?

　　(4) 环境标准的定义是什么? 在环境管理中起何作用? 我国环境标准体系是如何分级分类的?

　　(5) 在我国,环境标准怎样实施和监督?

拓展阅读

第十一章

可持续发展战略

近代人类社会,由于人口的不断增加、工业的迅速发展,全球环境污染日趋加重,尤其是自 20 世纪 50 年代以来,人类所面临的人口猛增、粮食短缺、能源紧张、资源破坏和环境污染等问题日益恶化,导致"生态危机"逐步加剧,这就迫使人类努力寻求长期生存和发展的道路。为了达到这一目的,人类进行了不懈的努力和探索,并提出了一些富有启发和很有意义的思想和理论,其中,可持续发展是最有影响和最有代表性的理论。

第一节　可持续发展理论的产生与发展

导　读

在我国,朴素的可持续发展思想源远流长,朴素的可持续发展的实践也由来已久。

早在我国的春秋战国时期,就有对自然资源的持续利用与保护的论著。如春秋时期的政治家管仲把保护山泽林木作为对君王的道德要求;战国时期的思想家荀子也把对自然资源的保护作为治国安邦之策,特别注意遵从生态系统的季节规律,重视自然资源的持续保存和利用。

西方的经济学家如马尔萨斯、李嘉图等,也在他们的著作中提出人类的经济活动范围存在着生态边界,也就是说,人类的经济活动要受到环境承载力的限制,人类无限的消费欲望与有限的自然资源形成尖锐的矛盾。

想一想:什么是可持续发展? 可持续发展经历了怎样的历程?

一、可持续发展的发展历程

20 世纪中叶,随着环境污染的日趋严重,特别是西方国家公害事件的不断发生,环境问题日益成为困扰人类生存和发展的一个突出问题。

20 世纪 50 年代末,美国海洋生物学家蕾切尔·卡逊在潜心研究美国使用杀虫剂所产生的种种危害之后,于 1962 年发表了环境保护科普著作《寂静的春天》。

1972 年麻省理工学院以 D.梅多斯为首的研究小组,针对长期流行于西方的高增长理论进行了深入的研究,向罗马俱乐部提交了一份研究报告《增长的极限》,阐明了环境的重要性以及资源与人口之间的基本关系。该研究曾一度成为当时环境运动的理论基础,有力地促进了全球的环境运动,其中所阐述的"合理的、持久的均衡发展"为可持续发展思想的产生奠定了基础。

20 世纪 80 年代伊始,联合国成立了以挪威首相布伦特兰夫人为主席的世界环境与发展委员会,以制定长期的环境对策,帮助国际社会确立更加有效地解决环境问题的途径和方法。经过 3 年多的深入研究和充分论证,该委员会于 1987 年向联合国大会提交了经过充分论证的研究报告《我们共同的未来》。报告将注意力集中于人口、粮食、物种和遗传资源、能源、工业和人类居住等方面,在系统探讨了人类面临的一系列重大经济、社会和环境问题之后,正式提出了"可持续发展"的模式。

二、关于可持续发展的三次重要国际会议

可以说,可持续发展概念的提出,彻底地改变了人们的传统发展观和思维方式,与此同时,国际社会也围绕可持续发展问题组织了一些大规模的会议。

联合国人类环境会议、联合国环境与发展会议和可持续发展世界首脑会议被认为是国际可持续发展进程中具有里程碑性质的重要会议。

(一) 联合国人类环境会议

1972 年,联合国人类环境会议在瑞典斯德哥尔摩召开。当时人类面临着环境恶化、贫困加剧等一系列突出问题,国际社会迫切需要采取一些行动来解决这些问题。这次会议就是在这样的国际背景下召开的。

通过讨论,会议通过了《人类环境行动计划》。大会确定每年的 6 月 5 日为世界环境日。作为探讨保护全球环境战略的第一次国际会议,联合国人类环境大会的意义在于唤起了各国政府共同应对环境问题,特别是对环境污染问题的觉醒和关注。

(二) 联合国环境与发展会议

1992 年,联合国环境与发展会议在巴西里约热内卢召开。这次会议是根据当时的环境与发展形势的需要,同时也是为了纪念联合国人类环境会议 20 周年而召开的。会议取得了如下成果。

(1) 会议通过了《里约环境与发展宣言》和《21 世纪议程》两个纲领性文件。

(2) 会议将公平性、持续性和共同性作为可持续发展的基本原则。

(3) 各国政府代表签署了《气候变化框架公约》等国际文件及有关国际公约。

可持续发展得到了世界最广泛和最高级别的政治承诺。可持续发展由理论和概念推向行动。在这次会议之后,1993 年,成立了联合国可持续发展委员会。

(三) 可持续发展世界首脑会议

2002 年,可持续发展世界首脑会议在南非约翰内斯堡召开。这次会议的主要目的是回顾《21 世纪议程》的执行情况、取得的进展和存在的问题,并制订一项新的可持续发展

行动计划,同时也是为了纪念联合国环境与发展会议召开 10 周年。经过长时间的讨论和谈判,会议通过了《可持续发展世界首脑会议实施计划》这一重要文件。

三、关于可持续发展的三份重要报告

(一)《增长的极限》

1972 年,国际社会发生了一件具有重要意义的事情:非正式的国际协会——罗马俱乐部,针对长期流行于西方的高增长理论进行了深刻反思,并提交了研究报告《增长的极限》。

《增长的极限》是罗马俱乐部于 1968 年成立以后发表的第一个研究报告,这一报告公开发表后迅速在世界各地传播,唤起了人类对环境与发展问题的极大关注,并引起了国际社会的广泛讨论。讨论主要围绕这份报告中提出的观点展开的,即经济的不断增长是否会不可避免地导致全球性的环境退化和社会解体,到 20 世纪 70 年代后期,经过进一步广泛的讨论,人们基本上得到了比较一致的结论,即经济发展可以不断地持续下去,但必须对发展加以调整,也就是说,必须考虑发展对自然资源的最终依赖性。

(二)《世界自然保护策略》

1980 年,国际自然保护联盟、联合国环境规划署以及世界野生基金会等国际组织一起发表了《世界自然保护策略》,并为这一报告加了一个副标题:为了可持续发展的生存资源保护。

该报告分析了资源和环境保护与可持续发展之间的关系,指出:如果发展的目的是为人类提供社会和经济福利的话,那么保护的目的就是要保证地球具有使发展得以持续和支撑所有生命的能力,保护与可持续发展是相互依存的,二者应当结合起来加以综合分析。

虽然《世界自然保护策略》以可持续发展为目标,围绕保护与发展做了大量的研究和讨论,但它并没有明确给出可持续发展的定义。

(三)《我们共同的未来》

世界环境与发展委员会经过 3 年多的深入研究和充分论证,1987 年,向联合国大会提交了研究报告《我们共同的未来》。

该报告提出了"从一个地球走向一个世界"的观点,并在此观点下,从人、资源、环境、食品安全、生态系统等方面较系统地分析和研究了可持续发展问题的各个方面。该报告第一次明确给出了可持续发展的定义。

知识拓展

《21 世纪议程》是贯彻实施可持续发展战略的人类活动计划。该文件虽然不具有法律约束力,但它反映了环境与发展领域的全球共识和最高级别的政治承诺,提供了全球推进可持续发展的行动准则。

> 《21 世纪议程》涉及人类可持续发展的所有领域,提供了 21 世纪如何使经济、社会与环境协调发展的行动纲领和行动蓝图。它共计 40 多万字。整个文件分四个部分。
>
> 第一部分,经济与社会的可持续发展。
>
> 第二部分,资源保护与管理。
>
> 第三部分,加强主要群体的作用。
>
> 第四部分,实施手段。

第二节　可持续发展理论的内涵与基本原则

导　读

国务院在 2018 年 2 月对广东省人民政府和科技部《关于深圳市创建国家可持续发展议程创新示范区的请示》(粤府〔2018〕3 号)作出批复,同意深圳市以创新引领超大型城市可持续发展为主题,建设国家可持续发展议程创新示范区,为新时代的深圳吹响了新号角。

——中华人民共和国中央人民政府网:《国务院关于同意深圳市建设国家可持续发展议程创新示范区的批复》

想一想:通过网络查阅深圳在建设示范区过程中确立了哪些目标任务?深圳创建创新示范区,将实践何种路径?

一、可持续发展的定义

可持续发展的概念源自生态学,最初应用于农业和林业,指的是对于资源的一种管理战略。《我们共同的未来》对可持续发展是这样定义的:"既满足当代人的需求,又不对后代人满足其自身需求的能力构成危害的发展。"

这一概念在 1989 年联合国环境规划署第 15 届理事会通过的《关于可持续发展的声明》中得到接受和认同。可持续发展是指既满足当前需要,而又不削弱子孙后代满足其需要之能力的发展,且绝不包含侵犯国家主权的含义。

这个定义包含了三个重要的内容:首先是"需求",要满足人类的发展需求,可持续发展应当特别优先考虑世界上穷人的需求;其次是"限制",发展不能损害自然界支持当代人和后代人的生存能力,其思想实质是尽快发展经济满足人类日益增长的基本需要,但经济发展不应超出环境的容许极限,经济与环境协调发展,保证经济、社会能够持续发展;最后是"平等",指各代之间的平等以及当代不同地区、不同国家和不同人群之间的平等。

二、可持续发展的内涵

可持续发展是一个涉及经济、社会、文化以及自然的综合概念。它是一种从环境与自然资源角度提出来的人类长期发展的战略。其主要基本理论主要包括以下三个方面。

(一)可持续发展鼓励经济增长

可持续发展强调经济增长的必要性,必须通过经济增长提高当代人的福利水平,增强国家实力和社会财富。但可持续发展不仅要重视经济增长的数量,更要追求经济增长的质量。这就是说,经济发展包括数量增长和质量提高两部分。数量的增长是有限的,而依靠科学技术进步,提高经济活动中的效益和质量,采取科学的经济增长方式才是可持续的。因此,可持续发展要求重新定义经济增长。

(二)可持续发展的标志是资源的永续利用和良好的生态环境

经济和社会发展不能超越资源环境的承载能力。可持续发展以自然资源为基础,同生态环境相协调。它要求在保护环境和资源永续利用的条件下,进行经济建设,保证以可持续的方式使用自然资源和环境成本,使人类的发展控制在地球的承载力之内。可见,可持续发展是有限制条件的发展。要实现可持续发展,必须使可再生资源的消耗速率低于资源的再生速率,使不可再生资源的利用能够得到替代资源的补充。因此,必须转变发展模式,才能从根本上解决环境问题。

(三)可持续发展的目标是谋求社会的全面进步

发展不仅仅是经济问题,单纯追求产值的经济增长不能体现发展的内涵。可持续发展的观念认为,世界各国的发展阶段和发展目标可以不同,但发展的本质应当包括改善人类生活质量,提高人类健康水平,创造一个保障人们平等、自由、教育和免受暴力的社会环境。这就是说,在人类可持续发展系统中,经济发展是基础,自然生态保护是条件,社会进步才是目的。而这三者又是一个相互影响的综合体,只要社会在每一个时间段内都能保持与经济、资源和环境的协调发展,这个社会就符合可持续发展的要求。显然,人类共同追求的目标,是以人为本的自然经济社会复合系统的持续、稳定、健康的发展。

三、可持续发展理论的基本原则

可持续发展具有丰富的内涵,还具有以下基本原则。

(一)公平性原则

所谓公平性原则,是指机会选择的平等性。可持续发展的公平性原则包括两个方面:一方面是本代人的公平性,即代内之间的横向公平性。可持续发展要满足当代所有人的基本需求,给他们机会以满足他们要求过美好生活的愿望。另一方面是代际公平性,即世代之间的纵向公平性。可持续发展不仅要实现当代人之间的公平,而且也要实现当代人与未来各代之间的公平。

人类赖以生存与发展的自然资源是有限的。未来各代人应与当代人有同样的权利来提出他们对资源与环境的需求。可持续发展要求当代人在考虑自己的需求与消费的同时,也要对未来各代人的需求负起历史责任。

（二）持续性原则

持续性原则是指生态系统受到某种干扰时,能保持其生产力的能力。资源环境是人类生存与发展的基础和条件,资源的可持续性是人类社会可持续发展的首要条件。这就要求人们要调整自己的生活方式,合理开发、合理利用自然资源,使可再生资源能保持其再生产能力,不可再生资源不至于过度消耗并能得到替代资源的补充,而不能盲目地、过度开发和消耗自然资源。

（三）共同性原则

可持续发展关系到全球的发展。尽管不同国家和地区的历史、经济、文化发展水平不同,可持续发展的实施步骤也有差异,但是总目标是一致的。要实现可持续发展的总目标,必须争取全球共同的配合行动,这是由地球整体性和相互依存性所决定的。

因此,致力于达成既尊重各方的利益而又保护全球环境与发展体系的国际协定至关重要。正如《我们共同的未来》中写的"今天我们最紧迫的任务也许是要说服各国,认识回到多边主义的必要性",还有"进一步发展共同的认识和共同的责任感,是这个分裂的世界十分需要的"。这就是说,实现可持续发展就是人类要共同促进自身之间、自身与自然之间的协调,这是人类共同的道义和责任。

知识拓展

我国对于当代可持续发展的认识、研究与行动是与世界同步的。

从 20 世纪 80 年代(1983 年),我国就一直紧跟国际可持续发展的动向,积极投入其中。

我国作为世界第一人口大国,为可持续发展注入了深层次的活力。

1984 年,马世骏和牛文元参与了世界第一部可持续发展纲领性文件——《我们共同的未来》的讨论与起草。

1988 年,我国就已经把可持续发展研究正式列为中国科学院的研究项目。

第三节　可持续发展理论的指标体系

导　读

为了对可持续发展能力进行评估、我国科学院可持续发展战略研究组独立开辟了可持续发展研究的系统学方向。依据此理论内涵，设计了一套"五级叠加，逐层收敛，规范权重，统一排序"的可持续发展指标体系。该指标体系分为总体层、系统层、状态层、变量层和要素层五个等级。

——中国科学院可持续发展战略研究组.中国可持续发展战略报告[M].北京：科学出版社，2013.

想一想：可持续发展的指标体系是什么？

截至目前，可持续发展理论，在很大程度上已经被人们尤其是各国政府所接受。但是，要实现将一个理论变成可操作的管理体系，还有很多工作要做。其中一个至关重要的问题，就是如何评价可持续发展在不同时间和空间的变化过程，这就需要建立一套完整的衡量可持续发展的指标体系。

世界上不同国际组织、不同学者提出了很多可持续发展的指标体系及其定量评价模型。概括起来，建立的评价可持续发展的指标体系已形成四大学科主流方向，即生态学方向、经济学方向、社会政治学方向和系统学方向。

一、生态学方向的指标体系——生态足迹评价法

（一）生态足迹评价法的概念

生态足迹评价法是 1992 年由加拿大生态经济学家威廉教授提出的一种度量可持续发展程度的方法。

生态足迹评价法是最具有代表性的基于土地面积定量测量可持续发展程度的量化指标。瓦克纳戈尔博士将生态足迹形象地比喻为"一只承载着人类与人类所创造的城市、工厂的巨脚踏在地球上留下的脚印"。

（二）生态足迹的内容

生态足迹就是指人类作为地球生态系统中的消费者，其生产活动及消费对地球形成的压力。每个人都需要一定的地球表面来支持自身的生存，这就是人类的生态足迹。

当地球所能提供的土地面积再也容纳不下这只巨足时，城市、工厂就会失去平衡。如果巨足始终得不到一块允许其发展的立足之地，那么它所承载的人类文明终将坠落与崩溃。

（三）生态足迹的应用

将生态足迹需求与自然生态系统的承载力进行比较，就可以定量地判断某一国家或地区目前可持续发展的状态，以便对未来人类生存和社会经济发展做出科学规划和建议。生态足迹法自提出以来，得到了世界范围的强烈反响，并迅速得到广泛的推广。我国环境与发展国际合作委员会和世界自然基金会共同合作，邀请中外专家就中国生态足迹进行了研究，于 2008 年发布了《中国生态足迹报告》。

二、经济学方向的指标体系——绿色 GDP

（一）绿色 GDP 的概念

经济学家将绿色 GDP 称为环境调整后的国内生产净值，它为评价一个国家或地区的可持续发展能力的动态变化提供了有利的判据。

（二）绿色 GDP 的核算

绿色 GDP 可以从如下最简要的图式出发，它是将现行统计下的 GDP 扣除两大基本部分的"虚数"，表达为

绿色 GDP＝现行 GDP－自然部分虚数－人文部分虚数

（三）绿色 GDP 的应用

绿色 GDP 可以比较合理地扣除现实中的外部化成本，从内部反映可持续发展的质量和进程，因此，越来越被认同，并纳入国民经济核算体系之中。

原国家环境保护总局和国家统计局于 2006 年 9 月 7 日向媒体联合发布了《中国绿色国民经济核算研究报告 2004》。这是中国第一份经环境污染调整的 GDP 核算研究报告，标志着中国的绿色国民经济核算研究取得了阶段性成果。

三、社会政治学方向的指标体系——人文发展指数

（一）人文发展指数的概念

人文发展指数是由反映人类生活质量的三大要素指标（即收入、寿命和教育）合成的个复合指数。指数值在 0～1 区间，越大表明发展程度越高，通常用来衡量一个国家的进步程度。

（二）人文发展指数的内容

"收入"是指人均 GDP 的多少；"寿命"反映了营养和环境质量状况；"教育"是指公众受教育的程度，也就是可持续发展的潜力。

（三）人文发展指数的应用

虽然"人类发展"并不等同于"可持续发展"，但该指数的提出仍有许多有益的启示，它强调了国家发展应从传统的以物为中心转向以人为中心，强调了追求合理的生活水平而并非对物质的无限占有，向传统的消费观念提出了挑战，是对以收入衡量发展水平的重要补充。

四、系统学方向的指标体系——联合国可持续发展委员会(UNCSD)指标体系

（一）联合国可持续发展委员会(UNCSD)指标体系的定义

1992 年世界环境与发展大会以来，许多国家按大会要求，纷纷研究自己的可持续发

展指标体系。为了客观衡量各国在可持续发展方面的成绩与问题,有一个较为客观的衡量标准,1996年,联合国可持续发展委员会发布了《可持续发展指标体系和方法》以供世界各国作为参考,并建立适合本国国情的指标体系。

(二)联合国可持续发展委员会(UNCSD)指标体系的内容

联合国可持续发展指标体系由驱动力指标、状态指标、响应指标构成,将人类社会发展分为社会、经济、环境和制度四个方面,共包含130多项指标。

(三)联合国可持续发展委员会(UNCSD)指标体系的应用

联合国可持续发展委员会(UNCSD)指标体系回答了发生了什么、为什么发生、我们将如何做这三个问题。

知识拓展

在统计研究中,如果要说明总体全貌,那么,只使用一个指标往往是不够的,因为它只能反映总体某一方面的数量特征。这个时候就需要同时使用多个相关指标了,而这多个相关的又相互独立的指标所构成的统一整体,即为指标体系。

第四节 可持续发展的实施途径

导 读

广州市万绿达集团有限公司自成立以来,致力为企业、区域及城市建立资源循环体系,目前开展的环境服务以工业废弃物、城市生活废弃物、特别废弃物的网络回收、资源化分类、再生加工和循环利用为主,回收和再生利用废弃物覆盖废塑料、废金属、废纸品、废木料等500多个品种,年处理能力达60万吨;通过ISO 9001、ISO 14001、OHSAS 18001等管理体系认证。

想一想:清洁生产的内容包含哪几个方面? 清洁生产实施的途径有哪些?

一、清洁生产

(一)清洁生产的发展历程

20世纪70年代,许多关于污染预防的概念和措施相继问世,如"少废无废工艺""无废生产""废料最少化""污染预防""减废技术""源头削减""零排放技术"和"环境友好技术"等,都可以认为是清洁生产的前身。

1989 年,联合国环境规划署在总结发达国家污染预防理论和实践的基础上提出了清洁生产战略和推广计划。1990 年 9 月在英国坎特伯雷举办了"首届促进清洁生产高级研讨会",会上提出要支持世界不同地区发起和制订国家级的清洁生产计划。

1992 年 6 月,联合国环境与发展大会在巴西的里约热内卢召开,大会通过了实施可持续发展战略的纲领性文件《21 世纪议程》。清洁生产作为实施可持续发展战略的关键措施,被正式写入《21 世纪议程》中。在联合国的大力推动下,清洁生产逐渐为各国企业和政府所认可,清洁生产进入了一个快速发展时期。

(二)清洁生产的定义

1996 年,联合国环境规划署将清洁生产定义为:清洁生产是一种新的创造性的思想。该思想将整体预防的环境战略持续应用于生产过程、产品和服务中,以增加生态效率和减少人类及环境的风险。

2002 年,我国出台的《中华人民共和国清洁生产促进法》将清洁生产定义为:清洁生产是指不断采取改进设计、使用清洁的能源和原料、采用先进的工艺技术与设备、改善管理、综合利用等措施,从源头削减污染,提高资源利用效率,减少或者避免生产、服务和产品使用过程中污染物的产生和排放,以减轻或者消除对人类健康和环境的危害。

(三)清洁生产的内容

清洁生产使自然资源和能源利用合理化、经济效益最大化、对人类和环境的危害最小化。通过不断提高生产效益,以最小的原材料和能源消耗,生产尽可能多的产品,提供尽可能多的服务,降低成本,增加产品和服务的附加值,以获取尽可能大的经济效益,把生产活动和预期的产品消费活动对环境的负面影响减至最小。

清洁生产包括以下三个方面的内容。

1. 清洁的能源

清洁的能源包括常规能源的清洁利用、可再生能源的利用、新能源的开发、各种节能技术等。

2. 清洁的生产过程

生产中产出无毒、无害的中间产品,减少副产品,选用少废、无废工艺和高效设备,减少生产过程中的危险因素(如高温、高压、易燃、易爆、强噪声、强振动声),合理安排生产进度,培养高素质人才,物料实行再循环,使用简便可靠的操作和控制方法,完善管理等,树立良好的企业形象。

3. 清洁的产品

产品设计应考虑节约原材料,少用昂贵和稀缺的原料;产品在使用过程中以及使用后不含危害人体健康和破坏生态环境的因素;产品的包装合理;产品使用后易于回收及重复使用。

（四）清洁生产的实施途径

清洁生产是一个系统工程，是对生产全过程以及产品的整个生命周期采取污染预防的综合措施。一项清洁生产技术若要顺利实施，需满足：一是必须技术上可行；二是要达到节能、降耗、减污的目标，满足环境保护法规要求；三是在经济上能够获利，充分体现经济效益、环境效益、社会效益的高度统一。

实施清洁生产的主要途径有如下几种。

（1）以保护环境为目标。在产品设计和原料选择时以保护环境为目标，不生产有毒有害产品，不使用有毒有害原料，以防止原料和产品对环境造成危害。要进行合理的产品设计和确定生产规模。产品设计应该能够充分利用资源，有较高的原料利用率，产品无害于人体健康和生态环境。原材料选择时要减少有毒有害物料使用，减少生产过程中的危险因素，使用可回收利用的包装材料合理包装产品，采用可降解和易处置的原材料，合理利用产品功能、延长产品使用寿命。

（2）改革生产工艺，更新生产设备。尽最大可能提高每一道工序的原材料和能源利用率，减少生产过程中的资源浪费和污染物排放。在工业生产过程中应最大限度地减少废弃物的产生量和毒性。检测生产过程、原料和生成物的情况，科学地分析研究物料流向和物料损失状况，找出物料损失的原因所在。调整生产计划，优化生产程序，合理安排生产进度，改进、完善、规范操作程序，采用先进的技术改进生产工艺和流程，淘汰落后的生产设备和工艺路线，合理循环利用能源、原材料、水资源，提高生产自动化管理水平，提高原材料和能源的利用率，减少废弃物产生。

（3）建立生产闭合圈，做到废弃物循环利用。企业工业生产过程中物料输送，加热中的挥发，沉淀，跑、冒、滴、漏，误操作等都会造成物料流失——这即是工业中产生"三废"的来源。实行清洁生产要求流失的物料必须加以回收，返回到流程中或经适当处理后作为原料回用，建立从原料投入废弃物循环回收利用的生产闭合圈，使工业生产不对环境构成任何危害。厂内物料循环有下列几种形式：把回收的流失物料作为原料，返回到生产流程中；把生产过程中产生的废料经适当处理后作为原料或替代物返回生产流程中；废料经处理后作为其他生产过程的原料应用或作为副产品回收。

（4）加强科学管理。经验表明，强化管理能削减40％污染物的产生。加强科学管理的内容包括以下几点：安装必要的高质量监测仪表，加强计量监督，及时发现问题；加强设备检查维护、维修，杜绝跑、冒、滴、漏；建立有环境考核指标的岗位责任制和管理职责，防止生产事故；完善可靠翔实的统计和审核；实行产品全面质量管理、有效的生产调度，合理安排批量生产日程；改进操作方法，实现技术革新，节约用水、用电；原材料合理购进、储存和妥善保管；产品合理销售、储存和运输；加强人员培训，提高职工素质；建立激励机制和公平奖惩制度；组织安全文明生产。

二、绿色产品

（一）绿色产品的定义

绿色通常包括生命、节能、环保三个方面的内容，绿色产品是指生产过程及其本身节能、节水、低污染、低毒、可再生、可回收的一类产品,它也是绿色科技应用的最终体现。绿色产品又称环境标志产品,就是符合环境标准的产品,即无公害、无污染和有助于环境保护的产品。不仅产品本身的质量要符合环境、卫生和健康标准,其生产、使用和处置过程也要符合环境标准,这样既不会造成污染,也不会破坏环境。绿色产品又称作环境标志产品。

(二) 中国绿色产品的基本类别

中国绿色产品可以分为八大基本类别,包括可回收利用型、低毒低害物质、低排放型、低噪声型、节水型、节能型、可生物降解型等。

(三) 绿色食品及有机(天然)食品

1. 绿色食品

绿色食品是安全、营养、无公害食品的统称,标志如图11-1所示。绿色食品的产地必须符合生态环境质量的标准,必须按照特定的生产操作规程进行生产、加工,生产过程中只允许限量使用限定的人工合成的化学物质,产品及包装经检验、监测必须符合特定的标准,并且经过专门机构的认证。

2. 有机农业与有机(天然)食品

有机食品这一名词是从英文 organic food 直译过来的,在其他语言中也有称生态或生物食品的。这里所说的"有机"不是化学上的概念。有机食品是指来自有机农业生产体系,根据国际有机农业生产规范生产加工,并通过独立的有机食品认证机构认证的一切农副产品,包括粮食、蔬菜、水果、奶制品、禽类产品、蜂蜜、水产品、调料等,除有机食品外,还有化妆品、纺织品、林产品、生物农药、有机肥料等,统称为有机产品,标志如图11-2所示。

图 11-1　我国绿色食品标志　　　　图 11-2　有机食品标志

除此之外,还有绿色材料和绿色建筑两类。绿色材料是指可以通过生物降解或者光降解的有机高分子材料。绿色建筑则是指在建筑的全生命周期内,最大限度地节约资源、保护环境和减少污染,为人们提供能与自然和谐共生的建筑。

三、循环经济

(一) 循环经济的定义

循环经济是由美国经济学家 K.波尔丁在 20 世纪 60 年代提出的,它指在可持续发展的思想指导下,将清洁生产、资源综合利用、生命周期设计和可持续消费等融为一体,本质上是生态经济。循环经济的核心是资源的循环利用和节约,最大限度地提高资源的使用效益。

(二) 循环经济的形式

循环经济的形式包括以下三个层次。

第一层次,企业内的物质循环符合循环经济发展要求的典型企业。

第二层次,企业之间的物质循环符合循环经济发展要求的生态工业(农业)园区。

第三层次,包括生产和消费的整个过程的物质循环资源节约型、环境友好型城市。

(三) 循环经济的特征

循环经济是一种科学的发展观,也是一种全新的经济发展模式,其特征主要体现在以下几个方面。

(1) 新的系统观:循环经济的系统是由人、自然资源和科学技术等要素构成的大系统。循环经济观要求人将自己作为这个系统的一部分来研究符合客观规律的经济原则。

(2) 新的经济观:循环经济观要求运用生态学规律来指导经济活动。不仅要考虑工程承载能力,还要考虑生态承载能力。在生态系统中,经济活动超过资源承载能力的循环是恶性循环,而在资源承载能力之内的是良性循环。这样才能使生态系统平衡发展。

(3) 新的价值观:循环经济观在视自然为可利用的资源的同时,还将其作为人类赖以生存的基础,是需要维持良性循环的生态系统,在考虑科学技术对自然的开发能力的同时,还要充分考虑到它对生态系统的修复能力;在考虑人对自然的征服能力的同时,更要重视人与自然和谐相处的能力。

(4) 新的生产观:循环经济的生产观念是要充分考虑自然生态系统的承载能力,尽可能地节约自然资源,不断提高自然资源的利用效率,循环使用资源,创造良性的社会财富。

(5) 新的消费观:循环经济观提倡物质的适度消费、层次消费,在消费的同时考虑到废弃物的资源化、建立循环生产和消费的观念。循环经济观还要求国家通过税收和行政等手段,限制以不可再生资源为原料的次性产品的生产与消费。

(四) 循环经济的发展基本原则

(1) 坚持"减量化、再利用、再循环"的原则,减少资源消耗和废弃物的排放,努力提高资源的使用效率。

(2) 使市场机制作用充分发挥,并充分调动各方面的积极性。

(3) 坚持"科技创新与制度创新并举"的原则。

(4) 坚持"全面部署、重点推进"的原则。实现企业、园区、社会的互动发展。

(5) 减量化原则。它要求生产活动用较少的原料和能源达到既定的生产目的或消费目的,从经济活动的源头就注意节约资源和减少污染。减量化有几种不同的表现,在生产中表现为要求产品小型化和轻型化,要求产品的包装应追求简单朴实从而达到减少废弃物排放的目的。

(6) 再利用原则。它要求制造产品和包装容器能够以初始的形式被反复使用,而非一次性使用后就废弃。再利用原则抵制当今世界一次性用品的泛滥,尤其像餐具和背包等,还要求制造商应该尽量延长产品的使用期。

(7)再循环原则。它要求生产出来的物品在完成其使用功能后能够重新变成可以利用的资源。再循环包括两种情况,即原级再循环和次级再循环。前者是指废品被循环用来产生同种类型的新产品,例如报纸再生报纸、易拉罐再生易拉罐等,其效率比较高;后者则是将废弃物资源转化成其他产品的原料,相比于前者效率就低多了。

四、低碳经济

(一)低碳经济的内涵

所谓低碳经济,是指在可持续发展思想指导下,通过技术创新、制度创新、产业转型、新能源开发等多种手段,尽可能地减少煤炭、石油等高碳能源消耗,不断提高碳利用率和可再生能源比重,减少温室气体排放,逐步使经济发展摆脱对化石能源的依赖,最终实现经济社会发展与生态环境保护双赢的一种经济发展形态。

低碳经济中"经济"一词,涵盖了整个国民经济和社会发展的方方面面。而所提及的"碳",狭义上,是指造成当前全球气候变暖的 CO_2 气体,特别是由于化石能源燃烧所产生的 CO_2;广义上则包括《京都议定书》中所提出的 6 种温室气体(二氧化碳、甲烷、氧化亚氮、氢氟碳化物、全氟化碳、六氟化硫)。

(二)低碳经济的目标

发展低碳经济,实质是通过技术创新和制度安排来提高能源效率并逐步摆脱对化石燃料的依赖,最终实现以更少的能源消耗和温室气体排放支持经济社会可持续发展的目的。

1. 保障能源安全

当前,全球油气资源不断趋紧,保障能源安全压力逐增大。低碳发展模式就是在此背景下所发展起来的社会经济发展战略,以减少对传统化石燃料的依赖,从而保障能源安全。

目前,世界各国经济社会都受到油气供应中断风险增加和当前油气价格剧烈波动的影响,低碳发展模式就是调整与能源相关的国家战略和政策措施的重要手段。

2. 应对气候变化

气候变化问题为能源体系的发展提出了更严峻的挑战。低碳发展模式是在全球环境容量趋于饱和以及应对气候变化的国际机制不断发展的背景下所发展起来的,是应对气候变化的必然选择。

发展低碳经济,将化石燃料开发利用的环境外部性内部化,并通过国际国内的制定促进构建经济、高效且清洁的能源体系,从而实现"大气中温室气体的浓度稳定在防止气候系统受到具有威胁性的人为干扰的水平上"。

3. 促进经济发展

发展低碳经济,目的在于寻求实现经济社会发展和应对气候变化的协调统一。低碳并不意味着贫困,贫困不是低碳经济的目标,低碳经济是要保证低碳条件下的高增长。

发展低碳经济,不仅有助于实现应对气候变化的全球重大战略目标,并且也能够为整个社会经济带来新的经济增长点,同时还能创造新的就业岗位和国家的经济竞争力。

(三) 低碳经济的实施途径

发展低碳经济,需要在能源效率、能源体系低碳化以及经济发展模式和社会价值观念等领域开展工作。

1. 提高能效和减少能耗

低碳发展模式要求改善能源开发、生产、输送和利用过程中的效率并减少能源消耗。面对能源供应趋紧,整个社会迫切需要更好更快地发展,在保障一定的经济发展速度的同时,减少对能源的需求。

发展低碳经济,制定并实施一系列相互协调并互为补充的政策措施,包括实行温室气体排放贸易体系,推广能源效率承诺,制定有关能源服务、建筑和交通方面的法规并发布相应的指南和信息,颁布税收和补贴等经济激励措施。

2. 发展低碳能源并减少排放

能源保障是社会经济发展必不可少的重要支撑,低碳发展模式是要降低能源中的碳含量及其开发利用产生的碳排放,从而实现全球温室气体环境容量的合理利用。

通过恰当的政策法规和激励机制,推动低碳能源技术的发展以及相关产业的规模化,能够将其减缓气候变化的环境正外部性内部化,使得发展低碳经济更加具有竞争力。

降低能源中的碳含量和碳排放,主要涉及控制传统的化石燃料开发利用所产生的 CO_2 以及在资源条件和技术允许的情况下,通过以相对低碳的天然气代替高碳的煤炭作为能源。此外,能源"低碳化"还包括开发利用新能源、替代能源和可再生能源等非常规能源,以更为"低碳"甚至"零碳"的能源体系来替代传统能源体系。

3. 推行低碳价值理念

低碳发展模式还要求改变整个经济社会的发展理念和价值观念,引导实现全面的低碳转型。《21 世纪议程》指出"地球所面临的最严重的问题之一,就是不适当的消费和生产模式"。

发展低碳经济,要求经济社会的发展理念从单纯依赖资源和环境的外延型、粗放型增长,转向更多依赖技术创新、制度构建和人力资本投入的科学发展理念。

发展低碳经济还要求全社会建立更加可持续的价值观念,不能因对资源和环境过度索取,要建立符合中国环境资源特征和经济发展水平的价值观念和生活方式。要改变当前的过度消费、超前消费和奢侈消费等消费观念,形成可持续的社会价值观念。

知识拓展

作为旅游活动的一种,生态旅游除了具有常规旅游活动的功能外,还有其独特的内涵。最初,莫林提出的"生态性旅游"主要强调了对旅游资源的保护和当地居民(或社团)的参与。谢贝洛斯对生态旅游的定义做了两个定位：一是生态旅游是一种"常规旅游活动"；二是旅游对象由"古今文化遗产"扩展到"自然区域"的"风光和野生动植物"，旅游对象从传统大众性旅游的文化景观过渡到自然景观。

1992 年，国际资源组织对生态旅游的定义做了进一步界定，明确提出生态旅游的对象是自然景物，即生态旅游是"以欣赏自然美学为初衷，同时表现出对环境的关注"。

第五节　碳达峰与碳中和

导　读

习近平总书记于 2021 年 3 月 15 日在中央财经委员会第九次会议上的讲话中指出，实现碳达峰、碳中和是一场广泛而深刻的经济社会系统性变革，要把碳达峰、碳中和纳入生态文明建设整体布局，拿出抓铁有痕的劲头，如期实现 2030 年前碳达峰、2060 年前碳中和的目标。

想一想：什么是碳达峰和碳中和？

一、碳达峰与碳中和的定义

(一)诞生背景

1. 全球气候变化的趋势与危害

据世界气象组织最新发布的信息显示，2018 年全球平均气温比 1981—2010 年平均气温偏高 0.38℃，较工业化前平均高出约 1℃。在过去五年(2014—2018 年)是有完整气象观测记录以来全球温度最高的五个年份。

气候变化不仅会对自然生态环境产生重大影响，例如，造成极端天气，引发自然灾害，打破生态平衡等；而且会对人类经济社会发展构成重大威胁，造成经济社会损失等。

2. 气候变化国际的谈判进程

20 世纪 80 年代以来，科学界对气候变化问题的认识不断深化，政府间气候变化专门委员会(IPCC)已先后发布 5 次评估报告，报告显示每次均比上一次更加肯定人为活动是造成全球气候变化的主要原因。自 1990 年开始，国际社会在联合国框架下开始关于应对气候变化国际制度安排的谈判，1992 年达成《联合国气候变化框架公约》，1997 年达成《京都议定书》，2015 年达成《巴黎协定》，成为各国携手应对气候变化的政治和法律基础。

3. 我国应对气候变化的立场与态度

2014 年 2 月,习近平主席在会见美国国务卿时指出,应对气候变化是中国可持续发展的内在要求,这不是别人要我们做,而是我们自己要做。2015 年,习近平主席在联合国气候变化巴黎大会讲话中指出,中国将生态文明建设作为"十三五"规划重要内容,落实创新、协调、绿色、开放、共享的发展理念,通过科技创新和体制机制创新,实施优化产业结构、构建低碳能源体系、发展绿色建筑和低碳交通、建立全国碳排放交易市场等一系列政策措施,形成人与自然和谐发展的现代化建设新格局。

2020 年 9 月 22 日,第七十五届联合国大会一般性辩论会上以及 2020 年 12 月 12 日气候雄心峰会上,习近平主席两次向全世界郑重宣布:中国提高国家自主贡献力度,力争 2030 年前碳排放达到峰值,努力争取 2060 年前实现碳中和;到 2030 年,中国单位 GDP 二氧化碳排放将比 2005 年下降 65% 以上,非化石能源占一次能源消费比重将达到 25% 左右。

2020 年年底召开的经济工作会议,将"做好碳达峰、碳中和工作"列为 2021 年度 8 大重点任务之一。

2021 年 3 月 15 日下午,习近平总书记主持召开财经委员会第九次会议,其中一个重要议题,就是研究实现碳达峰、碳中和的基本思路和主要举措。

(二)碳达峰的定义

碳达峰与碳中和两个概念中的"碳",指二氧化碳,特别是人类生产生活活动产生的二氧化碳。世界资源研究所指出,碳达峰是指二氧化碳排放量达到历史最高值后,先进入平台期在一定范围内波动,然后进入平稳下降阶段。碳排放达峰是二氧化碳排放量由增转降的历史拐点,达峰目标包括达峰时间和峰值。绝大多数发达国家已经实现碳达峰,碳排放进入下降通道。我国目前碳排放虽然比 2000—2010 年的快速增长期增速放缓,但仍呈增长态势,尚未达峰。

(三)碳中和的定义

联合国气候变化政府间专门委员会(IPCC),将"碳中和"定义为"由人类活动造成的二氧化碳排放,通过二氧化碳去除技术的应用,对二氧化碳吸收量达到平衡"。简而言之,就是在一定时间内,由企业、团体、个人等人类活动直接或间接产生的二氧化碳排放量,可以通过人类植树造林、节能减排等形式来抵消掉,最终实现二氧化碳"零排放"。

碳中和,狭义指二氧化碳排放,广义也可指所有温室气体排放的净零排放,碳中和要求人为排放源与通过人为方式进行的林业管理碳汇、碳捕获与封存(CCS)技术等吸收会达到平衡。碳中和目标可以设定在全球、国家、城市、企业、活动等不同层面。

"近零排放"首次在正式渠道的气候变化文件中提及是在 2014 年。政府间气候变化专门委员会(IPCC)在 2014 年发布的第五次评估报告中提到,如果要在 21 世纪末实现全球温升比工业化前不超过 2℃ 目标的话,需要在 21 世纪末温室气体的排放水平接近或者是低于零,即"近零排放"。碳中和、气候中和的概念则是在 2018 年 IPCC 发布《全球 1.5℃ 增暖特别报告》中提及的。气候中和是指当一个组织的活动对气候系统没有产生净影响。该报告提出如果控制温升不超过 1.5℃,需要二氧化碳排放在 2050 年左右达到净零排放。实现全球碳中和意味着气候系统的变化在长期时间内将保持近乎恒定。

二、碳达峰与碳中和的意义与挑战

(一)碳达峰与碳中和的意义

我国明确碳达峰碳中和目标,一方面,是响应《巴黎协定》的号召,彰显我国重信守诺的责任担当;另一方面,也为我国经济社会发展全面绿色转型指明了方向,对我国未来社会经济发展及能源结构转型意义重大。

(1)推动经济高质量发展。形成以目标为导向的倒逼机制,推动我国能源结构调整及产业转型升级。同时能源利用方式的改变将推动全新绿色低碳产业链的形成,为我国经济进一步发展创造更多着力点。

(2)促进绿色低碳转型。构建绿色能源技术创新体系,加快能源产业与信息化、网络化、数字化、智能化发展,全面提高能源科技及技术水平,有效提高能源利用效率。

(3)保障能源安全供应。"碳达峰""碳中和"将推动我国从传统化石能源向清洁可再生能源转变,逐步减少社会经济发展对化石能源的依赖,增强能源供给的多样性、稳定性、可持续性。

(二)碳达峰与碳中和的困难与挑战

近年来,我国在经济社会快速发展的同时,也在加快推进绿色低碳转型、积极参与全球气候治理,并取得显著成效。可以说,在经济基础、思想认识和技术保障等方面,已经具备了实现 2030 年前碳排放达峰的客观条件。但同时需要注意的是,由于我国的高速发展对能源的需求及我国产业结构、能源机构的特殊性,我国实现"碳达峰"与"碳中和"仍面临严峻考验。

(1)总量大、时间紧。我国是世界上最大的碳排放国,2019 年二氧化碳排放量为 115 亿吨,约占全球碳排放量总量的 30%,人均二氧化碳排放量高出世界平均水平 65%。此外,相较于欧美等发达国家从"碳达峰"到达"碳中和"45 年左右或者更长的时间,我国的减排转型时间只有三十年左右。

(2)发展与减排的平衡。当前我国仍处于发展中国家阶段,GDP 增速仍保持较高水平,能源消耗持续增长不可避免。2019 年我国第一、二、三产业增加值占 GDP 比重分别为 7.1%、39% 和 53.9%,在我国,第二产业占比显著高于欧美国家。此外,我国制造业单位增加值能耗约为全国单位 GDP 能耗的 2 倍。因此,工业领域的节能减排将是实现"30·60"目标重点关注对象。

(3)以化石能源为主的能源消费结构。2020 年我国煤炭总量比例为 58%,显著高于美国(12%)及欧盟(11%)等国家和地区。我国亟须加速从化石能源为主向以可再生能源为主的能源消费结构转变,清洁能源利用技术及能源利用效率有待进一步提升。

(4)国内各地区发展水平及产业结构存在差异。由于我国各地资源总量、经济发展水平及产业结构各不相同,经济欠发达地区城镇化水平较低且存在大量落后产能,社会经济发展对能源生产、建材生产等传统高碳产业的需求客观存在,产业结构优化及绿色转型存在较大阻力。

三、碳中和的实现路径

(一)实现碳中和的方法

(1)构建清洁低碳安全高效的能源体系,控制化石能源总量,着力提高利用效率,实施可再生能源替代行动,深化电力体制改革构建以新能源为主体的新型电力系统。

(2)实施重点行业领域减污降碳行动,工业领域要推进绿色建设建筑领域要提升节能标准,交通领域要加快形成绿色低碳运输方式。

(3)推动绿色低碳技术实现重大突破,加强前沿技术研究,加快推广应用减污降碳技术,建立绿色低碳技术评估、交易体系和科技创新服务平台。

(4)完善绿色低碳政策和市场体系,完善能源"双控"制度,完善相关财税、价格、金融、土地、政府采购等政策,加快推进碳排放权交易,积极发展绿色金融。

(5)提升生态碳汇能力,强化国土空间规划和用途管控,有效发挥森林、草原、湿地、海洋、土壤、冻土的固碳作用,提升生态系统碳汇增量。

(6)加强应对气候变化国际合作,推进国际规则标准制定,建设绿色丝绸之路。

(二)我国积极推进碳中和采取的措施

(1)我国碳排放强度持续下降。

截至 2020 年年底,中国单位 GDP 二氧化碳排放较 2005 年降低约 48.4%,提前超额完成下降 40%～45% 的目标。2017—2020 年,全国煤炭消费占一次能源消费的比重由 60.4% 下降至 57% 左右,非化石能源消费占比从 13.8% 提高至 15.8%。

(2)中国电源结构越来越绿。

自 1990 年以来,我国火电装机容量增长率逐年降低,以水电、核电、风电为代表的清洁能源得到大量推广和使用。

(3)开放碳交易市场。

2011 年 10 月,发改委批准了北京、天津、上海、重庆、湖北、广东及深圳"两省五市"开展碳排放试点交易。截至 2019 年 6 月底,7 个试点成交量达到 3.3 亿吨,累计成交金额达 71 亿元,覆盖了钢铁电力、水泥等行业近 3000 家重点排放单位。2021 年 2 月,《碳排放权交易管理办法(试行)》正式实施。

(4)推广碳捕集和碳封存。

通过燃烧前捕集、富氧捕集和燃烧后捕集的方式,将燃烧产生的二氧化碳进行收集后通过汽车、火车、轮船和管道进行运输,最终进行地质封存和海洋封存。

知识拓展

　　有人认为,既然有碳排放"峰值"存在,我们可以加大碳排放量,这样不就能更快达到这个"峰值"了吗?

其实,这样理解碳达峰是错误的。有碳达峰的"峰值"不是预先设定好的固定值,而是根据碳排放量的增速决定的,只要排放量还在增加,"峰值"就会被不断推高,排放越多,这个"峰值"就越高,达到"峰值"将遥遥无期。

要降低"峰值"的高度并尽快达峰,就必须从现在开始,立即采取大幅度、快速的减排措施,使排放量的增速减缓直至为零,即碳达峰,再转为负值,进入排放量下降阶段,这样才能为 2060 年实现碳中和创造机会和争取时间。

本 章 小 结

本章介绍了可持续发展战略,阐述了可持续发展理论的定义、内涵、基本原则以及发展历程;讲解了可持续发展的四种指标体系,详述了可持续发展的实施途径,分别详细介绍了清洁生产、绿色产品、循环经济和低碳经济的定义、主要内容及实施途径;重点介绍了时下讨论度最高的碳达峰与碳中和,详细讲解了碳达峰与碳中和的诞生背景、定义,碳达峰与碳中和的意义与挑战以及碳中和的实施路径。

思 考 题

(1) 请根据你自己的体验,分析一个不能够持续发展的实例。

(2) 可持续发展的理念对你有什么启示?

(3) 如何看待可持续发展概念中环境、经济和社会三者的权衡问题?

(4) 通过信息检索,请比较绿色 GDP、生态足迹、人文发展指数和联合国可持续发展委员会(UNCSD)指标体系优缺点。

拓展阅读

参 考 文 献

[1] 中国大百科全书环境科学卷编委会. 中国大百科全书——环境科学卷[M]. 北京：中国大百科出版社，1983.

[2] 《2000 年中国的环境》编辑委员会. 2000 年中国的环境[M]. 北京：经济日报出版社，1989.

[3] 曲格平. 中国环境问题及对策[M]. 北京：中国环境科学出版社，1987.

[4] 国家计委，国家环保局，等. 中国 21 世纪议程[M]. 北京：中国环境科学出版社，1994.

[5] 国家环保局，国家计委. 中国环境保护行动计划（1991—2000 年）[M]. 北京：中国环境科学出版社，1994.

[6] 《中国环境保护二十年》编委会. 中国环境保护行政二十年[M]. 北京：中国环境科学出版社，1994.

[7] 中国环境年鉴编委会. 中国环境年鉴[M]. 北京：中国环境科学出版社，1995.

[8] 曲格平，李金昌. 中国人口与环境[M]. 北京：中国环境科学出版社，1992.

[9] 张坤民. 可持续发展从概念到行动[J]. 世界环境季刊，1996 年第 1 期，1-3.

[10] 刘天齐. 环境管理[M]. 北京：中国环境科学出版社，1990.

[11] 林肇信，刘天齐，刘逸农. 环境保护概论（修订版）[M]. 北京：高等教育出版社，1999.

[12] 战友. 环境保护概论[M]. 北京：化学工业出版社，2004.

[13] 曲格平. 环境保护知识读本[M]. 北京：红旗出版社，1999.

[14] 苏杨. 中国生态环境现状及其"十二五"期间的战略取向[J]. 改革，2010(2)：5-13.

[15] 李博. 生态学[M]. 北京：高等教育出版社，2000.

[16] 陈英旭. 环境学[M]. 北京：中国环境科学出版，2001.

[17] 刘树庆. 农村环境保护[M]. 北京：金盾出版社，2010.

[18] 中华人民共和国农业部. 到 2020 年化肥使用量零增长行动方案. 2012.

[19] 中华人民共和国农业部. 到 2020 年农药使用量零增长行动方案. 2017.

[20] 中华人民共和国环境保护部. 全国土壤污染状况调查公报.

[21] 中国科学院可持续发展战略研究组. 中国可持续发展战略报告[M]. 北京：科学出版社，2003.

[22] 钱易，唐孝炎. 环境保护与可持续发展[M]. 北京：高等教育出版社，2000.

[23] 高吉喜. 持续发展理论探索——生态承载力理论、方法与应用[M]. 北京：中国环境科学出版社，2001.

[24] 中国环境与发展国际合作委员会. 世界自然基金会中国生态足迹报告（上）[J]. 世界环境，2008(5)：52-57.

[25] 中国环境与发展国际合作委员会. 世界自然基金会. 中国生态足迹报告（下）[J]. 世界环境，2008(6)：63-69.

[26] 国家环境保护总局，国家统计局. 中国绿色国民经济核算研究报告[J]. 环境经济，2006(10)：10-16.

[27] 马光. 环境与可持续发展导论：第 2 版[M]. 北京：科学出版社，2006.

[28] 薛惠锋. 日本、德国发展循环经济的考察与启示[J]. 国际学术动态，2009(2)：30-32.

[29] 中国科学院可持续发展战略研究组. 中国可持续发展战略报告[M]. 北京：科学出版社，2009.

[30] 陈柳钦. 低碳经济：一种新的经济发展模式[J]. 实事求是，2010(2)：31-34.

[31] 杨春平. 循环经济与低碳经济的内涵及其关系[J]. 中国经贸导刊，2009(24)：21-31.

[32] 潘家华，庄贵阳，郑艳，等. 低碳经济的概念辨识及核心要素分析[J]. 国际经济评论，2010(4)：88-101.

[33] 国家环境保护局，国家技术监督局. 自然保护区类型与级别划分原则[S]. 中华人民共和国国家标

准. GB/T 14529—1993.

[34] 中国 21 世纪议程. 中国 21 世纪人口、环境与发展白皮书. 1994.

[35] 全国科学技术名词委员会. 地理学名词：第 2 版[M]. 北京：科学出版社，2006.

[36] 中国科学院可持续发展战略研究组. 中国可持续发展战略报告[M]. 北京：科学出版社，2008.

[37] 周富春. 环境保护基础[M]. 北京：科学出版社，2008.

[38] 左玉辉. 环境学[M]. 北京：高等教育出版社，2002.

[39] 杨志峰. 环境科学概论[M]. 北京：高等教育出版社，2004.

[40] 刘培桐. 环境学概论[M]. 北京：高等教育出版社，1995.

[41] 何强. 环境学导论[M]. 北京：清华大学出版社，2004.

[42] 朱蓓丽. 环境工程概论[M]. 北京：科学出版社，2006.

[43] 鞠美庭. 环境学基础[M]. 北京：化学工业出版社，2004.

[44] 蒋展鹏. 环境工程学：第 2 版[M]. 北京：高等教育出版社，2005.

[45] 高廷耀. 水污染控制工程：第 2 版[M]. 北京：高等教育出版社，1999.

[46] 李圭白. 城市水工程概论[M]. 北京：高等教育出版社，2002.

[47] 郭秀兰. 工业噪声治理技术[M]. 北京：中国环境出版社，1993.

[48] 张沛商. 噪声控制技术[M]. 北京：北京经济学院出版社，1992.

[49] 张瑞久. 城市固体废弃物的收运与处理. 北京：中国环境科学出版社，1988.

[50] 芈振明，高忠爱，祁梦兰，等. 固体废弃物的处理与处置[M]. 北京：高等教育出版社，1993.

[51] 付柳松. 农业环境学[M]. 北京：中国林业出版社，2000.

[52] 宁平. 固体废弃物处理与处置[M]. 北京：高等教育出版社，2007.

[53] 赵由才，牛冬杰，柴晓利. 固体废弃物处理与资源化[M]. 北京：化学工业出版社，2006.

[54] 彭长琪. 固体废弃物处理工程[M]. 武汉：武汉理工大学出版社，2005.

[55] 杨国清. 固体废弃物处理工程[M]. 北京：科学出版社，2000.

[56] 张益，赵由才. 生活垃圾焚烧技术[M]. 北京：化学工业出版社，2000.

[57] 赵由才，朱青山. 城市生活垃圾卫生填埋场技术与管理手册[M]. 北京：化学工业出版社，1999.

[58] 何品晶，邵立明. 固体废弃物管理[M]. 北京：高等教育出版社，2004.

[59] 刘天齐. 环境保护概论[M]. 北京：化学工业出版社，2004.

[60] 庄伟强. 固体废弃物处置与利用[M]. 北京：化学工业出版社，2001.

[61] 洪宗辉. 环境噪声控制工程[M]. 北京：高等教育出版社，2002.

[62] 盛美萍. 噪声与振动控制技术基础[M]. 北京：科学出版社，2007.

[63] 高红武. 环境噪声控制[M]. 武汉：武汉理工大学出版社，2003.

[64] 张林. 环境及其控制[M]. 哈尔滨：哈尔滨工程大学出版社，2002

[65] 奚旦立. 环境监测：第 3 版[M]. 北京：高等教育出版社，2004.

[66] 陆书玉. 环境影响评价[M]. 北京：高等教育出版社，2001.

[67] 中华人民共和国环境保护部. 2015 中国环境状况公报. 2016.

[68] 全国人民代表大会常务委员会. 中华人民共和国固体废弃物污染环境防治法(2016 修订版).

[69] 厉以宁，章铮. 环境经济学[M]. 北京：中国计划出版社，1995.

[70] 程正康. 环境保护法概论[M]. 北京：中国环境科学出版社，1993.

[71] 国家环境保护局法规司. 环境保护法规汇编[M]. 北京：中国环境科学出版社，1993.

[72] 韩德培. 环境保护法教程[M]. 北京：法律出版社，1986.

[73] 程正康. 环境法概要[M]. 北京：光明日报出版社，1986.

[74] 中国科学技术情报研究所. 环境污染分析译文集(第七集)[M]. 北京：科学技术文献出版社，1979.